DEUTSCHE DEMOKRATISCHE REPUBLIK
DEUTSCHE AKADEMIE DER LANDWIRTSCHAFTSWISSENSCHAFTEN ZU BERLIN
INSTITUT FÜR LANDWIRTSCHAFTLICHE INFORMATION UND DOKUMENTATION

Landwirtschaftliches Zentralblatt

ABTEILUNG I

LANDTECHNIK

9. JAHRGANG
1963

AKADEMIE-VERLAG · BERLIN

LZ. I. LANDTECHNIK · JG. 1963 · NR. 9 · SEITE 1201—1372 · BERLIN · NOVEMBER 1963

LANDWIRTSCHAFTLICHES ZENTRALBLATT

ABTEILUNG LANDTECHNIK

DEUTSCHE DEMOKRATISCHE REPUBLIK
DEUTSCHE AKADEMIE DER LANDWIRTSCHAFTSWISSENSCHAFTEN ZU BERLIN
INSTITUT FÜR LANDWIRTSCHAFTLICHE INFORMATION UND DOKUMENTATION

Landwirtschaftliches Zentralblatt

ABTEILUNG I

LANDTECHNIK

9. JAHRGANG — 1963

SEITE 1—1372

REDAKTIONSAUSSCHUSS

REDAKTION

AKADEMIE-VERLAG · BERLIN

LZ. I LANDTECHNIK · 9. JAHRGANG 1963 · BERLIN NOVEMBER 1963

LANDWIRTSCHAFTLICHES ZENTRALBLATT

ABTEILUNG LANDTECHNIK

9. JAHRGANG 1963

Seitenzahlen der Hefte

Herausgeber: Deutsche Demokratische Republik · Deutsche Akademie der Landwirtschaftswissenschaften zu Berlin, Institut für Landwirtschaftliche Information und Dokumentation Berlin W 8, Krausenstraße 38/39; Fernsprecher: 225161. Chefredakteur: Dr. Ursula Wittbrodt stellvertretender Chefredakteur: Dr. Werner Kleeberg, Berlin W 8, Krausenstraße 38/39; Fernsprecher: 22 51 61. Redaktion der Abteilung I – Landtechnik: Dr. Joachim Güssefeldt. Verlag: AkademieVerlag GmbH, Berlin W 8, Leipziger Straße 3–4; Fernsprecher: 22 04 41, Telex-Nr. 01 17 73, Postscheckkonto Berlin 350 21. Bestellnummer dieser Hefte: 1030 I–IX. Das Landwirtschaftliche Zentralblatt, Abt. Landtechnik, erscheint jährlich in 9 Heften, Einzelheft DM 20,–; einseitig bedruckte Ausgabe DM 24,–. Jahresbezugspreis DM 180,–; einseitig bedruckte Ausgabe DM 216,– einschließl. Autoren- und Sachregister, zuzüglich Porto- und Versandkosten. Gesamtherstellung: VEB Druckerei „Thomas Müntzer" Bad Langensalza. Veröffentlicht unter der Lizenznummer 1289 des Presseamtes beim Vorsitzenden des Ministerrates der Deutschen Demokratischen Republik.

INHALTSVERZEICHNIS

LZ. I/9/63

NAMENVERZEICHNIS

Seitenzahl in [Klammern] bedeutet Bibliographie, mit Stern * bedeutet Buchbesprechung

ALBRECHT-THAER-ARCHIV

**ARBEITEN AUS DEN GEBIETEN
BODENKUNDE, PFLANZENERNÄHRUNG, ACKER- UND PFLANZENBAU**

**Herausgeber:
Deutsche Demokratische Republik
Deutsche Akademie der Landwirtschaftswissenschaften zu Berlin**

Schriftleitung: E. Plachy

Das Albrecht-Thaer-Archiv erscheint in Heften mit einem Umfang von je 5 Druckbogen (80 Seiten). Die innerhalb eines Jahres herausgegebenen 10 Hefte bilden einen Band. Das letzte Heft jedes Bandes enthält Inhalts- und Sachverzeichnis

Der Bezugspreis beträgt DM 5,— je Heft

Seit dem Jahre 1959 gibt die Deutsche Akademie der Landwirtschaftswissenschaften zu Berlin im Einvernehmen mit der Landwirtschaftlich-Gärtnerischen Fakultät der Humboldt-Universität zu Berlin das von dieser Fakultät begründete Albrecht-Thaer-Archiv heraus. Die Zeitschrift hat sich zur Aufgabe gestellt, über die neuesten wissenschaftlichen Probleme und Forschungsergebnisse auf den Gebieten Bodenkunde, Pflanzenernährung sowie Acker- und Pflanzenbau zu unterrichten. Damit schloß sich eine seit langem bestehende Lücke in der Reihe agrarwissenschaftlicher Zeitschriften der Deutschen Demokratischen Republik.

Dank der regen Mitarbeit zahlreicher Institute der Akademie sowie der Universitäten und Hochschulen konnte sich das Albrecht-Thaer-Archiv in der kurzen Zeit seines Bestehens zu einem Organ entwickeln, das nicht nur den Wissenschaftler, sondern darüber hinaus auch alle fachlich Interessierten anspricht. Dabei sind Herausgeber und Schriftleitung bemüht, die aktuellen Erfordernisse der Agrarwissenschaft in den Vordergrund zu stellen. Mit dem Abdruck von Autorreferaten bietet das Albrecht-Thaer-Archiv ferner dem Leser seit kurzem die Möglichkeit, sich über die neuesten Forschungsergebnisse der genannten Disziplinen bereits vor Erscheinen der betreffenden Arbeit zu orientieren.

Die bisherige Entwicklung der Zeitschrift berechtigt zu der begründeten Hoffnung, daß sie sich in ständig zunehmendem Maße zu einem Forum echten wissenschaftlichen Meinungsstreites herausbilde, zu einem immer festeren Bindeglied zwischen der deutschen Agrarwissenschaft und der internationalen landwirtschaftlichen Forschung werde und die fortschreitende Entwicklung auf diesem Gebiet widerspiegele.

Fortsetzungsbestellungen durch eine Buchhandlung erbeten

A K A D E M I E - V E R L A G · B E R L I N

LANDWIRTSCHAFTLICHES ZENTRALBLATT
ABTEILUNG LANDTECHNIK

1963 NR. 9 NOVEMBER

I. A L L G E M E I N E S

A. ALLGEMEINE FRAGEN DER LANDTECHNIK

Č e r v i n k a, Václav; Chodov u Prahy, Výzkumný Ústav Zemědělských Strojů. Studie o výrobních linkách v zemědělství. (Studie über die Maschinensysteme in der Landwirtschaft.) - Zemědělská Techn. 9(36) Nr. 1. S. 1-16. - 15 Zeichn. Zus. in Russ., Dtsch.

Der höhere Grad der Maschineneinführung in die Landwirtschaft und die Schaffung von Maschinensystemen wird eine Abänderung der Technologien und Arbeitsverfahren in der Landwirtschaft sowie eine harmonische Projektierung von Bauten und Maschinen auf Grund des Studiums von den Güterbewegungen erfordern. Durch fortschreitende Vereinfachung der Güterbewegung und Ausschaltung der Handarbeit werden Maschinensysteme und Anlagen geschaffen, die im Höchstmaße jede unnütze Bewegung ausschalten. Die Studie löst dieses Problem durch eine eingehende Analyse der Güterbewegung von einzelnen Früchten und Arbeitsketten, wie Getreide, Kraftfutter, Grünfutter, Ernte und Verfütterung von Heu, Gärfutter,und Stroh, Stallmisträumung und -streuen, Zuckerrübe, Kartoffeln, Milch, Eier, Handelsdünger. Durch Studium der Güterbewegung kann ein direkter Zusammenhang zwischen der Kompliziertheit und Häufigkeit der Bewegung und den Ansprüchen auf PSh-Bedarf und AKh-Bedarf ermittelt werden. Die vereinfachte Bewegung schaltet unnütze Arbeitsgänge aus und senkt dadurch den AKh-Bedarf und PSh-Bedarf sowie die Betriebskosten.

ČSSR/ÚVTI. 1005.

H e b b l e t h w a i t e, P. The testing of prototype implements. (Das Prüfen von Muster-Geräten.) - J. Proc. Instn. agric. Engr. 19 (1963) Nr. 1. S. 32-35.

Nach einleitender Definition der Begriffe Muster und Gerät werden für das Prüfen von neuen Geräten und Maschinen, die als Prototyp einer Serienfertigung vorgesehen sind, 3 grundsätzliche Forderungen aufgestellt: 1) Die Prüfung muß nach vorher festgelegten Gesichtspunkten in der Reihenfolge ihrer Wichtigkeit erfolgen. 2) Unbedingt muß eine Auswertung der gefundenen Daten nach statistischen Gesichtspunkten erfolgen. 3) Die Hauptfrage bei der Prüfung neuer Muster muß immer dem Optimum der Leistung gelten. Diese 3 Forderungen werden eingehend behandelt und begründet. W.Bohrisch. 1005.

Bibliographie für die sozialistische Landwirtschaft. Höhere Erträge in der Landwirtschaft durch Fachliteratur. 1. und 2. Band. - Greifswald; Rostock: Universitätsbibliothek; Schwerin: Mecklenburgische Landesbibliothek. 1961/1962. (256 S.; 261 S.) 14,5 cm x 20,5 cm.

Die Bibliographie wendet sich in erster Linie an die Kader der sozialistischen Landwirtschaftsbetriebe. Sie verfolgt den Zweck, neue wiss. Erkenntnisse schnell der Praxis nutzbar zu machen. In beiden Bänden sind die Bibliographien auf annähernd gleiche Weise geordnet: A) Grundlagen der sozialistischen Landwirtschaft; B) Gesamtdarstellungen und Zeitschriften zur sozialistischen Landwirtschaft; C) Agrarökonomik; D) Der sozialistische Landwirtschaftsbetrieb; E) Landtechnik, Bauwesen; F) Pflanzliche Produktion (eingeteilt in Ackerbau, Pflanzenbau und Pflanzenkrankheiten); G) Tierische Produktion (eingeteilt in allg. Tierzucht, spezielle Tierzucht und Tierkrankheiten); H) Forst, Jagd, Fischerei und J) Das sozialistische Dorf (hierunter u.a. auch Dorfplanung, Sozialeinrichtungen, Gesundheits- und Arbeitsschutz, Kulturarbeit und Sport sowie Qualifizierung). Band 1 enthält Monographien aus den Jahren 1955-60 und Zeitschriftenaufsätze seit 1959. Band 2 bringt die entspr. Veröffentlichungen bis Ende 1961. Beide Bände enthalten am Schluß Autoren- und Sachregister. H.Kretschmer.

H a j a s, József und R á z s ó, Imre. Szántóföldi gépesités. (Landwirtschaftliche Maschinenkunde.) Budapest: Mezögazdasági kiadó. 1962. (238 S.) 8°. (1962 A 1660)

H a j a s, József und R á z s ó, Imre. Mezögazdaság számokban. (Landwirtschaftliche Faustzahlen.) 2., erw. Aufl. Budapest: Mezögazdasági kiadó. 1962. (959 S.) 8°. (1962 A 1659)

D. FORSCHUNG

R o s t o v c e v, N.F. und Č e r k a š e n k o, I.I. (Rostowzew, N.F. und Tscherkaschenko, I.I.); Moskau, Lenin-Akad. der Landwirtsch.-Wiss. Organizacija sel'skochozjajstvennoj naučno-issledovatel'skoj raboty v SŠA. (Organisation der landwirtschaftlichen Forschungsarbeit in den USA.) - Vestnik sel'skochozjajstvennoj nauki, Moskva 7 (1962) Nr. 11. S. 142-146.

Die USA besitzen etwa 600 Forschungsinstitutionen, von denen 100 dem Forschungszentrum der Vereinigten Staaten oder dem Staat, in dem sich die Forschungsinstitution befindet, direkt und die übrigen den Universitäten oder verschiedenen Firmen unterstellt sind. Das Landwirtschaftsdepartement der Vereinigten Staaten leitet, kontrolliert, finanziert, koordiniert und berät die Forschungsinstitutionen, hilft ihnen, berichtet über sie vor dem Kongreß, wertet ihre Forschungsergebnisse aus, führt sie in die Praxis ein usw. Auf dem Gebiet der Viehwirtschaft untersuchen 2 Abteilungen des Departements die Produktionserfahrungen der Farmer und die Verfahren zur Verwertung der Produktion. Das Departement besitzt 23 Versuchsgüter, die sich mit Fragen der Tierzucht befassen. Gleiche Arbeiten werden von Tierzucht-Instituten der Universitäten geleistet. Der Kongreß und die Regierungen der Staaten bewilligen dem Departement und den Universitäten jährlich bestimmte Mittel für die Durchführung von Forschungsarbeiten. In jedem der mehr als 3000 Kreise der USA befindet sich ein hochqualifizierter landwirtsch. Berater, der die Bevölkerung über landwirtsch. Fragen informiert. Jeder Kreis besitzt einen Farmerverband und Klubs der Landwirtschaftsjugend, die sich u.a. mit den neuesten landwirtsch. Produktionsmethoden befassen. Abschließend gehen Vff.

auf Einzelheiten der Forschungen auf dem Gebiete der Fleisch- und Milchwirtschaft ein. W.Balkin. 1305.

A n o n y m. Aktuellt från Jordbrukstekniska Institutet. Årsberättelse 1961-1962. (Aktuelles vom Landwirtschaftstechnischen Institut. Jahresbericht 1961-1962.) - Jordbrukstekn. Inst., Medd. 1962 Nr. 297. S. 1-70.

Der vorliegende Jahresbericht gibt eine Übersicht über die Tätigkeit des Landwirtschaftstechn. Inst. Schwedens im vergangenen Jahr mit Berichten über durchgeführte Laboratoriumsversuche, die praktische Erprobung neuer Arbeitsmethoden und neuer landwirtsch. Maschinen sowie über die gewonnenen Erfahrungen und Resultate der Untersuchungen. Der Bericht umfaßt folgende Gebiete: Heumahd, neue Typen von Heuwendern, künstliche Heutrocknung; Ernte, Trocknung und Lagerung von Getreide, Trocknung in Flachbodendarren und Zentralrohrsilos sowie hiermit zusammenhängende Fragen; luftdichte Lagerung feuchten Getreides; neue Erntemethoden von Gras- und Kleesamen; Ernte und Lagerung von Kartoffeln; Schutz der Gewässer vor Verunreinigung durch Abwässer, Verwendung von Jauche und Silopreßsaft als Düngemittel, Erprobung von Jauchepumpen; Untersuchungen über den Traktor als Arbeitsplatz, Erschütterungen, denen der Traktorist bei der Arbeit ausgesetzt ist, und Mittel zu ihrer Verhütung; Rostschutz der landwirtsch. Maschinen; Mitarbeit an der internationalen Standardisierung von Traktoren und landwirtsch. Maschinen; Verzeichnis wiss. Publikationen. A.Grönholm. 1305.

A n o n y m. New advances in information retrieval. (Neue Fortschritte in der Dokumentations-Recherche.) - Agric. Engng. 44 (1963) Nr. 1. S. 28-31. - 5 Abb., 1 Tab.

In der Erkenntnis der ständig zunehmenden Zahl von Veröffentlichungen und der sich daraus ergebenden Unmöglichkeit, alle in ein bestimmtes Fachgebiet fallenden Publikationen im Original zu studieren, hat die ASAE sich entschlossen, die von ihr herausgegebenen Zeitschriften mit einer Dokumentationskartei für jede Arbeit zu versehen, die ein Einordnen und Katalogisieren ermöglicht. Das dabei gewählte System entspricht einer Sichtlochkartei. Für jede Arbeit gibt es eine Dokumentationskarte, die die üblichen bibliograph. Angaben der Arbeit sowie das Referat enthält. Die Karten erhalten eine fortlaufende Ordnungsnummer. Gleichzeitig werden Schlagwörter für echte Komponenten der Arbeit ausgeworfen, die auf einer Schlagwortkartei eingetragen werden. Für die Recherche werden rückwärts über die Schlagwortkartei alle die Referate gefunden, die echte Bestandteile dieser durch das Schlagwort gekennzeichneten Probleme enthalten. Die Arbeit enthält detaillierte Vorschläge für diese Kartei. K.I.Zurawski. 1305.

Svenskt jordbruk och skogsbruk 1913-1962. Minnesskrift utgiven av Kungl. Skogs- och Lantbruksakademien i anslutning till Akademiens 150-årsjubileum 28 januari 1963. Uppsala: Almqvist & Wiksells. 1962. (635 S.) 8°. (1963 A 235)

II. TECHNISCHE GRUNDLAGEN

B. GRUNDLAGENWISSENSCHAFTEN, ERFINDUNGEN, KONSTRUKTION

Ritzmann, F.; Dresden, KDT. Aufgaben der Landmaschinen-Konstrukteure nach dem VI. Parteitag der SED. - Dtsch. Agrartechn. 13 (1963) Nr. 4. S. 179 bis 180.

Die Perspektivplanung von 1964 bis 1970 sieht ein Wachstum der Industrieproduktion auf 160 % des Endstandes von 1963 vor. Ziel ist die Steigerung der Arbeitsproduktivität, die Beseitigung vorhandener Lücken in den Maschinensystemen sowie die weitere Mechanisierung und Automatisierung landwirtsch. Prozesse. Bei der Ausarbeitung der Perspektivpläne sind die Betriebssektionen der KdT mit einzuschalten, die Pläne müssen der weiteren Steigerung der Marktproduktion und der Arbeitsproduktivität auf dem Lande Rechnung tragen. Klare Einschätzung des Weltstandes, Einschätzung des ökon. Nutzens der wiss. Arbeit, bes. der Konstruktionsarbeit; Organisierung der sozialistischen Gemeinschaftsarbeit und Einschaltung der neu gebildeten gesellschaftlichen Konstruktionsbüros. H.Nowatzky. 2125.

Stroppel, Th. Haltbarkeit und Verschleiß von Werkzeug- und Maschinenteilen der Landtechnik. - Grundlagen der Landtechn. 1960 Nr. 12. 1. Teil. S. 63-65. - 1 Tab., 12 Lit.

Eingangs stellt Vf. fest, daß die Grenze der wirtschaftlichen Nutzungsdauer einer Landmaschine durch die mit der Nutzungsdauer steigenden Reparaturkosten und diese wieder durch den Verschleiß bestimmt werden. Er definiert den "Verschleißvorgang", zählt die "Verschleißarten" auf und nennt die für die Landtechnik bes. typischen "Verschleißpaarungen". Alsdann untersucht er die Ursachen des Verschleißes und zeigt Mittel auf, wie der Verschleiß zu mindern ist. Seine Ausführungen erstrecken sich auf Maschinenlager und -führungen, Schneidwerkzeuge und Schlagleisten und auf Bodenbearbeitungswerkzeuge.

W.Gerlach. 2135.

Sebestyén, József. Matematikai módszerek alkalmazása a mezögazdasági termelés vizsgálatában. (Anwendung von mathematischen Methoden in der Untersuchung der landwirtschaftlichen Produktion.) Budapest: Akad. kiadó. 1962. (134 S.) 8°. (1962 A 1616)

C. FERTIGUNG, INSTANDSETZUNG, PFLEGE

Anonym. Ein Schraubenschlüssel besonderer Art für die Hofwerkstatt. - Traktor u. Landmaschine /Brugg/ 24 (1962) Nr. 15. S. 853. - 3 Skizzen.

Bei dem "Hipo-Universal 22-Schraubenschlüssel" (200 g, 19,5 cm lang, Preis sfr 20,-) umfassen Lamellen, die sich beim Hineinschieben einer Mutter beliebiger Form und Größe entsprechend automatisch verschieben, die jeweilige Schraubenmutter so fest, daß ein Lösen und Festziehen der Muttern und Schrauben mühelos mit ein und demselben Schraubenschlüssel vorgenommen werden kann.

W.Gerlach. 2215.

D. TECHNISCHE BETRIEBSANGELEGENHEITEN

H u n t, Donnell R.; Urbana, Univ of Illinois, Agric. Engng. Dep. Efficient field machinery selection. (Wirksame Auswahl von Maschinen für die Feldwirtschaft.) - Agric. Engng. 44 (1963) Nr. 2. S. 78-79. 88. - 2 Tab.

Die Auswahl von Maschinen und Geräten der Feldwirtschaft zur Ausrüstung eines Betriebes muß nach ökon. Gesichtspunkten erfolgen, um die Rentabilität des Betriebes zu gewährleisten. Aus diesem Grunde wurden vom Vf. eine Reihe von mathematischen Gleichungen aufgestellt, mit deren Hilfe die Größe und Arbeitsbreite der anzuschaffenden Maschinen berechnet und ein für den Betrieb geeignetes Maschinensystem aufgestellt werden kann. Außerdem kann im Anschluß der Bedarf an Arbeitskräften bestimmt werden. Der Aufbau und das Arbeiten mit den Gleichungen, das keine bes. mathematischen Kenntnisse erfordert, wird eingehend erläutert. W.Bohrisch. 2325.

G o r a n o v, I. (Goranow, I.) Po vǔprosa za ustanovjavane na optimalni amortizacionni periodi na mašinite. (Über die Frage der Festsetzung von Bestabschreibungsfristen der Maschinen.) - Mechanizacija i elektrifikacija na selskoto stopanstvo, Sofija 12 (1962) Nr. 10. S. 19-22. - 7 Abb.

Die geltenden Abschreibungsfristen der Maschinen werden statistisch bestimmt. Sie unterscheiden sich von der technisch-wirtschaftlichen Abschreibung und entsprechen der wirklichen Ausnutzungsdauer der Maschinen nicht. Zur Beseitigung dieser Unterschiede wird folgende Methode vorgeschlagen. Die Verschrottung der Maschinen soll dann erfolgen, wenn festgestellt wird, daß ihr weiterer Betrieb unwirtschaftlich wird. Die Wirtschaftlichkeit wird durch Vergleich der technisch-wirtschaftlichen Grundkennziffern der alten und neuen Maschinen festgestellt. Als Grundkennziffern werden die Betriebskosten (für Überholung, Unterhaltung, Treibstoff, Schmiermittel und Lohn) und die Abschreibungskosten je Jahr, bezogen auf die Jahresleistung der Maschinen, bezeichnet. Für die Berechnung dieser Kennziffern werden Formeln und Kurven entwickelt. A.Kalojanow. 2325.

N e u h ä u s e r, O. Der Futterbau in Hangbetrieben und sein Einfluß auf das Wirtschaftsergebnis. - Kali-Briefe, Fachgeb. 4 7 (1963) Nr. 6. S. 1-6.

Vf. untersucht zwei 25-ha-Betriebe in einer Hanglage von 15 - 19 % als Modellkalkulationen. Er stellt einen Getreide-Hackfrucht- einem Futterbaubetrieb gegenüber. Er geht hierbei von der Tatsache aus, daß die Ackernutzung am Hang Nachteile und Erschwernisse mit sich bringt und zur Extensivierung führt. Er weist nach, daß der GH.-Betrieb mehr Arbeitsgänge und Zeit benötigt, als ein gleicher Betrieb in ebener Lage. So steigt der Arbeitszeitbedarf für 1 ha Getreide von rd. 37 AKh und 21 Schlepperstunden in ebener Lage auf 74 bzw. 26 je ha in Hanglagen an. Gleichzeitig ergeben sich Ertragsverluste bei Kartoffeln bis 3 und bei Rüben bis 5 %. Der gegenübergestellte Futterbaubetrieb weicht den Schwierigkeiten der Hanglage durch stärkeren Grünlandanteil und Viehbesatz mit größerer Veredelungswirtschaft aus und erzielt eine Steigerung des Familienarbeitseinkommens um 38 %. Trotz extensiverer Bodennutzung kommt der Futterbaubetrieb durch intensivere Veredelungswirtschaft zu einem höheren Betriebserfolg. Vf. zeigt an Betriebsdaten, daß in Hangbetrieben durch Übergang vom Getreide-Hackfruchtbau zum Futterbau das Arbeitseinkommen je Familien-AK von 3415 auf 4743 DM und die Verzinsung des Aktivkapitals von 1,7 auf 3,2 % gesteigert werden kann. C.Freyer. 2325.

Munkavédelmi müszaki zsebkönyv. (Technisches Handbuch des Arbeitsschutzes. Bd. 2.) Budapest: Táncsics könyvkiadó. 1962. (135 S.) 8°. (1962 A 1611,2)

H o d r, Josef. Požární ochrana v zemědělství a lesním hospodářství. (Brandschutz in der Land- und Forstwirtschaft.) Praha: Státní zemědělské nakl. 1963. (378 S.) 8°. (1963 A 596)

Nekotorye voprosy statističeskogo izučenija i vyjavlenija rezervov proizvoditel'nosti truda v sel'skom chozjajstve. (Einige Probleme der statistischen Erforschung und Ermittlung der Arbeitsproduktivitätsreserven in der Landwirtschaft.) Moskva. 1962. (189 S.) 8°. (1963 A 566)

Š u b r t, Oldřich. Zavádění technických norem v zemědělské výrobě. (Einführung technischer Normen in der landwirtschaftlichen Produktion.) Praha: Státní zemědělské nakl. 1963. (87 S.) 8°. (1963 A 606)

K o v á c s, Tibor und T i b o l d, Vilmos. Mezögazdasági gepi munkák tervezése es szervezése. (Die Planung und Organisation von Maschinenarbeiten in der Landwirtschaft.) Budapest: Mezögazdasági kiadó. 1962. (114 S.) 8°. (1962 A 1639)

V a n ě k, Kamil. Výpočet nákladu mechanizovanych praci v rostlinné vyrobě JZD. - (Berechnung der Kosten der mechanisierten Arbeiten in der pflanzlichen Produktion der LEG.) Praha: Vyd. Státní zemědělské naklad. 1963. (101 S.) 8°. (1963 A 590)

E. MESS- UND PRÜFWESEN

Prüfverfahren und Meßgeräte. Potsdam-Bornim, Inst. Landtechn. Dtsch. Akad. Landwirtsch.-Wiss. Berlin Plan-Nr.: 1701 23 h-2-28/o. Abschlußber.(31/5. 1963).

Im Inst. für Landtechnik wurden folg. Meßeinrichtungen entwickelt: Hydraulische Dreipunkt-Zugkraft-Meßeinrichtung, Meßgerät für Drucke in Rohrleitungen für fließfähiges Schweinefutter (mechanischer Teil), Füllstandswächter für fließfähiges Schweinefutter, Konstruktion eines vereinfachten Flügelsondenschergerätes, hydraulischer Zugkraftschreiber, halbautomatisches Gerät zur Auswertung von Eichdiagrammen, Drehmomentmesserprüfstand. 2410.

Elektrische und elektronische Meßverfahren für die Landtechnik. Potsdam-Bornim, Inst. Landtechn. Dtsch. Akad. Landwirtsch.-Wiss. Berlin Plan-Nr.: 1701 23 h-2-17/9. Abschlußber.(31/5.1963).

Im Inst. für Landtechnik wurden folg. Meßeinrichtungen entwickelt: Zeitbasisgerät für den Schleifen-Oszillograf "Oszillomat", Konsistenzregelgerät für die Konsistenzregelung von fließfähigem Schweinefutter, Steuergerät für eine automatische Futterdosierwaage, Voreinstellbares Zählwerk zur Dosierung verschiedener Futterarten. 2410.

H u b á l e k, Karel; Chodov u Prahy, VÚZS. Hydraulické a mechanické měřící přístroje používané při výzkumu zemědělských strojů. (Hydraulische und mechanische Meßgeräte für die Landmaschinenuntersuchung.) - Sborník Prací Výzkumného Ústavu zemědělských Strojů v Praze 2 (1962) S. 143-164. - 13 Abb., 1 Tab. Zus. in Russ., Engl., Dtsch.

Bei der Untersuchung von Landmaschinen werden mechanische und hydraulische Systeme hauptsächlich für Energie- und Funktionsmeßvorgänge gewählt. Zur Kontrolle von Registriermeßgeräten wird eine Methode zur Bearbeitung der bei der Eichung gewonnenen Aufnahme angeführt. In einer Übersicht werden einige im Forsch.-Inst. für Landmaschinen (VÚZS) Chodov gebräuchlichen Meßgeräte beschrieben. Zur Messung von Kräften und Drehmomenten wird ein dynamometrischer Karren "DT-2" mit einem hydraulischen Meßsystem, für Energiemessen an Anbaugeräten ein Meßrahmen, zum Drehmomentmessen ein Torsionsdynamograph "RDZ II" bis zum Werte von 30 kpm, bzw. nach dem Federaustausch bis zu 50 kpm, eingesetzt. Von den Funktionsmeßgeräten sind die Schnellaufnahmekamera "ZL-16", der wattmetrische Karren, Bodenhärtemesser sowjet. Konstruktion und der Bodenprofilograph angeführt. Das VÚZS besitzt auch eine Anlage zur Eichung von Torsionsdynamometern und Zugkraftmessern.

J.Rybička. 2415a.

P r o c h á z k a, Josef; Chodov u Prahy, VÚZS. Měřící přístroje na principu elektrických odporových tenzometrů používané ve VÚZS. (Meßgeräte nach dem Prinzip von elektrischen Dehnungsmeßstreifen, die im Forschungsinstitut für Landmaschinen Verwendung finden.) - Sborník Prací Výzkumného Ústavu zemědělských Strojů v Praze 2 (1962) S. 107-129. - 21 Abb., 1 Tab., 5 Lit. Zus. in Russ., Engl., Dtsch.

Im Forsch.-Inst. für Landmaschinen (VÚZS) Chodov wurde ein Meßgerätesystem nach dem Prinzip von elektrischen Dehnungsstreifen entwickelt. Es handelt sich um Zugkraftmesser und um ein Dreipunktdynamometer. Ein sehr vorteilhaftes Meßelement stellt der kreisförmige oder in ähnlicher Form ausgeführte Ring dar, der die Forderung nach hoher Empfindlichkeit und Steifheit erfüllt. Es wurden 3 Grundtypen von Zugkraftmessern für verschiedene Meßbedingungen, jeweils mit mehreren Meßbereichen, entwickelt. Als Meßelement dient ein abgeflachter Ring oder ein Träger mit 2 Stützen. Zur Messung der Kräfteverhältnisse von Anbaugeräten wurde ein Dreipunkt-Dynamometer entwickelt, das es gestattet, die Einzelkräfte in den Lenkern der hydraulischen Schlepperanbauvorrichtung getrennt oder die Kräftesumme in den Hauptlenkern zu messen. Diese 2 Meßverfahren werden durch zweierlei Schaltweise der auf ringförmigen Meßelementen angeklebten Aufnahmegeräte ermöglicht. Die Kräfte werden in einzelnen Lenkern meistens mit Fehlern unter ± 1 % und der Zugwiderstand des Anbaugerätes mit einem Fehler von höchstens ± 2 % gemessen.

J.Rybička. 2415a.

F. EIGENSCHAFTEN, VERHALTEN UND NATURWISSENSCHAFTLICHE GRUNDLAGEN DES BODENS, DER LANDWIRTSCHAFTLICHEN PRODUKTE UND DER HILFSSTOFFE

D i e z, Th. Feuchte- und Dichtebestimmungen in Böden mit Hilfe von radioaktiven Strahlen. - Z. Kulturtechn. 4 (1963) Nr. 1. S. 12-35. 2510.

Anwendung radioaktiver Isotope in der landtechnischen Forschung und Prüfung. - Potsdam-Bornim, Inst. Landtechn. Dtsch. Akad. Landwirtsch.-Wiss. Berlin Plan-Nr.: 1701 23 h-2-16. Abschlußber. (31/5.1963).

Für Bodendichtemessungen in der Landwirtschaft wurde eine Doppelsonde konstruiert, gebaut und geeicht, die auf der Absorption radioaktiver Strahlung im Boden beruht. Sie besteht aus 2 parallelen, im Abstand 32 cm starr verbundenen Rohren, in deren Enden sich ein geschlossenes Co-60-Präparat der Aktivität 1 mc und ein halogengefülltes Geiger-Müllerzählrohr vom Typ "CTC-5" befinden. Die auf das Zählrohr treffende Intensität der Strahlung ist bestimmt durch die Absorption der relativ harten Strahlung des Co-60-Präparates in einem horizontal liegenden Ausschnitt des Bodens. Mit dieser Sonde läßt sich der Verlauf der Bodendichte in Abhängigkeit von der Tiefe untersuchen; sie ist für Tiefen zwischen 8 und 42 cm unter der Oberfläche benutzbar. Der maximale Fehler der Dichtemessung wird bestimmt durch das verwendete Anzeigegerät und die Eichung; er beträgt 5 % vom Absolutwert. 2510.

S c h m i e d e l, Helmut; Tharandt, Inst. für Bodenkunde und Standortslehre. Untersuchungen zur Ermittlung des mechanischen Eindringwiderstandes an Löß, Lößlehm und lößähnlichen Lehmen. - Wiss. Z. Techn. Univ. Dresden 11 (1962) Nr. 6. S. 1425-1433. - 11 Abb., 1 Tab., 26 Lit.

Zu diesem Zwecke konstruierte Vf. eine nach dem Prinzip der Sprungfederwaage funktionierende Handbodensonde, mit deren Hilfe der mechanische Eindringwiderstand quadratdezimeterweise an den Profilwänden meßbar ist. Den mitgeteilten Untersuchungsergebnissen ist u.a. zu entnehmen, daß zwischen Eindringwiderstand (kp/mm^2) einerseits und Struktur, Tongehalt und Feuchtegehalt des Bodens andererseits enge Beziehungen bestehen.

W.Prager. 2510.

G. ALLGEMEINES ZU TECHNOLOGISCHEN PROZESSEN FÜR ZWECKE DER LANDTECHNIK

S y s o e v, N.I. (Syssojew, N.I.) K teorii prosevaemosti rešet. (Zur Theorie des Wirkungsgrades der Siebe.) - Traktory i sel'chozmašiny, Moskva 32 (1962) Nr. 10. S. 19-21. - 1 Diagr., 7 Lit. Aus: Dok.-Dienst ILT 1962 Nr. 11.

Kurze Zusammenfassung und Formulierung dieser Theorie unter Berücksichtigung der mechanischen Eigenschaften von Körnern und Sieben. Mathematische Untersuchung früher aufgestellter, empirischer Formeln für Intensität der Siebwirkung und theoretische Ermittlung der Gesetzmäßigkeiten (bes. des Wirkungsgrades der Siebe). 2651.

III. E N E R G I E , K R A F T M A S C H I N E N U N D S C H L E P P E R

B. ENERGIE UND KRAFTMASCHINEN

M a c h o l d, O.; Gatersleben, Inst. für Kulturpflanzenforsch. der Dtsch. Akad. der Landwirtsch.-Wiss. zu Berlin. Über Bau und Einrichtung eines Isotopenlaboratoriums für chemische und biologische Untersuchungen. - Isotopentechnik 2 (1962) Nr. 12. S. 364-368. - 8 Abb.

Das beschriebene, in die Verbrauchergruppe II eingestufte Isotopenlaboratorium ist als zentrale Einrichtung für alle Abteilungen des Kulturpflanzen-Forschungsinstitutes gedacht. In eingeschossiger Bauweise angelegt (Vorteile: Erleichterung der elektrischen und sanitären Installation, Ermöglichung einer höheren Belastung des Fußbodens ohne größere Bauaufwendungen), besteht das Isotopenlaboratorium aus einem Trakt der Räume für die Arbeiten mit stabilen Isotopen (insbes. ^{15}N) nebst Aufenthaltsräumen, Toiletten und Werkstatt und einem rechtwinklig dazu liegenden, nur über eine Schleuse betretbaren Trakt, in welchem die Untersuchungen mit radioaktiven Isotopen durchgeführt werden sollen. Betonte Verwendung von Einmann-Laboratorien mit 17 bzw. 20 m^2, zwischengesetzte Installationszellen, Meß- und Nebenräume (u.a. Klimakammer, Tiefkühlräume, Wägeraum, Spülraum) jeweils den Laboratorien gegenüberliegend auf einer Seite des Flurs. Heizung und Belüftung für alle Räume erfolgt durch eine Klimaanlage, die an eine Stirnseite des aktiven Trakts gelegt wurde (Belüftungskanäle in der Zwischendecke des Flurs, Grundtemp. + 15 °C im Winter durch eine Deckenstrahlungsheizung, Flur unterkellert zwecks Aufnahme der Leitungen zur sanitären Installation, Fußboden: fugenlos verschweißter PVC-Belag). An den aktiven Trakt schließt sich ein Isotopengewächshaus (18 x 6 m) an, das mit dem inaktiven und dem aktiven Trakt in der Gesamtanlage eine U-Form bildet. Es weist in 5 Kabinen und einem Vegetationsraum jeweils eigene Heiz- und Entlüftungsmöglichkeiten auf. Für die Abwasseraufbereitung und Rückstands-Lagerung wurde, die U-Form als Rechteck abschließend, eine Abwasseranlage gebaut (ein 3,6 m^3-Vorbecken und 4 Rückhaltebecken mit je 19 m^3, durch Pumpsysteme miteinander verbunden). H.E.Freytag. 3126.

A n o n y m. Rural electrification. (Elektrifizierung auf dem Lande.) - Rural Electrification, UN, Geneva 5 (1961) Nr. ECE 260. S. 1-108. - 46 Abb., 12 Tab., 42 Lit.

Die Zusammenstellung wurde von der "Wirtschaftskommission für Europa" erarbeitet. Es werden dargestellt: Planung, Entwurf, Konstruktion und techn. Gestaltung von Anlagen für ländliche Elektrizitätsversorgung; Probleme des Ein- und Mehrphasen-Netzes; Elektromaschinen zur Behandlung von Erntegut (Körner- und Grünfuttertrocknung, Lagerung und Konservierung); Futteraufbereitung mit elektrischen Maschinen; elektrische Einzelantriebe großer Bodenbearbeitungs- und Erntemaschinen; Anwendung elektrischer Geräte für die Schädlingsbekämpfung. - Erfahrungen wurden ausgewertet aus der UdSSR, Österreich, Belgien, ČSSR, Dänemark, DBR, Frankreich, Ungarn, Niederlande und Großbritannien, vergleichsweise wurden auch Angaben aus den USA verwertet. F.Lüpnitz. 3130a.

A n o n y m. Erkenntnisse über Vergaservereisung und ihre Verhütung. - Automobiltechn. Z. 64 (1962) Nr. 11. S. 317-324. - 10 Abb., 9 Diagr., 4 Tab., 23 Lit. Aus: Dok.-Dienst ILT 1963 Nr. 3.

Die Vergaservereisung ist auf die Zunahme von leichtflüchtigen Bestandteilen im Kraftstoff zurückzuführen und tritt bes. bei feuchter, kühler Witterung auf. Abhilfemaßnahmen gegen Vereisung sind konstruktiv möglich (Erwärmer für Ansaugluft) oder auf chem. Wege durch Zusätze zum Kraftstoff, die entweder ein Haften des Eises an der Drosselklappe verhindern (oberflächenaktive Stoffe) oder den Gefrierpunkt erniedrigen (Alkohole, Glykole, Ketone). Die unterschiedliche Wirkung der Vereisungsverhinderer wird an Beispielen oberflächenaktiver Stoffe und Gefrierpunkterniedriger veranschaulicht. 3135c.

K o o r n n e e f, H. De verdeler - brandstofpomp. (Verteiler-Kraftstoffpumpe.) - Landbouwmechanisatie 14 (1963) Nr. 4. S. 295-303. - 1 Abb., 6 Schemata.

Konstruktion und Arbeitsweise der Verteiler-Kraftstoffpumpe von C.V.A.-Fabrieken für Dieselmotoren. Diese Kraftstoffpumpe weist gegenüber den üblichen Einspritzpumpen u.a. folgende Vorteile auf: Die gelieferte Kraftstoffmenge ist für alle Zylinder gleich, dadurch sind Kontrolle und Einstellung erleichtert; die Konstruktion ist einfach, Abmessungen und Masse sind geringer. Eine automatische Vorverlegung des Einspritzzeitpunktes bei höheren Drehzahlen ist einfach zu erreichen. - Pumpe und Regelvorrichtung befinden sich in einem geschlossenen Gehäuse, das mit Dieselkraftstoff (unter Überdruck) gefüllt ist, so daß kein Wasser und Schmutz eindringen können und ein Schmieren überflüssig ist. L.Machler. 3135c.

F u j i h i r a, Ukon und T a n a k a, Taro; Nippon Denso, Kariya, Japan. Betriebstemperaturen an Einspritzdüsen. - Motortechn. Z. 24 (1963) Nr. 5. S. 167-171. - 15 Abb., 2 Tab., 8 Lit. - nach Zus.

Es wird eine Methode der Temperaturmessung während des Betriebs von Zapfen- und Drosselzapfen-Einspritzdüsen beschrieben. Temperaturverteilung und Wärmefluß wird berechnet aus Temperaturmessungen an der Außenwand des Düsenkörpers. Zur Prüfung der Berechnung wird die Härteänderung des Werkstoffs herangezogen. Betrachtungen über Einbau und Kühlsystem in Wirkung auf die Temperaturverteilung. 3135e.

Y o k o i, Motoaki; Osaka, Japan, Yanmar Dieselmotoren AG. Neuer luftgekühlter Yanmar-Dieselmotor Typ "2A6". - Motortechn. Z. 24 (1963) Nr. 5. S. 171 bis 172. - 4 Abb. - nach Zus.

Beschreibung eines Zweizylinder-Viertakt-Vorkammermotors mit 1,272 l Gesamthubraum, 20 PS bei 2200 U/min. Stehende luftgekühlte Zylinder. 3135e.

P f l a u m, W. Franz Stolze zum Gedenken. - Motortechn. Z. 24 (1963) Nr. 5. S. 179. - 2 Abb. - nach Zus.

Stolze gab 1897 alle entscheidenden Merkmale heutiger Gasturbinen an. Diese Kennzeichen werden kurz beschrieben anläßlich der Anbringung einer Gedenktafel an seinem Berliner Haus. 3135g.

S c h w e i t z e r, Paul. Hybrid-Motoren. - Motortechn. Z. 24 (1963) Nr. 5. S. 173-178. - 17 Abb., 15 Lit. - nach Zus.

Ein Hybrid-Motor vereinigt charakteristische Merkmale eines Otto- und eines Dieselmotors. Mögliche Kombinationen und Beispiele von erfolgreichen Entwicklungen werden besprochen. 3135g.

M ü h l b e r g, E. MAN-M-Vielstoffmotor mit partieller Abgasrückführung für Alkoholbetrieb. - Automobiltechn. Z. 65 (1963) Nr. 1. S. 16-24. - 11 Abb., 6 Lit. Aus: Dok.-Dienst ILT 1963 Nr. 4.

Ausführlicher Bericht über Versuche zur Nutzbarmachung des Alkohols in MAN-M-Vielstoffmotoren. Die Verwendung von extrem zündunwilligem Äthylalkohol als Motorenkraftstoff ist von großer volkswirtschaftlicher Bedeutung für Länder mit einem sehr beachtlichen Anfall pflanzlicher Produkte (z.B. Indien, Südafrika, China, Formosa, Ceylon, Kuba, Madagaskar). 3135g.

T s c h i e r s c h k e, M.; Potsdam-Bornim, Inst. für Landtechn. der Dtsch. Akad. der Landwirtschafts-Wiss. zu Berlin. Die Erzeugung von Biogas im landwirtschaftlichen Betrieb. - Arch. Landtechn. 3 (1961/62) Nr. 3. S. 243 bis 277. - 14 Abb., 8 Tab., 51 Lit. - nach Zus.

Es wird zunächst ein Überblick über die Forschungsarbeiten gegeben. Hierauf aufbauend erfolgt die Berechnung der Produktionsanlage (Musteranlage) eines landwirtsch. Betriebes und die Errechnung des mit dieser Anlage unter günstigsten Bedingungen erzielbaren Biogas-Selbstkostenpreises. Der Vergleich des auf den Heizwert von Stadtgas reduzierten Biogas-Selbstkostenpreises zeigt, daß infolge des verhältnismäßig hohen Preises von Biogas eine Wirtschaftlichkeit von Biogasanlagen für die nächsten 30 Jahre, d.h. innerhalb der Abschreibungszeit der Anlage, nicht gegeben ist. Somit kann eine Einführung von Biogasanlagen in der landwirtsch. Praxis der DDR nicht befürwortet werden, selbst dann nicht, wenn eine wesentliche Vervollkommnung des gegenwärtigen Verfahrens der Biogaserzeugung erzielt werden sollte. Auch arbeitswirtschaftliche, düngerwirtschaftliche und hygienische Vorteile werden durch Biogasanlagen nicht erreicht. 3150.

M ü l l e r, H.: Erlangen, Siemens-Elektrogeräte AG, Lab. der Zentr. Techn. Plan. Bemessung und Aufbau von Peltieraggregaten. - Kältetechnik 15 (1963) Nr. 5. S. 137-143. - 4 Abb., 7 Diagr., 7 Schemata, 16 Lit. 3155.

K o m a r o f f, N.S. Kältetechnisches Nachschlagebuch. 2. erg. Aufl. (russisch). Moskva: Masgiz. 1962. (419 S. m. 264 Abb.) Rbl. 2,04.

C. SCHLEPPER MIT AUSRÜSTUNG UND ZUBEHÖR

A n o n y m. Mécanisation de l'agriculture. Besoins en tracteurs des grandes exploitations. Considérations techniques et économiques. (Der Traktorenbedarf von Großbetrieben.) - Mécanisat. Agric., Nations Unies, Commiss. écon. l'Europe, Genève 1962 Nr. Agri/Mech/ 20. S. 1-28.
Von der Ukrainischen Sowjetrepublik ausgearbeitete techn. und ökon. Betrachtungen behandeln die zweckmäßige Zusammensetzung des Traktorenparkes nach Typen und Anzahl. In der SU werden die Traktoren nach ihrer Zugkraft in 12 Kategorien zwischen 0,2 und 9,0 Mp eingeordnet. Zu jeder Kategorie gehören mehrere Varianten. Die neuen Modelle zeichnen sich durch Vielzweckeignung und höhere Arbeitsgeschwindigkeiten aus. Hierzu wird die Motorleistung um 20 - 40 % gesteigert, das Getriebe verändert und der Fahrkomfort erhöht. Leichte Traktoren sind für schwere Arbeiten unwirtschaftlich: Die direkten Kosten für das Pflügen im Vergleich zur 3,0-Mp-Kategorie = 100 für 1,4 Mp 152, 0,9 Mp = 219 und 0,6 Mp = 255. K.Kaiser. 3205.

M e y e r, H. Institut für Schlepperforschung. - Ber. Tätigkeit Forsch.-Anst. Landwirtsch. Braunschweig-Völkenrode 1960 (hrsg. 1962) S. 52-56. - 5 Abb., 2 Diagr.
In einem Tätigkeitsbericht werden die im vergangenen Berichtszeitraum durchgeführten Untersuchungen und ihre Ergebnisse zusammenfassend wiedergegeben. Die Forschungsarbeiten erstreckten sich dabei auf allg. Fragen der Schlepperentwicklung und -bewertung, auf Untersuchungen an Ackerschlepper-Diesel-Motoren, speziell hinsichtlich des Zylinder- und Kolbenringverschleißes, auf umfangreiche Untersuchungen über das Schwingverhalten von Schleppertriebwerken sowie die Bedeutung stufenloser Getriebe für Ackerschlepper, auf Untersuchungen an Reifen für Schlepper sowie der Reibbeiwerte für Vorder- und Hinterräder bei nochmaligem Überfahren einer Spur sowie auf die mit einer Verbindung Schlepper-Anhängegerät zusammenhängenden Probleme. Die zu diesen Themen gehörigen Veröffentlichungen werden abschließend zusammengestellt.
K.-J.Zurawski. 3205.

Traktoren der mittleren Zugkraftklassen. Potsdam-Bornim, Inst. Landtechn. Dtsch. Akad. Landwirtsch.-Wiss. Berlin Plan-Nr.: 1701 23 h-2-14. Zwischenber. (31/5.1963).

Im Berichtsjahr 1962 wurden durch die Abteilung Schleppertechnik die Ermittlung, Darstellung und Ergänzung der techn. und einsatztechn. Kennwerte für das einheitliche Traktorensystem fortgeführt, hauptsächlich für die Zugkraftklassen 1,4 und 2,o Mp. Hierzu wurden mehrere vergleichende Untersuchungen im praktischen Einsatz bei der Bodenbearbeitung durchgeführt, die die Ermittlung der optimalen Bauform für die Traktoren der 1,4 und 2,0 Mp-Klassen zum Ziel hatten. Als hauptsächlichster Beurteilungsmaßstab diente die Forderung nach entscheidender Steigerung der Arbeitsproduktivität und des ökon. Nutzens. 3205.

A n o n y m. Machines for 1963. (Maschinen für 1963.) - Farm Mechanizat. 15 (1963) Nr. 161. S. 5-16. - 18 Abb. Aus: Dok.-Dienst II/T 1963 Nr. 2.

Überblick über die auf der Smithfield-Schau gezeigten Traktoren mit Zubehör: John Deere "4010" (84 PS an der Zapfwelle; regulierte Motordrehzahl von 600-2500 U/min; hydraul. Lenkung und Bremsen; Getriebe unter Last schaltbar; Zapfwellendrehzahlen 540 und 1000 U/min); John Deere "5010" (117 PS an der Zapfwelle); Massey-Ferguson "Super 90" (77 PS bei 2000 U/min); Massey-Ferguson "35 X" (44 PS bei 2250 U/min); Fordson"County Super 6" (86,5 PS bei 2250 U/min; Motor auf 2000 U/min geregelt); Fordson "Roadless Ploughmaster Modell 64" (72 PS; geregelte Drehzahl max. 1650 U/min). Außerdem werden Patentkopplung, Fahrerkabine, Fahrersitze sowie Maschinen für Düngung, Schädlingsbekämpfung, Bodenbearbeitung, Aussaat und den Transport behandelt.

3205.

A n o n y m. Varför blir dieseltraktorn enväldig? (Warum wird dem Dieselschlepper der Vorzug gegeben?) - Traktor J. /Stockholm/ 7 (1962) Nr. 14. S. 880-883. - 2 Diagr.

Der Dieselschlepper ist in den letzten 10 Jahren immer mehr zum dominierenden Schlepper in Schweden geworden, der die bisher vorherrschenden Petroleum- und Benzinmaschinen immer mehr verdrängt. Die Gründe sind vor allem im geringeren Preis für Dieselkraftstoff zu sehen; denn bei einem Verbrauch von 1200 l Kraftstoff ergibt sich bei Dieselöl gegenüber Benzin eine Einsparung von 272 Kr.; hinzu kommt noch die weniger gefahrvolle Lagerung des Dieselöls. Die höher liegenden Anschaffungskosten für den Dieselschlepper werden durch die genannten Vorteile bei weitem kompensiert.

E.Kahn. 3205.

W o h l l e b e, H.: Dresden, KDT. Über die Durchführung periodischer Überprüfungen an Traktoren. - Dtsch. Agrartechn. 13 (1963) Nr. 3. S. 138-142. - 4 Diagr., 3 Lit. Aus: Dok.-Dienst II/T 1963 Nr. 4.

Vom Inst. für Landmaschinentechnik der TU Dresden wurde die Progressive Pflegeordnung (PPO) entwickelt, nach der periodisch der Abnutzungszustand eines Traktors festgestellt wird. Die Prüfverfahren gestatten eine Untersuchung des Verschleißgrades bei nur geringfügig zerlegtem Traktor, bieten eine ausreichend sichere Entscheidung über Art und Zeitpunkt der zu treffenden Instandsetzungsmaßnahmen und sind innerhalb 1 Std. durchführbar. Es wird die "Überprüfung der Traktoren "RS 01/40", "RS 04/30" und "RS 14/30" ausführlich beschrieben. 3205.

A n o n y m. Messen und Rechnen am Fahrzeug. - Automobiltechn. Z. 65 (1963) Nr. 1. S. 1-10. - Aus: Dok.-Dienst ILT 1963 Nr. 4.

Rückblick auf die VDI/ATG-Tagung am 23./24. 10. 1962 in Braunschweig. Folg. Themen wurden behandelt: 1) Ursachen, Wirkungen, Messung und Berechnung von Fahrzeugschwingungen. - 2) Reifenfragen (Versuche über das Verhalten des Autorades in der Kurve; zum Verhalten von Luft-reifen auf Vorderachsen; Messung von Antriebsschlupf und Rollhalbmesser. - 3) Messen der Fahrstabilität und der Fahrtrichtungsschaltung. - 4) Beanspruchung und Geräusche (Festigkeitsgerechte Konstruktion von Fahrzeugen durch gemessene Spannungsfelder und Möglichkeiten zur rechnerischen Auswertung von Fahrzeuggeräuschmessungen). 3205.

B a r k e r, M.G. und R e s t, D.J. van. Some effects of variability of individual drivers on measures of tractor performance. (Auswirkungen der Verschiedenartigkeit einzelner Fahrer auf die Schlepperleistung.) - J. agric. Engng. Res. 7 (1962) Nr. 3. S. 208-213. - 2 Tab., 5 Lit.

In einer Vergleichsprüfung wurde untersucht, wie sich die individuelle Verschiedenartigkeit von Traktorfahrern auf die Traktorleistung auswirkt. 5 verschiedene Traktoren hatten an 3 Tg. mit je 2 Traktoren eine festgelegte Strecke zu pflügen, wobei die dafür benötigte Zeit ermittelt wurde. Es wurde unter den Traktoristen ein großer Bereich der Verschiedenheit der Leistung bei Arbeit unter normalen Bedingungen festgestellt. Die Fahrer verhalten sich unterschiedlich mit verschiedenen Traktoren und sogar mit dem gleichen Traktor an verschiedenen Tagen. Die Arbeitsergebnisse hängen stark vom Fahrer ab; sein Einfluß auf die Leistung kann größer sein als der Einfluß der benutzten Maschine. Daraus ergibt sich, daß sich die Arbeitsergebnisse durch genaue Instruktion der Traktoristen verbessern lassen. Bei der Prüfung von Maschinen ist zu sichern, daß der Vergleich der Maschinen nicht durch Einflüsse, wie der Geschicklichkeit der Fahrer, verwirrt wird.

G.Reumschüssel. 3205.

S i e g, Roman. Erfahrungen mit schweizerischen Einachstraktoren in österreichischen Berggebieten. - Traktor u. Landmaschine /Brugg/ 24 (1962) Nr. 7. S. 333-339.; Nr. 8. S. 381-385. - 14 Abb., 2 Diagr.

Der Einachstraktor eignete sich im 2jähr. Einsatz sehr gut als Bergbauerntraktor, sofern er mit einem entsprechenden Triebachsanhänger, einem brauchbaren Mähwerk und einer Bodenseilwinde ausgerüstet war. Seine eigentliche Stärke lag jedoch in den Transportarbeiten, bes. den innerbetrieblichen. Durch die tiefe Schwerpunktlage der Einachstraktoren und deren Anhänger ist in Hanglagen ein Sicherheitsfaktor gegeben, der bei den meisten Vierradtraktoren nicht erreicht werden kann. W.Fleischmann. 3210.

L a w r e n c e, D.C., R i c h a r d s o n, P. und P h i l l i p s o n, A. Auto-Culto Mk IX two-wheeled (walking) tractor. (Einachsschlepper "Auto-Culto MK IX")- N.I.A.E.-Test.) - Nat. Inst. agric. Engng., Rep. on Test Nr. 330. (1962) S. 1-6. - 2 Tab.

Der Einachsschlepper ist mit einem Viertakt-Benzinmotor (288 cm^3) und einem 4-Gang-Getriebe (3 vorwärts, 1 rückwärts) ausgerüstet. Die Fahrgeschwindigkeiten liegen dabei zwischen 1,4 - 4,1 km/h. Der Motor sitzt vorn, die Kraftübertragung erfolgt durch Ketten. Unter einem Schutzgehäuse am hinteren Teil des Schleppers werden die verschiedenen Arbeitswerkzeuge (Bodenfräse, Pflug) angebracht. Vorn am Schlepper können Ausgleichsgewichte aufgehängt werden. Die Arbeitsweise der Bodenfräse war gut. Es wurden eine Arbeitstiefe von max. 15 cm und eine Leistung von max. 0,07 ha/h (Bearbeitung in Reihenkulturen) bei einem Benzinverbrauch von max. 2,15 l/h erreicht. Das Pflügen befriedigte unter günstigen Arbeitsbedingungen. Erreicht wurden max. 15 cm Arbeitstiefe und 0,05 ha/h Leistung bei einem Benzinverbrauch von 39 l/ha. In den meisten Fällen war die Maschine leicht zu handhaben.

A.Jeske. 3210.

A n o n y m. Wheeled tractor specifications and prices. (Technische Angaben und Preise über Radtraktoren.) - Farm Mechanizat. 15 (1963) Nr. 161. S. 38-39. - Aus: Dok.-Dienst ILT 1963 Nr. 3.

Tab. Zusammenstellung techn. Daten, Preise und Lieferungsumfang von 19 Radtraktoren, die in England auf dem Markt sind. Die Liste wird fortgesetzt.

3215.

A n o n y m. Wheeled tractor specifications and prices. (Technische Angaben und Preise von Radtraktoren.) - Farm Mechanizat. 15 (1963) Nr. 164. S. 56-57. - Aus: Dok.-Dienst ILT 1963 Nr. 6.

Tab. Zusammenstellung techn. Daten mit Preisen von 19 Radtraktoren, die auf dem engl. Markt erschienen sind. (International, John Deere, Massey-Ferguson, Matbro, Nuffield, Porsche, Roadless-Manual). 3215.

A n o n y m. Wheeled tractor specifications and prices. (Technische Angaben und Preise über Radtraktoren.) - Farm Mechanizat. 15 (1963) Nr. 165. S. 80-81. - Aus: Dok.-Dienst ILT 1963 Nr. 7.

Zusammenstellung von in England lieferbaren Radtraktoren (2- und 4-Rad-Antrieb). Angabe von techn. Daten und Preisen. Fabrikat: Allis-Chalmers, Barfords, Bray, David Brown, Case, County, Doe, Eicher, Fordson. 3215.

A n o n y m. Monotractor. (Monotraktor.) - Farm Mechanizat. 15 (1963) Nr. 165. S. 43-44. - 6 Abb. Aus: Dok.-Dienst ILT 1963 Nr. 7.

Konstruktion des nationalen landtechn. Instituts (N.I.A.E.) in England. Hersteller: Trojan Ltd., Purley Way, Croydon, Surrey. Spezielle 3-Rad-Konstruktion für unterentwickelte Überseeländer. Vorder- und Zwischenachs-Anbaumöglichkeit durch Geräteaufsatzschiene. Hydraulikanlage. Leistung 7 PS; Antrieb über das Hinterrad. (8,20 - 24 Reifen). 2 Vorwärts- und 2 Rückwärtsgänge (1 1/4 - 2 1/2 und 5 - 8 Meilen/h). Zugkraft ca. 250 kp auf kultiviertem Ackerboden. Vordere Spurweitenverstellung von 60 - 76" (2"-stufig). Masse ca. 590 kg. Inland-Preis 270 engl. Pfund. 3215.

H a n č í k, František und D u k á t, Emil; Brno, Výzkumný Ústav Traktorů - ZKL. Zetor 4011 - nejvýkonnější typ unifikované řady traktorů. ("Zetor 4011" - der leistungsfähigste Schlepper der unifizierten Schlepperreihe.) - Mechanizace Zemědělství 13 (1963) Nr. 1. S. 17-20. - 2 Abb., 1 Diagr.

Es wird ein neuer Schleppertyp eingehend beschrieben, der bereits im Jahre 1963 in größerer Zahl in der ČSSR erzeugt werden soll. Der Schlepper "Zetor 4011" findet vor allem bei höheren Arbeitsgeschwindigkeiten oder mit Maschinen, die mit Zapfwelle angetrieben werden, Verwendung. Sein Gewicht ist im Verhältnis zur Motorleistung verhältnismäßig niedrig. Der Schlepper besitzt einen vierzylindrigen wassergekühlten Reihen-Dieselmotor mit direkter Einspritzung. Der Motor hat eine große Anzahl von Bauteilen mit den Schleppermotoren "Z 3011" und "Z 2011" gemeinsam. Auch das Chassis und die

übrigen Schlepperteile besitzen unifizierte Bestandteile, die auch bei den übrigen Schleppern der unifizierten Reihe Anwendung finden.
ČSSR/ÚVTI. 3215.

R a d v á n y i, G.: Budapest, Forsch.-Inst. für Mechanisier. der Landwirtsch. Der neue ungarische Traktor "D 4 K" mit Allradantrieb. - Int. Z. Landwirtsch. /Sofia/Berlin/ 1962 Nr. 6. S. 106-107. - 1 Abb., 1 Schema, 1 Tab.

Das ungarische Traktorenwerk "Roter Stern" stellt unter der Bezeichnung "D 4 K" einen Allradtraktor mit 65-PS-Motorleistung her, der als Zug- und Antriebsfahrzeug für mittlere und schwere Bodenbearbeitungs- und Erntemaschinen, beim Transport, in der Forst- und Bauwirtschaft eingesetzt werden kann. Als Motor wird ein 4-Zylinder-Viertaktdieselmotor der Csepel-Werke verwendet. Bohrung/Hub 112 mm/140 mm. Motordrehzahl 1650 U/min. Einsatzmasse 4620 kg, Vorderachsbelastung 2590 kp, Hinterachsbelastung 2030 kp. Bereifung vorn und hinten 13-30. Geschwindigkeiten: vorwärts 1,1 - 3, 2 - 3, 6 - 5, 2 - 7, 5 - 10, 4 - 14, 8 - 21,4 km/h; rückwärts 4,3 und 12,4 km/h.
K.H.Schulte . 3215.

A n o n y m. Tracklayer specifications. (Technische Angaben und Preise über Kettentraktoren.) - Farm Mechanizat. 15 (1963) Nr. 165. S. 82. - Aus: Dok.-Dienst ILT 1963 Nr. 7.

Zusammenstellung von in England lieferbaren Kettentraktoren. Angabe von techn. Daten und Preisen. Fabrikat: Albion Cuthbertson, Allis Chalmers, Bristol, David Brown, Caterpillar, County, Fiat, Fowler, International, Marshall, Ransomes, Roadless.
3220.

W e b e r, H. und K o s i n e t z, M.F.: Kiew, Ukrain. Landwirtsch. Akad. Einsatzmöglichkeiten von selbstfahrenden Geräteträgern in der Landwirtschaft der Ukrainischen SSR. - Wiss.-techn. Fortschr. Landwirtsch. 4 (1963) Nr. 3. S. 143-147. - 8 Abb., 1 Diagr., 1 Schema, 1 Tab., 4 Lit.

Dreijährige Versuchsergebnisse unter den Bedingungen der Praxis sprechen für den Einsatz von selbstfahrenden Geräteträgern wie die Typen "SSch-65" und "SSch-75" mit verschiedenen Aufbaumaschinen in der Waldsteppenzone der Ukraine. Der Einsatz der Geräteträger erfolgte mit den Aufbaumaschinen: Mähdrescher "NK-4", Schwadmäher "SchWN-10", Silomaiskombine "SKN-2,6", Körnermaiskombine "KON-3" und Ladepritsche sowie mit Kopplungseinrichtungen zum Drillen und Kultivieren. Die Entwicklung der Maschinen und Geräteträger erfolgte auf der Grundlage des selbstfahrenden Mähdreschers durch das staatliche Konstruktionsbüro in Taganrog.
K.-H.Schulte. 3225.

S i m o n o v, L. und C i m m e r m a n, A. (Simonow, L. und Zimmerman, A.): Sibir. Forsch.-Inst. für Landwirtsch. Perspektivy primenenija samochodnych šassi SŠ-75. (Perspektiven für den Einsatz des Maschinenträgers "SS-75".) - Sel'skoe chozjajstvo Sibiri, Omsk 7 (1962) Nr. 10. S. 63-65. - 2 Abb., 1 Tab.

Vff. beschreiben kurz den Maschinenträger "SŠ-75" und berichten über Versuche, die seine Einsatzmöglichkeit in Westsibirien klären sollten. Es wurden in mehreren Sowchosen 10 Maschinenträger mit Anbaumaschinen für den Mähdrusch, den Schwaddrusch, das Mähhäckseln und für Transportarbeiten geprüft. Aus einer Tab. folgt, daß Arbeitsproduktivität, Arbeitsaufwand, Metallaufwand und Betriebskosten je ha oder Tonnen-km bei den Anbaumaschinen des Maschinenträgers günstiger sind als bei den zum Vergleich herangezogenen normalen selbstfahrenden oder schleppergezogenen Maschinen. Für das Pflügen, die Frühjahrsbestellung und das Hacken ist der Maschinenträger mit den entsprechenden Anbaumaschinen in Westsibirien nicht verwendbar.

W.Balkin. 3225.

P h i l l i p s, Edgar. "Luftkissen" überwindet schwierige Bodenverhältnisse. - Dtsch. landtechn. Z. 14 (1963) Nr. 2. S. 60-61. - 1 Abb.

Die Fa. Vickers-Armstrong Ltd. hat vor kurzem eine Luftkissen-Anbauvorrichtung für Motorfahrzeuge, wie z.B. der Landrover, konstruiert, die den Einsatz von Motorfahrzeugen bei schwierigen Bodenverhältnissen ermöglicht. Ein unter dem Fahrzeug erzeugtes Luftkissen entlastet die Fahrzeugräder in jedem gewünschten Maß. Ein LKW kann somit über wassergesättigten Boden fahren, ohne dabei an Reifenkraftschluß zu verlieren oder steckenzubleiben. 2 Schleuderlüfter auf jeder Seite des LKW-Chassis, die über Keilriemen von einem zweiten Landrover-Motor angetrieben werden, erzeugen das Druckluftkissen. Das Fahrzeug wurde u.a. zur Jaucheverteilung eingesetzt.

K.-H.Schulte. 3230.

A t k i n s o n, E. Factors affecting the performance of agricultural power units in service. (Faktoren, die die Leistungsfähigkeit landwirtschaftlicher Kraftmaschinen im Betrieb beeinflussen.) -J. Proc. Instn. agric. Engr. 19 (1963) Nr. 1. S. 14-24.

Vf. gehen von der Tatsache aus, daß die Anschaffung eines Motors weniger Kosten verursacht als der laufende Bedarf an Kraft- und Schmierstoffen. Da der Motor zudem durch Verschleiß stetig an Wert verliert, werden eine ganze Reihe von Faktoren eingehend behandelt, die Einfluß auf die Leistungsfähigkeit, den Kraft- und Schmierstoffverbrauch sowie die Lebensdauer nehmen. Unter anderem werden folg. Faktoren besprochen: Brennraumform, Einspritzeinrichtungen, Einspritzdüse, Zündung, Kraftstoff (Cetanzahl, Schwefelgehalt), Startfreudigkeit und Rauchgrenze. Anhand umfangreicher Versuchsergebnisse wird auf die Bedeutuhg moderner HD Motorenöle auf Verschleiß und Lebensdauer hingewiesen. Vff. kommen zur Folgerung, daß auf Grund der Verbesserungen von Motor, Kraftstoff und Schmieröl in den letzten 10 Jahren die Qualität der Pflege der entscheidene Faktor für die Leistungsfähigkeit und Lebensdauer des Schleppermotors ist. W.Bohrisch. 3235.

Verbesserung der im Einsatz befindlichen Traktoren und der Traktorenausnutzung. - Potsdam-Bornim, Inst. Landtechn. Dtsch. Akad. Landwirtsch.-Wiss. Berlin Plan-Nr.: 1701 23 h-2-21. Abschlußber. (31/5.1963).

Im Rahmen von Prüf- und Erprobungsarbeiten wurden Untersuchungen zur Verbesserung der Funktionssicherheit und der Haltbarkeit von Traktormotoren durchgeführt. Diese Arbeiten betrafen insbes. die Motoren "2KV D 9 SVL" (Geräteträger "RS 09") sowie "2 KVD 14,5 SRW" (Radtraktor "RS 14/46" bzw. "RT 325"). Darüber hinaus wurden Arbeiten zur Kennzeichnung der allg. Funktion und zur Einschätzung der landtechn. Eignung des neuentwickelten Motors "4 KVD 8 SVL" (Geräteträger "GT 124") im Komplex der notwendigen Leistungssteigerung des Geräteträgers geleistet.

3235.

T h u m, E.; Halle/S., Martin-Luther-Univ. Halle-Wittenberg, Landmaschinen-Inst. Untersuchungen zur Überholungsbedürftigkeit von Schleppermotoren. - Arch. Landtechn. 3 (1961/62) Nr. 2. S. 73-118. - 25 Abb., 7 Tab., 43 Lit. Zus. in Russ., Engl. - nach Zus.

An Hand von Prüfstandsmessungen und Ermittlungen der Abnutzung an den wichtigsten Motorteilen werden Untersuchungen über die Überholungsbedürftigkeit der zur Grundüberholung an das Motoren-Instandsetzungswerk angelieferten Schleppermotoren angestellt. Nur bei 21 % der 34 geprüften Motoren vom Typ "4 F 145 Be" wurde die Grundüberholungsanweisung im richtigen Abnutzungsbereich gegeben. Aus den Ergebnissen der Abnutzungsbestimmung zeigen sich motortypische Mängel hinsichtlich der instandhaltungsgerechten Konstruktion. Das betrifft z.B. die unterschiedliche Abnutzungsgeschwindigkeit gleichartiger Bauelemente. So können durch die relativ höhere Abnutzung des mittleren Wellenlagers die beiden übrigen Wellenlager und durch die relativ höhere Abnutzung des am Kühler gelegenen Zylinders die übrigen 3 Zylinder nicht bis zu ihrer Grenzabnutzung ausgenutzt werden. Aus dem unterschiedlichen Abnutzungszustand der angelieferten Motoren wird die Notwendigkeit zur Einführung der planmäßig vorbeugenden Instandhaltung nach dem Prinzip der periodischen Überprüfung abgeleitet. Für diese Zustandsprüfung wird ein indirektes Meßverfahren beschrieben, das auf der Öldruck-, Kompressionsdruck- und Durchblasestrom-Messung aufgebaut ist. Unter Hinweis auf die für die Zustandsprüfung erforderliche Facherfahrung wird der Vorteil der Errichtung eines Schlepperprüfdienstes herausgestellt. 3235.

A n t o n o v, B. (Antonow, B.) Povišavane na iznosoustojčivostta na cilindrovite rizi na traktornite dvigateli. (Erhöhung der Verschleißfestigkeit von Zylinderbuchsen der Schleppermotoren.) - Mechanizacija i elektrifikacija na selskoto stopanstvo, Sofija 12 (1962) Nr. 8. S. 20-22. - 3 Abb., 1 Tab.

Es sind Versuche zur Steigerung der Verschleißfestigkeit von Zylinderbuchsen durch elektrolytische Auftragung einer Chromschicht (Hartverchromung), die eine große Härte (800 - 1000 kp/mm^2), Verschleißfestigkeit und gleichzeitig einen geringen Reibungskoeffizienten sichert. Die Chromfläche soll mit Mikroporen und Rillen versehen sein, damit das Schmieröl verteilt wird, da es an der Chromoberfläche nicht haftet. Es ist ein wirtschaftliches Verfahren zur Ausführung dieses Vorganges entwickelt worden. Es werden folg. Forderungen gestellt: die Chromschichtstärke soll 0,14 - 0,15 mm, die Porenfläche 25 - 15 % der gesamten verchromten Fläche betragen. Die Poren- und Rillenabmessungen sollen 5-10 µ breit und 100 - 120 µ tief sein. Aus den Versuchen sind folg. Schlüsse gezogen: Gute Ergebnisse werden durch Schleifen zwischen der Verchromung und Anodenätzung der Oberfläche bis zur optimalen Porenzahl (Oberflächenrauhigkeit) bei einer Elektrolyttemp. von 52 °C erzielt. Die Verchromung wird mit einem Strom von 50 A/dm^2 und die Anodenätzung mit einem Strom von 35 A/dm^2 für die Dauer von 6 Min. durchgeführt. A.Kalojanow. 3235.

F r a n k e, Rudolf; Darmstadt-Kranichstein, Schlepper-Prüffeld. Four-wheel drives. (Schlepper mit Vierradantrieb.) - J. Proc. Instn. agric. Engr. 19 (1963) Nr. 1. S. 25-31.

Nach kurzer, einleitender Entwicklungsgeschichte des vierradangetriebenen

Schleppers behandelt Vf. folg. 4 Punkte: 1) Zugkraft, Schlupf, Kräftegleichgewicht. 2) Beanspruchung der angetriebenen Achsen durch Verdrehungen. 3) Verschiedene Konstruktionen vierradgetriebener Schlepper. 4) Getriebefragen. - Im Rahmen dieser 4 Abschnitte werden auch Fragen der Lenkung und des Reifenverschleißes behandelt, und auf das Problem des Tandemschleppers wird näher eingegangen. Abschließend stellt Vf. fest, daß der vierradangetriebene Schlepper anstelle des Raupenschleppers als Zugmittel für schwere Bodenbearbeitungsvorgänge in Zukunft immer mehr an Bedeutung gewinnen wird.

W.Bohrisch. 3240.

A d a m s, R.; Potsdam-Bornim, Inst. für Landtechn. der Dtsch. Akad. der Landwirtsch.-Wiss. zu Berlin. Zugkraft- und Drehmomentmessungen an Schlepperanhängemaschinen. - Arch. Landtechn. 3 (1961/62) Nr. 3. S. 177-225. - 25 Abb., 13 Tab., 32 Lit. - nach Zus.

Die bisher vorliegenden Unterlagen über den Zugwiderstand und den Leistungsbedarf der landwirtsch. Arbeitsmaschinen und -geräte wurden ergänzt. Nur wenige Arbeitsmaschinen zeigen eine deutliche Abhängigkeit des Zugwiderstandes von der Bodenart. Am klarsten tritt diese Abhängigkeit bei Pflügen, Tieflockerern und Rübenhebern hervor. Es handelt sich dabei um Arbeitsarten, bei denen ein relativ gleichbleibender Arbeitsquerschnitt eingehalten werden kann oder muß. Die den Bodenzustand beeinflussenden Faktoren (Vorfrucht, Wassergehalt, Gare) überdecken den Einfluß der Bodenart auf den Zugwiderstand. Bei Zinkenegge, Scheibenegge und Grubber ist zwar ebenfalls eine Abhängigkeit des Zugwiderstandes von Bodenart und -zustand vorhanden, wenn der Zugwiderstand auf den Arbeitsquerschnitt bezogen wird. Im praktischen Einsatz ergeben sich aber auf festen Böden geringere Arbeitstiefen als auf lokkeren Böden, wenn gleiche Zinken- oder Scheibenbelastungen bei gleichen Anstellwinkeln vorliegen. Bei gleicher spez. Belastung und bei gleicher Einstellung ist der Zugwiderstand bei diesen Geräten relativ konstant. - Ein Vorschlag zur besseren Einteilung der Zinkeneggen nach der Zinkenbelastung und damit nach dem Zugwiderstand soll zu einer zweckmäßigen Benennung der Eggen beitragen. Macht der Rollwiderstand der Arbeitsmaschinen einen größeren Anteil des Zugwiderstandes aus (z.B. Düngerstreuer, Drillmaschinen, Mählader, Feldhäcksler), überdeckt der Einfluß des Bodenzustandes auf den Zugwiderstand den der Bodenart sehr stark. - Arbeitsmaschinen mit einem großen Leistungsanspruch an die Zapfwelle des Schleppers (z.B. Feldhäcksler, Hochdruck-Sammelpresse, Stalldungstreuer) weisen eine eindeutige Abhängigkeit des Leistungsbedarfes vom Durchsatz auf. Bei Arbeitsmaschinen mit einem kleinen Leistungsanspruch an die Zapfwelle ist der vom Durchsatz abhängige Anteil meist so klein, daß er vernachlässigt werden kann (z.B. Mähschwader, Mählader). - Der Leistungsbedarf von Hackfruchterntemaschinen ist über den Anteil der Zugleistung und über den Anteil der Zapfwellenleistung von Bodenart und Zustand (Siebfähigkeit) abhängig. Außerdem beeinflußt der aufgenommene Bodenquerschnitt neben der Zugleistung auch den Leistungsanspruch an die Zapfwelle. - Der Zugkraft- und Leistungsbedarf von Maschinen und Geräten für den Schlepperbetrieb erwies sich deutlich höher als derjenige für den Gespannbetrieb (bezogen auf die Arbeitsbreite). Höhere Eigenmassen und schnellere Arbeitsgeschwindigkeiten sind wohl als die Hauptursachen anzusehen.

3240.

A n o n y m. Die Kraftübertragung vom Traktor zur Arbeitsmaschine. - Traktor u. Landmaschine /Brugg/ 24 (1962) Nr. 14. S. 769-774; 25 (1963) Nr. 1. S. 13-16. - 12 Abb., 2 Schemata.

Die Kraftübertragung von der Traktorzapfwelle zum Gerät erfordert ein techn. einwandfreies und preiswertes Antriebselement. Dieses Antriebselement wurde mit der Gelenkwelle gefunden. Der hohe Wirkungsgrad, verbunden mit der Möglichkeit, große Entfernungen in Längs- und Querrichtung zu überbrücken, macht die Gelenkwelle zum idealen Übertragungsorgan. In der Landwirtschaft wird eine Gelenkwelle bes. Betriebsbedingungen unterworfen, für die eine Spezialkonstruktion notwendig wurde, auf die Vf. näher eingeht. Darüber hinaus werden Überlastkupplungen, der Unfallschutz, das Vermeiden von Anbaufehlern und die Wartung behandelt. K.-H.Schulte. 3240.

A n o n y m. Hydrostations for mobile tasks. (Hydrostatisches Getriebe für fahrbare Maschinen.) - Farm Implement Machinery Rev. 89 (1963) Nr. 1058. S. 821. - 1 Abb. Aus: Dok.-Dienst ILT 1963 Nr. 7.

Neue Pumpen-Hydraulikmotoren-Reihe "Thomaflex" der Fa. H.S. Cattermole & Co. (Hydraulics) für Leistungsbereich von 1 - 200 PS. Gesamtwirkungsgrad bis zu 97 %. Voller hydraulischer Druckausgleich des Zylinders; hydraulisch entlastete Lagerung garantiert ausreichende Druckschmierung aller belasteten Flächen, daher auch kein Leckstrom. Möglicher Drehzahlbereich bei konstanter Leistungsabgabe bei System mit veränderlichem Förderstrom 8:1, bei Motor mit konstantem Schluckstrom bis 100:1; max. Dauer-Betriebsdruck 141 kp/cm^2 (10 Std.) oder max. 281 kp/cm^2 bei 1 Std. Betrieb. 3240.

R e i n d o r f, H. Praktische Erprobung einer Spillwinde zum Einachsschlepper-Triebachszug. - Österr. Kuratorium Landtechn. 1962 (Dez.) S. 1-17. - 1 Tab.

Es wird über Konstruktion, Erprobung, Prüfung und Bedienung einer Spillwinde zum Einachsschlepper-Triebachszug berichtet. Die Spillwinde ist für eine Seilzugdauerbelastung von 800 kp ausgelegt. Erreicht wurden Durchschnittsbelastungen zwischen 540 und 700 kp sowie Maximalkräfte von 1000 kp. In der Zeit von 55,6 Std. wurden mit der Winde 1,83 ha Ackerfläche gepflügt. Die durchschnittliche Flächenleistung beim Pflügen beträgt 3,3 a/h, die Bestleistung 4 a/h. Der praktische Einsatz erfolgte in Hanglagen zwischen 15 und 55 % Neigung. Die Furchenlänge betrug max. 84 m.
K.-H.Schulte. 3240.

A n o n y m. Prøve med JO-BU halvbelter. (JO-BU Halbraupen. - Prüfbericht Vollebekk.) - Landbrukstekn. Inst., Vollebekk, Meld. Nr.142. (1962) S. 1-6. - 1 Abb., 1 Skizze, 1 Tab.

Hersteller: Ola Opdal, Steinsfjerdingen. Beschreibung: Die JO-BU Halbraupe hat federlose Raupenspannung, bestehend aus 2 Befestigungsklammern, die am Hinterachsgehäuse des Traktors montiert werden, sowie aus 2 Führungsradarmen mit Führungsrad und Raupe. Der Dreipunkt liegt vor und über der Hinterachse, wodurch die Raupe gestrafft und damit der Bodendruck für das Führungsrad und die Raupe erhöht wird. Techn. Daten: Gesamtbreite mit Raupe 215 cm; Spurweite 163 cm; Masse der Halbraupen ca. 430 kg; Länge ca. 520 cm; Breite 52 cm; Zahl der Rippen je Raupe 44 Stck. E.Kahn. 3245.

S o u č e k, Zbyněk; Chodov u Prahy, VÚZS. Valivé odpory kol s tuhou obručí. (Rollwiderstände von Rädern mit starren Reifen.) - Sborník Prací Výzkumného Ústavu zemědělských Strojů v Praze 2 (1962) S. 63-106. - 57 Abb., 5 Tab., 16 Lit. Zus. in Russ., Engl., Dtsch.

Im Forsch.-Inst. für Landmaschinen (VÚZS) Chodov wurde die Untersuchung über den Rollwiderstand von nicht angetriebenen Rädern mit starren Reifen vorgenommen. Nach der Analyse der Errechnungsverfahren des Rollwiderstandes sowie nach der Beschreibung des Versuchsteiles werden Vorschläge für die Räderhauptabmessungen unterbreitet. Auf Grund der Versuchsergebnisse wurde eine Gleichung für die Errechnung der Rollwiderstände entworfen. Die Hauptabmessungen von Rädern sind so zu wählen, daß der Rollwiderstand höchstens 1/6 der Radbelastung ausmacht. Versuchsweise wurde eine Gleichung ermittelt, die eine sehr genaue Errechnung des Rollwiderstandswertes aus der Radbelastung, dem Raddurchmesser und der Radspurtiefe ermöglicht. Auf Grund der in Nomogrammen dargelegten Ergebnisse kann der Rollwiderstand als Funktion folgender Größen festgesetzt werden: Radbelastung, Durchmesser, Reifenbreite und Beiwert der Bodenoberfläche; Radbelastung, Radspurtiefe und Raddurchmesser; Beiwert der Bodenoberfläche, Radspurtiefe, Reifenbreite.

J.Rybička. 3245.

B a r t o š, Jiří, K o v á č i k, Jaroslav und Z e l e n k a, Josef. Možnosti využití nových typů pneumatik pro zemědělské stroje. (Neue Luftbereifung für landwirtschaftliche Maschinen.) - Zemědělská Techn. 8(35) (1962) Nr. 4. S. 223-240. - 22 Abb., 1 Tab., 12 Lit. Zus. in Russ., Dtsch.

Die TO-Luftreifeh mit abgeänderter Aufbereitung der Kordschicht ermöglichen einen verringerten Luftreifendruck (bis auf 0,5 atü) ohne Beeinträchtigung der Lebensdauer. Dieser Luftreifentyp setzt sich vor allem unter den ungünstigen Bodenbedingungen durch. Die Breitfelgenreifen werden durch eine vergrößerte Breite und niedrige Höhe des Profils gekennzeichnet und werden bei den Zugmaschinen sowie Kraftwagen zur Erhöhung der Geländegängigkeit, z.B. in der UdSSR, eingesetzt. Zylindrische Luftreifen passen sich einer unebenen Oberfläche gut an. Die Ballonreifen sollen die Schlepperketten ablösen, und zusammen mit der Drucksenkung können sie zu einem verringerten Bodendruck führen. Sie sind bes. für Forst- und Meliorationsarbeiten verwendbar. Für die tschechoslowakische Landwirtschaft sind bes. TO-Luftreifen und Breitfelgenreifen von Bedeutung. J.Rybička. 3245.

A n o n y m. Neue Luftdrucktabelle für Landwirtschaftsreifen. - Techn. u. Landwirtsch. 11 (1963) Nr. 10. S. 239-245. - 1 Tab. Aus: Dok.-Dienst ILT 1963 Nr. 7.

Neue Luftdrucktab. der Continental Gummi-Werke für die Landwirtschaft. Diese Tabelle gibt einen genauen Überblick, welche höchstzulässigen Luftdrücke die verschiedenen Reifen an Traktoren, Ackermaschinen, Ackerwagen und Mehrzweckfahrzeugen haben dürfen. Für eine lange Lebensdauer ist der richtige Luftdruck erste Voraussetzung. Bei der Arbeit auf dem Acker sollen die Reifen mit einem möglichst niedrigen Luftdruck gefahren werden, mit dem eine wesentlich höhere Zugkraft als beim Arbeiten mit Straßenluftdruck erreicht wird. 3245.

C o e n e n b e r g, Hans Helmut; Braunschweig-Völkenrode, Inst. für Schlepperforsch. Das "äußere" Schwingungsverhalten von Ackerschleppern, insbesondere ihre dynamischen Achslasten. I. - Landtechn. Forsch. 12 (1962) Nr. 6. S. 157-165. - 2 Schemata, 4 Diagr., 37 Lit. Zus. in Engl., Franz., Span.

Vf. diskutiert das Schwingungsverhalten von Ackerschleppern bei den wichtigsten Betriebs- und Fahrzuständen und beschränkt sich dabei zwangsläufig auf recht grobe Abschätzungen. Mit diesen kann man aber schon zu einer hinreichenden qualitativen Übereinstimmung der am Ersatzschwingungssystem besprochenen Vorgänge mit den sich in Wirklichkeit abspielenden gelangen. Der wesentliche Vorteil dieses Verfahrens besteht darin, daß der Einfluß der Variationen der Konstanten der Systeme leicht überblickt werden kann.

K.-H.Schulte. 3250.

C o e n e n b e r g, Hans Helmut; Braunschweig-Völkenrode, Inst. für Schlepperforsch. Das "äußere" Schwingungsverhalten von Ackerschleppern, insbesondere ihre dynamischen Achslasten. II. - Landtechn. Forsch. 13 (1963) Nr. 1. S. 1-10. - 2 Abb., 9 Diagr., 2 Schemata, 3 Tab., 2 Lit. Zus. in Engl., Franz., Span. 1. Mitt. vgl. vorst. Ref.

Vf. berichtet über seine praktischen Untersuchungen über das Schwingungsverhalten des Ackerschleppers und vergleicht diese mit den theoretischen Betrachtungen. Die Meßergebnisse bei Variationen der Fahrbahnen, der Anbaugeräte bzw. der Anhänger bestätigten die aus den Ersatz-Schwingungssystemen abgeleiteten Erwartungen. Als wichtigste Folgerung erkennt Vf., daß für die Höhe der dynamischen Achslasten die Heftigkeit der Schwingungen des Schleppers mehr als die Größe der statischen Lasten entscheidend ist.

K.-H.Schulte. 3250.

B e c k w i t h, M.D., S t o u t, B.A. und D a h i r, A.G.; Michigan State Univ., Dep. of Agric. Engng. Dynamic effects of liquid and dry ballast in a model tractor tire. (Dynamische Eigenschaften fester und flüssiger Ballastmassen in einem Modell-Traktorreifen.) - Michigan State Univ., agric. Exp. Stat., quart. Bull. 45 (1962) Nr. 1. S. 93-103. - 2 Abb., 3 Diagr., 1 Schema, 2 Tab., 5 Lit.

Vff. berichten über die Untersuchungen mit einem durchsichtigen Modellreifen im Verhältnis 1-4 zum Traktorreifen 12 - 38, um die Eigenschaften verschiedener fester und flüssiger Ballastmassen zu studieren und deren Einflußnahme auf die Radachse und die Stabilität bei verschiedenen Geschwindigkeiten zu ermitteln. Die verschiedenen Flüssigkeitsbilder wurden photographiert und die auf die Radachse einwirkenden Kräfte über Dehnungsmeßstreifen registriert. Die auf die Originalgröße übertragenen Meßergebnisse deuten darauf hin, daß sich im Reifen 12 - 38 aufwärts gerichtete Vertikalkräfte im Größenbereich von 90 bis 135 kp bei Geschwindigkeiten von 40 bis 48 km/h ergeben. K.-H.Schulte. 3250.

P e r s s o n, Sverker. Nya metoder och maskiner vid jordens brukning. (Neue Methoden und Geräte für die Bodennutzung.) - Jord Gröda Djur, Årsbok 19 (1963) S.175-195.

Aus Prüfungen über den durch die Reifen auf den Boden ausgeübten Druck ging hervor, daß dieser in unmittelbarer Nähe der Reifen von deren Luftdruck bestimmt wird. Aus dem Versuch einer Frühjahrsbestellung mit getrennten Arbeitsgängen (Ackerschleppe, Düngerstreuer, dreimaliges Eggen, Drillen und Walzen) ergab sich, daß bei 2,7 m und 3,8 m Arbeitsbreite sowie 11 " und 12 " Schlepper-Reifen nur 20 bzw. 30 % des Feldes ohne Radspur bleiben.

Durch Aufteilung der Gitterräder in 4 Sektionen läßt sich eine leichtere Montage erreichen. Extreme Niederdruckdecken (Ballonreifen) mit 0,2 at hatten einen guten und schonenden Bodengriff, verursachen jedoch sehr hohe Anschaffungskosten. Zufriedenstellende Ergebnisse (ohne nähere techn. Angaben) lieferten 6 Gerätekombinationen und 8 einzelne Geräte, die auf Abb. gezeigt und näher erläutert werden. E.Kahn. 3250.

B o r c h e l t, M.C. und S m i t h, O.A.; Waterloo, Iowa, John Deere Waterloo Tractor Works. Lower-link sensing in implement hitches. (Benutzung des unteren Lenkers zur Regelung bei Geräte-Kopplungen.) - Agric. Engng. 43 (1962) Nr. 8. S. 450-453. 468. - 5 Diagr., 2 Schemata, 5 Lit.

Vff. berichten über Untersuchungen an der Traktor-Dreipunktaufhängung hinsichtlich der Lenkerkräfte, der resultierenden Zugkraftlinie und der Beeinflussung der Traktorarbeit durch die unterschiedliche Triebachslast-Erhöhung. Die anhaltende Leistungs-Investierung in Traktoren führt zum Einsatz mit höheren Geschwindigkeiten und größeren Arbeitsbreiten. Für beides sind jedoch Grenzen gesetzt. In dieser Hinsicht gehen Vff. auf den Einfluß größerer Anbaugeräte auf den relativ leichten Traktor ein. Um eine gute Arbeitsqualität und Fahrsicherheit sowohl für Anbau- als auch Aufsattelgeräte zu erzielen, wird vorgeschlagen, an Stelle der oberen die unteren Lenker zur Übernahme von Zugkraft-Regelfunktionen zu verwenden.

K.-H.Schulte. 3255.

W e n n e r, H.L. und S c h u l z, H. Der Frontlader und sein Einsatz. - Flugschr. Kuratorium Techn. in d. Landwirtsch. e.V. Nr. 11 (1963) S. 1 bis 50. - 71 Abb.

Vff. beschreiben den Frontlader als das vielseitigste Ladegerät , mit dem Grünfutter, Silogut, Mais, Heu, Getreidegarben, Stroh, Zuckerrüben, Rübenblatt, Stallmist, Erde, Kompost u.a. aufgeladen werden kann. Der Schwerpunkt der Frontladerverwendung liegt im bäuerlichen Einschlepper-Betrieb. Die Technik des Frontladers, die Voraussetzungen für die Arbeiten mit ihm und sein Einsatz sind beschrieben. Die Anschaffung des Frontladers und der dazugehörigen Einrichtungen ist billig. Selbst in Hanglagen läßt er sich einsetzen. Es ist zu erwarten, daß der Frontlader größte Bedeutung für die kleinbäuerliche Landwirtschaft gewinnt. In 71 Abb. sind die Probleme des Frontladereinsatzes dargestellt. G.Reumschüssel. 3255.

J o h a n s e n, Roy W. Split-pump hydraulic system. (Mehrpumpen-Hydraulik-System.) - Agric. Engng. 44 (1963) Nr. 2. S. 76-77. 88. - 2 Abb., 1 Schema.

Vf. beschreibt die im Allis Chalmers Traktor vom Typ "D 19" installierte Hydraulikanlage, deren Besonderheit darin liegt, daß mehr als eine Hydraulikpumpe für unterschiedliche Funktionen zur Anwendung kommen. Während eine Dreizylinder-Hydraulikpumpe die Hub- und Senkfunktionen ausübt, übernimmt eine weitere einzylindrige Pumpe die Regelfunktionen für die Erhöhung bzw. Senkung der Triebachslast. Die zusammen mit dem Hydraulik-System beim "D 19" zur Anwendung kommende Kraftheber-Kopplungseinrichtung gestattet die Nutzung des Hydrauliksystems sowohl für Anbau- und Aufsattelgeräte als auch für Anhängegeräte. K.-H.Schulte. 3255.

R e n a u d, Jean. Les accessoires pour tracteurs. (Das Traktorenzubehör.) - Motorisat. agric. 17 (1962) Nr. 183. S. 11. 13. 15. 17. 19. 21.

Vf. beschreibt die häufig unbekannten Hilfsmittel für die Kontrolle und Pflege des Schleppers und für seine sichere und bequeme Bedienung. Für die Wartung dienen Fettpresse, Kompressor, Batterieladegerät, hydraulische Heber und Spezialpumpen mit hohem Druck zum Abspritzen (15 - 30 l/min mit 25 - 30 kp). Neu sind elektrische Farbspritzpistolen ohne Kompressor oder Motor. Überzüge aus Plasten oder undurchlässigem Gewebe bieten unter Schuppen abgestellten Traktoren guten Schutz. Als Kontrolleinrichtungen werden Luftdruckprüfer, Anzeigegeräte für Zündstörungen, Tourenzähler, Säuremesser und Prüfeinrichtungen für Düsen und Einspritzpumpen erwähnt. Ein hinterer Scheinwerfer ermöglicht bei Nachtarbeit die Überwachung der Geräte, und Handlampen erleichtern Reparaturarbeiten. Zur Verbesserung der Bodenhaftung werden die Antriebsräder mittels Spezialventil mit Wasser gefüllt, oder es werden Stollen, Spaten oder Ketten, Zusatzgewichte, Zwillingsbereifung, Halbraupen oder Gitterräder angebracht. Vorschriftsmäßige Beleuchtung, wirksame Bremsen und Feuerlöscher erhöhen die Sicherheit. Geräuscharme Auspuffe und Motorhauben aus Plasten verringern die Lärmbelästigung, gefederte und einstellbare Sitze die Schwingungen. Als Wetterschutz dienen Windschutz, Kniedecke, Kopfheizung und Kabine. H.Kaiser. 3265.

M o r r i s o n, C.S. und H a r r i n g t o n, R.E.; Moline, Ill., Deere and Co. Tractor seating for operator comfort. (Traktorsitze für Fahrerkomfort.) - Agric. Engng. 43 (1962) Nr. 11. S. 632-635. 650-652. - 10 Abb., 9 Diagr., 2 Schemata, 1 Tab., 16 Lit.

Vff. berichten über Untersuchungen mit verschiedenen Traktor-Fahrersitzen zur Verbesserung der Sitzkonstruktion im Interesse eines gesteigerten Fahrerkomforts und gehen dabei auf die medizinisch und techn. günstigste Form, Anordnung, Abfederung und Dämpfung des Fahrersitzes ein.

K.-H.Schulte. 3265.

A n o n y m. Überschlagschutz für Ackerschlepper. - Landmaschinen-Rdsch. 14 (1962) Nr. 9. S. 258.262. 264. - 4 Abb.

Von der Fa. G. Fritzmeyer wurde das an sich schon stabile Fahrerverdeck durch eine Zusatzeinrichtung derart weiterentwickelt, daß beim Umschlagen des Schleppers dieser am Überschlagen gehindert und daß der Fahrer vor dem Erdrücktwerden bewahrt wird. Die Brauchbarkeit dieses Fahrerverdecks mit Zusatzeinrichtung zum Schutz von Traktor und Fahrer wurde auf der DLG-Ausstellung in München in mehreren praktischen Umsturzversuchen bei verschiedenen Hangneigungen unter Beweis gestellt. Über die verschiedenen Versuche und Ergebnisse wird berichtet. K.-H.Schulte. 3265.

C s o r b a, Endre und S z i j j á r t ó, Oszkar. Az RS-09 eszközhordozo traktor kezelese, karbantartása es üzemelése. (Behandlung, Instandhaltung und Betrieb des Geräteträgers "RS-09".) 2. Aufl. Budapest: Mezögazdasági kiadó. 1962. (159 S.) 8°. (1962 A 1651)

A l b r e c h t, Klaus. Fachkunde für Traktoren- und Landmaschinenschlosser. Spezielle Ausbildung. Berlin: Verl. Technik. 1962. (563 S.) 8°. (1963 A 690.)

E. FLUGZEUG MIT AUSRÜSTUNG UND ZUBEHÖR

G a l l w i t z, Karl. Das Flugzeug als Landmaschine. - Landtechnik 17 (1962) Nr. 24. S. 840-841.

Vf. berichtet von der II. Agrarluftfahrtkonferenz (Herbst 1962 in Grignon, Frankreich), an der 165 Delegierte aus 21 Ländern teilnahmen. Die Konferenzthemengruppen waren: Berichte aus den beteiligten Ländern, Anwendung von Pflanzenschutzmitteln und andere Einsatzmöglichkeiten von Flugzeugen in der Landwirtschaft, Waldbrandbekämpfung, Luftfotografie, Gesetzgebung, Sicherheitsbestimmungen, Wirtschaftlichkeit, Konstruktion von Spezialflugzeugen und -hubschraubern, Spezialausrüstung. Hinsichtlich der Zahl der in der Landwirtsch. eingesetzten Flugzeuge liegen die USA an der Spitze, aber auch in anderen Ländern erfolgen umfangreiche Einsätze. In der SU wurden 1962 25 Mill. ha aus der Luft behandelt. Westdeutschland liegt um Jahre hinter der Weltentwicklung. Bei weiträumigen Kulturen werden bes. Starrflügler, bei Streulage der Behandlungsobjekte oder schwierigen Flugbedingungen dagegen Hubschrauber eingesetzt. Die Tendenz beim Bau von Spezialflugzeugen geht auf größere Typen mit 600 - 900 kg Nutzlast. In England wurden Krankheitsherde auf dem Feld mit Hilfe der Infrarotfotografie ermittelt.

R.Angermann. 3405.

A n o n y m. Arizona applicator switches to exclusive Pawnee operations. (Unternehmer in Arizona benutzt nur noch Pawnee.) - Agric. Chemicals 17 (1962) Nr. 12. S. 37. - 2 Abb.

Die Neace Aviation, Arizona, ist dazu übergegangen, ausschließlich Piper-Pawnee-Flugzeuge einzusetzen. Im Vergleich zu den bisher verwendeten "Stearman N3N" bietet die "Pawnee" folgende Vorteile: einfache Unterhaltung, geringe Einsatzkosten, niedriger Ölverbrauch, Verminderung der Unterhaltung des Flugplatzes (Lehmplatz, die alten Maschinen bliesen den Staub so stark auf, daß der Platz mehrere Male im Jahr instandgesetzt werden mußte), wenig Lärmentwicklung, dadurch geringe Beunruhigung des Weideviehs.

R.Angermann. 3405.

A n o n y m. IMCO offers new Ag-plane. (IMCO bietet neuen Ag-Typ an.) - Agric. Chemicals 17 (1962) Nr. 12. S. 34. 69-70. - 1 Abb.

Das neue Landwirtschaftsflugzeug, ein einmotoriger Tiefdecker, hat die Typenbezeichnung "CallAir A9". Der 235-PS-Lycoming-Motor ist mit einer Hanlon-Wilson-Auspuffgeräuschdämpfung versehen. Der aus glasfaserverstärktem Kunststoff hergestellte, 643 l fassende Chemikalienbehälter ist im Schwerpunkt fest eingebaut. Die geschlossene Kabine liegt hinter dem Behälter etwa in der Mitte des Flugzeuges. Der Kraftstoff befindet sich in 2 in den Flächen untergebrachten Tanks (je 75,7 l). Die Leermasse beträgt 635 kg, die Nutzlast 450 kg. Das Fahrwerk ist für hohe Beanspruchung ausgelegt. Als landwirtsch. Ausrüstung sind der "Transland Boom Master" (Spritzanlage) und der kleine Typ des "Swathmaster" (Spritz- und Stäubegerät) verfügbar. Die Flächenenden sind nach Hoerner aus glasfaserverstärktem Polyester geformt, wodurch sich neben fliegerischen Vorteilen günstige Verhältnisse für die Verteilung der Chemikalien ergeben. R.Angermann. 3405.

A n o n y m. Champion Challenger. (Das Flugzeug "Champion Challenger".) - Agric. Aviation /The Hague/ 4 (1962) Nr. 4. S. 142. - 1 Abb.

Der Typ wird in 2 Varianten geliefert ("De Luxe" und "Agricultural 62"). Die 1. Variante ist nur für Arbeiten mit Flüssigkeiten einsetzbar und mit einem 340-l-Behälter ausgerüstet. Die 2. Variante enthält einen 510-l-Behälter (Fiberglas). Techn. Daten der beiden Varianten: Verstrebter Schulterdecker mit 150-PS-Lycoming; Startmasse 748,3 kg bzw. 1054,5 kg; Leermasse 476,1 kg bzw. 540 kg; Zuladung 272,2 kg bzw. 500 kg; max. Geschwindigkeit 57,8 km/h; Steigfähigkeit bei Vollast 443,5 m/min; Spannweite 10,6 m.

R.Angermann. 3405.

A n o n y m. NATA hails proposed regulations. (NATA begrüßt vorgesehene Verordnungen.) - Agric. Chemicals 17 (1962) Nr. 12. S. 33. 72.

In den USA waren 1960 im landwirtsch. Flugzeugeinsatz 4160 Piloten mit 5100 Flugzeugen beschäftigt, sie flogen 889100 Std. und behandelten dabei ca. 21 Mill. ha. Trotz der bedeutenden Mitarbeit am landwirtsch. Produktionsprozeß fehlen für den Flugzeugeinsatz genaue gesetzliche Regelungen. NATA (Nat. Aviation Trades Assoc.) hat seit langem derartige Regelungen gefordert, die dem landwirtsch. Flugzeugeinsatz gerecht werden und nicht zuletzt seine Bedeutung unterstreichen. Solche Verordnungen sind jetzt angekündigt.

R.Angermann. 3405.

IV. T R A N S P O R T U N D F Ö R D E R U N G

B. FAHRZEUGE

A n o n y m. Lage of hoge trekpunten voor 2-wielige wagens? (Niedrige oder hohe Ankopplung von Einachsanhängern?) - Loonbedrijf Land- en Tuinbouw 16 (1963) Nr. 4. S. 233. 235.

Es wird die Frage untersucht, ob Einachsanhänger ober- oder unterhalb der Zapfwelle am Schlepper angekoppelt werden sollen. Aus Sicherheitsgründen wird ein niedriges Ankoppeln von Einachsanhängern, Stallmiststreuern, Güllewagen u.a. empfohlen. Außerdem ist es bei niedriger Ankopplung möglich, durch die Anhängerbelastung mehr Druck auf die Hinterachse des Schleppers auszuüben und den Schlupf (z.B. beim halbvollen Stallmiststreuer) zu verringern. Ist ein niedriges Ankoppeln nicht möglich, so muß die Gefahr des Aufbäumens durch Sicherheitsvorrichtungen vermindert werden.

L.Machler. 4111.

A n o n y m. Kompletterande prov med JF spridarvagn AV 3. (Zusatzprüfung des kombinierten Ackerwagen-Düngerstreuers "AV 3". - Staatlicher Maschinenprüfbericht Ultuna.) - Statens Maskinprovningar, Medd. Nr.1633. (1963) S. 1-2. - 1 Abb.

Hersteller: JF-Fabriken, Sönderborg, Dänemark. - Der vorliegende Prüfbericht befaßt sich mit der vielseitigen Verwendung des Ackerwagens, wie Einfahren von Grünfutter, Hackfrüchten und lose geschüttetem Getreide . Je nach dem zu befördernden Gut sind einfach durchzuführende Umrüstungen erforderlich: Erhöhung der vorderen, hinteren sowie rechten und linken Seitenwand. Bei Einbringung von Grünfutter wird die hintere Wand durch einen Fördermechanismus ersetzt, der aus Stahlrohren, Holz, 3 endlosen Ketten mit aufgeschweißten Mitnehmern aus Profileisen besteht. Der Antrieb der oberen

Achse erfolgt über 2 Keilriemen von der Riemenscheibe auf dem Wagen, von der sonst der Düngerstreuer angetrieben wird. Über die Wirkungsweise des Düngerstreuers und über techn. Daten vgl. Staatl. Maschinenprüfbericht Ultuna Nr. 1612. E.Kahn. 4112.

E. GEBLÄSE

Č a b a n, I.K. (Tschaban, I.K.) Nekotorye rezul'taty issledovanija centrobežnych ventiljatorov sel'skochozjajstvennych mašin. (Einige Ergebnisse von Untersuchungen der Radialgebläse von Landmaschinen.) - Trudy Belorusskoj sel'skochozjajstvennoj akademii, Gorki 34 (1961) S. 148-165. - 6 Diagr., 4 Tab., 19 Lit.

Vf. nennt eingangs die die Arbeit der Landmaschinen-Radialgebläse verschlechternden betriebs- und konstruktionsbedingten Faktoren, von denen die Ungleichmäßigkeit der Luftgeschwindigkeit im Luftkanal am wichtigsten ist und die Ursache der Kornverluste bildet. Anschließend erläutert Vf. die an Landmaschinengebläse zu stellenden Forderungen und verlangt horizontal konstante Luftgeschwindigkeit nach bestimmten Gesetzen. Danach behandelt Vf. die von verschiedenen Autoren angegebenen Verfahren zur Bewertung des Luftstromes und entwickelt aus ihnen ein eigenes optimales Verfahren. Abschließend bringt er Tab. mit Daten über vorhandene Gebläse von Landmaschinen. W.Balkin. 4405.

S e r o v, V.I. (Serow, W.I.); Litau. Forsch.-Inst. für Mechanisier. und Elektrifizier. der Landwirtsch. Pnevmatičeskij transporter TPĖ-10. (Fördergebläse "TPĖ-10".) - Traktory i sel'chozmašiny, Moskva 32 (1962) Nr. 9. S. 34. - 1 Abb. Aus: Dok.-Dienst ILT 1962 Nr. 10.

Über den Verwendungszweck und die Hauptbaugruppen dieser Maschine wird eine techn. Charakteristik gegeben: Flachriemenantrieb von Traktor "DT-20"; Leistung bis zu 10 t/h; Rohrlänge 45 m; Bedienungspersonal 2 AK. 4405.

W e l s c h o f, Gerhard. Pneumatische Förderung bei großen Fördergutkonzentrationen. - Düsseldorf: VDI-Verlag GmbH. 1962. (48 S. m. 60 Abb. u. 11 Taf.) 21 x 29 cm = VDI-Forschungsheft 492 Beilage zu "Forschung auf dem Gebiete des Ingenieurwesens" Ausgabe B Band 28 1962.

In theoretischen Untersuchungen werden die Zustände in pneumatischen Förderleitungen aufgezeigt und in zahlreichen Schaubildern und Diagr. dargestellt. Bes. berücksichtigt wird die Förderung von großen Gutmengen. 2 Arten der Förderung werden unterschieden: Die Flugförderung, bei der das Gut einzeln als Korn oder als Wolke vieler Körner durch das Rohr fliegt. Die Geschwindigkeit des Fördermittels bei diesem Verfahren ist hoch. Der zweite Fall ist die Schubförderung, bei der das Gut in dichter Packung durch das Rohr geschoben wird. In diesem Fall sind Fördermitteldurchsätze klein, die Druckverluste dagegen hoch. Das zwischen beiden Grenzfällen liegende Gebiet ist instabil und kommt für eine praktische Verwendung nicht in Betracht. Die bei den theoretischen Untersuchungen gewonnenen Erkenntnisse werden zu einem Rechenverfahren zusammengefaßt, das gestattet, die benötigte mittlere Geschwindigkeit des Fördermittels und dessen Druckverlust auf einfache Art und Weise zu berechnen. Das Verfahren eignet sich für beliebige Fördergüter, deren Eigenschaften denen des Weizens ähnlich sind. Die theoretisch gewonnenen Erkenntnisse wurden durch experimentelle Untersuchungen untermauert. Der Aufbau der Versuchsanlage wird beschrieben, und die einzelnen Messungen werden erläutert. W.Bohrisch. 4405.

V. PFLANZLICHE PRODUKTION

A. ALLGEMEINES

S c h e n k l i n g, W. Probleme des industriemäßigen Anbaues der Hauptkulturen in der sowjetischen Landwirtschaft. - Wiss.-techn. Fortschr. Landwirtsch. 4 (1963) Nr.1. S.18-20. - 1 Lit.

In der SU wurden in den letzten Jahren große Erfolge bei der Anwendung industriemäßiger Produktionsverfahren in der Feldwirtschaft erzielt. Das Kernstück ist dabei die komplexe Mechanisierung, d.h. die Schaffung von Maschinensystemen für die einzelnen Kulturen. Mit diesem Begriff verbinden sich der Einsatz neuester Arbeitsverfahren, planmäßige Einführung der neuen und rationeller Einsatz der vorhandenen Technik, weitgehende Einschränkung der Handarbeit und Mechanisierung aller Be- und Entladearbeiten und des Transportes. Bei einer solchen Arbeitsweise wurden je Hektar Zuckerrüben 74 AKh bzw. 13,4 Min. je dt aufgewendet. So erfolgt z.B. das Kultivieren, die Aussaat und das Düngerstreuen mit 1 Anbaugerät durch Umbau. Geerntet wurde mit der "E 710", von der die Transportfahrzeuge über Bunker direkt oder durch Ablage in Haufen und Aufnahme durch selbstfahrende Aufladegeräte beladen wurden. Im Fließsystem arbeiten heißt z.B. bei der Ernte auch gleichzeitiges Räumen der Felder (Häckselverfahren usw.), konzentrierter Gruppeneinsatz von Maschinen und Gerätekopplung, Zweiphasenernte bei Kartoffeln mit einer verbesserten Kombine, entspr. Transportfahrzeugen und Sortiermaschinen. Die Vollmechanisierung aller Arbeitsprozesse erfordert jedoch eine umfangreiche Qualifizierung der Traktoristen zu Spezialisten, die sich auch auf alle Fragen der Agrotechnik, Technologie und Organisation erstreckt. Sie verlangt gleichzeitig eine Spezialisierung der landwirtsch. Produktion in und zwischen den Betrieben. A.Jeske. 5005.

E l l i s o n, W. und W a r b o y s, I.B. The role of machinery for the maintenance and improvement of grassland. (Die Rolle der Maschinen zur Erhaltung und Verbesserung des Graslandes.) - Wld. Crops 15 (1963) Nr.2. S. 53-58. - 5 Abb., 12 Lit.

Vff. geben einen Überblick über die verschiedenen Graslandtypen der Welt. Sie beschreiben die Wichtigkeit des Maschineneinsatzes auf dem Grasland und geben Hinweise, welche Maschine bei welchem Graslandtyp am günstigsten eingesetzt werden kann. Das Anlegen von Rasenflächen durch Aussäen des Grassamens mit Sämaschinen gewinnt immer mehr an Bedeutung. Es ist eine sowjet. Gras-Sämaschine beschrieben. G.Reumschüssel. 5005a.

S t e i n h a u s e r, H.; München-Weihenstephan, TH, Inst. für Wirtschaftslehre des Landbaues. Der Silomais in der Futterwirtschaft der Rindviehhaltung von betriebswirtschaftlicher Sicht. - Grüne /Zürich/ 91 (1963) Nr.13. S.377-392. - 9 Abb., 2 Tab., 22 Lit. 5005a.

H u r f o r d, Charles. Automatic silage feeding in Britain. (Automatische Silagefütterung in Großbritannien.) - Farm Mechanizat. 15 (1963) Nr. 164. S.43-45. - 10 Skizzen. Aus: Dok.-Dienst ILT 1963 Nr.6.

Übersicht über die in Großbritannien üblichen Methoden, Maschinen und Einrichtungen zur Behandlung des Grünfutters, Einsilierung, Entnahme aus dem Silo und Verteilung an das Vieh. Funktionsskizzen und kurze Charakteristik folg. Geräte: Halmbrecher mit verschiedenen Brech- und Quetschwalzensystemen; Rad- und Trommelhäcksler; Spezialanhänger mit Selbstentladevorrichtung und Aufgabe im stationären Gebläsehäcksler; Hochsilos mit verschiedenen Füll- und Entnahmesystemen (von oben mit zentralem oder seitlichem Abwurfschacht; am Grunde des Silos); Futterverteilertröge und -rohre mit Förderschnecken und Dosiervorrichtungen. 5005a.

R ü h l m a n n, G. Probleme der Industrialisierung der Kartoffelproduktion. - Wiss.-techn. Fortschr. Landwirtsch. 4 (1963) Nr.1. S.22-24. - 5 Abb.
Industrialisierung der Kartoffelproduktion heißt Konzentration und Spezialisierung (Pflanzgut, Speise- oder Futterkartoffelerzeugung) der Produktion im Betrieb und Entwicklung der notwendigen Maschinen und Gebäude im Rahmen der festgelegten Technologie. In bezug auf die Mechanisierung bedeutet das z.B.: unterschiedliche Anforderungen an die Erntemaschinen für Futter- und Stärke- bzw. für Speise- und Pflanzkartoffeln zu stellen (zulässige Beschädigungen); Lagerung, Belüftung und Aufbereitung des Speise- und Pflanzgutes in Lagerhäusern landwirtsch. Betriebe anstelle des Einmietens unter Einsatz mech. Fördermittel; Entwicklung und Einsatz von speziellen Ernte- und Aufbereitungsmaschinen mit großer Leistung; Schaffung von Produktionseinheiten der jeweils günstigsten Größe, um sämtliche Produktionsmittel rationell auszunutzen; Schaffung spezieller Pflanzkartoffel-Vermehrungsbetriebe für einen bestimmten Bereich, um den Einbau hochleistungsfähiger Aufbereitungsmaschinen in entsprechend großen Lagerhäusern zu rechtfertigen; Bildung spezialisierter Arbeitsgruppen für bestimmte Kulturarten und Technologien u.a. mehr.
Das angeführte Beispiel eines Betriebes mit 130 ha Speisekartoffelbau zeigt, daß z.Zt. des Legens von vorgekeimten Kartoffeln und der Ernte noch ein erhöhter AK- und Traktorenbedarf zu leisten ist, der durch die Entwicklung neuer Maschinen gesenkt werden müßte. A.Jeske. 5005c.

A n o n y m. Proceedings of the first triennial conference of the European association for potato research. (Bericht der ersten Dreijahrestagung der Europäischen Gesellschaft für Kartoffelforschung.) - Ber. Tätigk. Forsch.-Anst. Landwirtsch. Braunschweig-Völkenrode 1960 (hrsg. 1961) S.1-355. - 36 Abb., 12 Tab., 623 Lit.
Die vorliegende Dokumentation über die Tagung der Europäischen Gesellschaft für Kartoffelforschung vom 12. - 17. Sept. 1960 in Braunschweig-Völkenrode enthält neben dem Einführungsvortrag 8 Übersichtvorträge in ausführlicher Form und die Kurzfassung von insgesamt 65 Vorträgen, die in den einzelnen Sektionen gehalten wurden. Die Thematik reicht von Anbauproblemen der Kartoffel über Physiologie, Sortenwesen, Pathologie und Mechanisierungsfragen bis zu Qualitäts- und Veredelungsproblemen. M.Lüpnitz. 5005c.

R ü h m a n n, Hermann; München. Rationeller Kartoffelbau in Hangbetrieben. - Kartoffelbau 13 (1962) Nr.5. S.106-107.
Beim Legen und Pflegen sind Einmann-Arbeitsverfahren unter günstigen Bedingungen bis ca. 15 % Hangneigung möglich. Der kritische Bereich liegt beim Legen auf mittlerem Boden (Reihenweite 62,5 cm) bei Neigungswinkeln zwischen 10 bis 15 %. Treten auf einem Feld vielfältige Neigungswinkel auf, wird geraten, beim Legen ab 10-15 % Hangneigung Lenkeinrichtungen zu benutzen.Der kritische Bereich der Kartoffelpflege liegt bei 18-21 % Hangneigung. Beim Überschreiten dieses Hangbereiches sind die Erschwernisse auch mit

Hilfe von Differentialsperre und Lenkbremse nicht mehr auszusteuern. - Bis ca. 15 % Hangneigung ist es möglich, mit dem Vorratsroder in der Schichtlinie zweiseitig zu arbeiten; ab 16 % ist es nicht mehr möglich, die gerodeten Kartoffeln hangaufwärts abzulegen, so daß nur noch einseitig gerodet werden kann. - Zusammenfassend wird festgestellt, daß bei Hangneigung ab 20 % ein rationeller Kartoffelbau nicht mehr möglich ist, da der Mehraufwand an Arbeit bei diesem Neigungswinkel bereits das 2-3fache der Ebene beträgt. M.Lüpnitz. 5005c.

M ö b i u s, F. und S c h u l z, H. Industriemäßiges Anbauverfahren für Zuckerrüben in der LPG Teutschenthal. - Wiss.-techn. Fortschr. Landwirtsch. 4 (1963) Nr.2. S.83-85.

Fruchtfolge, Düngemittelmengen und Produktionsverfahren, die im Zuckerrübenanbau der LPG Teutschenthal/Saalkreis 1962 zur Anwendung kamen, werden beschrieben. In der Saatbettvorbereitung wurde mit Breitenkoppelung der Geräte auf 12 m gearbeitet, wobei tägliche Durchschnittsleistungen von 60 ha erzielt worden sind. Der Einsatz der Einzelkorndrillmaschine "A 765" hat sich bewährt, während der Bestand nach Aussaat mit der "SKG(K)-6 W" lückenhaft war. Zum Arbeitsabschnitt Rübenpflege gehören die Arbeitsgänge Blindstriegeln, Maschinenhacke längs der Rübenreihen, Einsatz der Cambridge-Walze auf 12 m Arbeitsbreite, Vereinzeln mit langer Hacke und Guthacke. Eine weitere Voraussetzung für die ausgewiesene hohe Produktivität - der reine Handarbeitsaufwand in der Pflege wurde bis auf 108 AKh/ha gesenkt - war die Verwendung von segmentiertem Saatgut. H.Reichenheim. 5005d.

P o d w i ń s k a, Zofia. Hrsg.: Inst. historii kultury materialnej Polsk. akad. nauk. Technika uprawy roli w Polsce średniowiecznej. (Die Anbautechnik im mittelalterlichen Polen.) Wrocław: Zakład narod. im. Ossolińskich wyd. Polsk. akad. nauk. 1962. (388 S.) 8°. (1963 A 307)

M a r t a u s, Jozef und S t a n ě k, Jaroslav. Mechanizace pestování a sklížne kukuřice. (Mechanisierung von Anbau und Ernte des Maises.) Praha: Státní zemědělské nakl. 1963. (207 S.) 8°. (1963 A 601)

S t e p h a n, Heinzdieter. Zur Reifesicherung von Körnermais unter den Klimabedingungen des Gebietes um Halle auf der Grundlage landtechnischer Maßnahmen. Diss. Landw. Fak. Halle-Wittenberg. 1963. (102 S.) 4°. (Diss. 9058)

Sbornik annotacij naučno-techničeskoj literatury po zernobobovym kul'turam. (Sammelband von Annotationen der wissenschaftlich-technischen Literatur über Körnerleguminosen.) Moskva: Zagotizdat. 1962. (25 S.) 8°. (1963 A 464)

B i n d e r, M. u.a. Mechanizace u lnu. (Mechanisierung der Arbeit mit dem Lein.) Praha: "Státní zeměd. naklad. 1963. (223 S.) 8°. (1963 A 602)

B. FELDARBEITEN AUSSCHLIESSLICH ERNTE

H o l j e w i l k e n, H. Stand der Mechanisierung des Meliorationswesens. - S.-B. dtsch. Akad. Landwirtsch.-Wiss. Berlin 11 (1962) Nr.4. S.41-50. - 20 Abb.

Zunächst wird auf Maschinensysteme für Entwässerungsarbeiten eingegangen. Nach einem Überblick über die gegenwärtige Ausrüstung der Meliorationspraxis mit Maschinen (Stand 1961) im Verhältnis zum Gesamtbedarf wird der Stand der Entwicklungsarbeiten an folg. Maschinen erläutert: Böschungsmäher (Abschluß der Prüfung 1962, dann Serienproduktion von 40 Maschinen), Spritzgerät für die chem. Krautung (in Prüfung), Grabenräummaschine (als Grabenfräse und Grabenreiniger, Werkserprobung), leichter Drängrabenbagger (Fertigungsmusterbau) und Maulwurfdränmaschine (Bau der 0-Serie von 10 Maschinen). Die Einführung der neuen Maschinen in die Praxis soll bis 1965 erreicht werden. R.Teipel. 5110c.

S c h o l z, A. Möglichkeiten der Maulwurfdränung in der Praxis. - Wiss.-techn. Fortschr. Landwirtsch. 4 (1963) Nr.1. S.42-45. - 4 Abb., 15 Lit.
Die Maulwurfdränung darf nicht als Ersatz für die Tonrohrdränung angesehen werden; vielmehr ist eine sorgfältige Standortauswahl zu treffen. Vorteile der Maulwurfdränung sind: Begünstigung der Großflächenbewirtschaftung; sie kann mechanisiert durchgeführt werden. Der Materialaufwand ist gering; die Kosten sind niedrig. Nachteile sind die spezifischen Ansprüche an den Boden und die geringere Lebensdauer. Vf. behandelt das Prinzip der Maulwurfdränung, den Prozeß der Erddränformung sowie Beispiele ausgeführter Maulwurfdränungen auf Mineral- und Moorböden. Bei den Standortgegebenheiten der DDR hat die Maulwurfdränung bes. große Bedeutung für die Melioration der Niedermoore. Von den grundwasserfreien Mineralböden kommen vor allem die tagwasservernäßten Ackerböden für die Maulwurfdränung in Frage. D.Voigt. 5110c.

G a l l w i t z, Karl. Die technischen Probleme der maschinellen Dränung. - Grundlagen Landtechn. 1961 Nr.13. 2. Teil S.5-12. - 25 Abb., 1 Tab., 9 Lit.
Der techn. Stand der maschinellen Dränung wird durch das herkömmliche Dränverfahren, das sich in die Herstellung des Drängrabens, Einlegen der Tonrohre und Schließen des Grabens unterteilt, sowie die sogenannte Maulwurfdränung gekennzeichnet. Die für beide Dränverfahren bekanntesten Maschinen werden kurz behandelt. Für einen Vergleich kommen folgende Bewertungsmerkmale in Frage: 1) Leistung in lfd. m je AK und AKh, 2) die Arbeitsgüte (Abweichung der Grabensohle von der geplanten Tiefe $\pm$ 1 cm), 3) Universalität, 4) Unabhängigkeit von der Wetterlage, 5) leichte Transportfähigkeit, 6) Schonung von Boden und Kulturen. In einer Tafel sind diesbezügliche Untersuchungsergebnisse enthalten. Während die Herstellung und das Verfüllen der Drängräben mechanisiert sind, ist für die Verrohrung noch ein großer Handarbeitsaufwand erforderlich. Abschließend wird der techn. Stand der Automatisierung der Tiefensteuerung sowie der maschinellen Dränung dargelegt.
D.Voigt. 5110c.

K r y s i a k, J. Die Fertigung von Meliorationsmaschinen in Polen. - Int. Z. Landwirtsch. /Sofia/Berlin/ 1963 Nr.1. S.84-88. - 7 Abb.
Bisher wurden in Polen eingesetzt: "Priestman"-Bagger, Grabenräummaschine "Barford Lincol" und "Howard" Drängrabenbagger aus England, Bagger von Orenstein und Koppel und Grabenräumgerät "York" aus Westdeutschland, Planierschlepper "DT-54", "DT-55", "S-100" und "S-80" aus der UdSSR. In Instandsetzungsbetrieben wurden bisher gefertigt: Eimerkettenschwimmbagger "Hydra" und Drängrabenpflug "SP-2". Folg. Meliorationsmaschinen sollen in Polen produ-

ziert werden: Schürfkübelbagger "KM-251" (Lizenzbau "Priestman" CUB V) mit Greifer und Kran. Leistung 47,9 m^3/h, Masse 8 t; Eimerkettenbagger "KWG-161", 18-PS-Motor, Leistung 27-36 m^3/h, Arbeitstiefe bis 2,5 m, Masse 8 t; Grabenräummaschine "PRC-52" (Weiterentwicklung "Barford Lincol") auf 50-PS-Kettenschlepper "D-50", Arbeitstiefe bis 1,20 m, theoretische Leistung in einem Durchgang 50 m/h, Masse 5,4 t; Grabenräummaschine "PSP-251" (Weiterentwicklung "York"), 27-PS-Otto-Motor, Leistung mit 2 Mann 25 m^3/h, Masse 1,4 t; Eimerketten-Schwimmbagger "PWP-301", 25-PS-Motor, Leistung 37-56 m^3/h, Masse 13 t; Drängrabenfräse "KD-120" (Weiterentwicklung "Howard") auf 50-PS-Radschlepper "Ursus", Arbeitsgeschwindigkeit 60-298 m/h, Masse 5,2 t.

R.Teipel. 5110c.

E d e, A.N. New methods of field drainage. (Neue Methoden der Felddränage.) Agriculture /London/ 70 (1963) Nr.2. S.82-86. - 4 Abb.

Es handelt sich um die maschinelle Verlegung von Maulwurfdräns in Form von PVC-Rohren durch eine aufgesattelte Maschine, wobei sie die PVC-Folie als endloses Band von 2 Trommeln "abspult" und nach Verformung als poröses Dränrohr in 2½ in. Tiefe mittels eines "Schwertes" in den Boden verlegt. Die Maschine befindet sich seit 1960 in einer Versuchsserie des Brit. Landwirtsch.-Ministeriums. Vorläufig ist dieses Dränverfahren noch recht teuer, da 75 % der Gesamtkosten auf die PVC-Folie entfallen.

E.v.Wangenheim. 5110c.

A n o n y m. Plastic drains are laid so quickly. (Schnelle Verlegung von Plastrohrdränen.) - Farm Implement Machinery Rev. 89 (1963) Nr.1055. S. 379-380. - 2 Abb.

Eine von A.N. Ede konstruierte Maulwurfdränmaschine wurde am 24.1.1963 in London vorgeführt. Die Maschine ist am Kettenschlepper International "T.D, 18" angebaut. Das Schwert ist mit dem Schlepper über 2 Rollen verbunden und wird in einer gebogenen Führung hydraulisch gehoben und gesenkt. Am Schwert sind nebeneinander 2 Spulen angebracht, die zusammen 365 m Plastband aufnehmen können. Die beiden je 115 mm breiten Plaststreifen werden im Schwert mittels vorgeformter Verschlußelemente zu Rohren von 63,5 mm Dmr. geformt. Der Rohranfang wird durch eine Metallhülse festgehalten, die an einem Ausmündungsstück aus Plaste befestigt ist. Das Plastrohr ist an beiden Seiten perforiert. Hinter dem Schwert ist eine Vorrichtung zum Einbringen einer 63,5 mm breiten und 38 cm hohen Filterschicht angebracht. Bei filterloser Dränung wird der Schlitz durch einen Keil zusammengedrückt. Der Boden soll das Plastrohr allseitig umgeben. Als Wanddicke genügen dann 0,5-1 mm. Die Gefällesteuerung erfolgt mit Hilfe eines Nivelliergerätes, das am Anfang des Dränstrangs aufgestellt ist und dessen Achse parallel zur Gefällelinie eingestellt wird. Ein Arbeiter sieht durch das Nivelliergerät auf eine am Schwert angebrachte Meßlatte und hebt und senkt das Schwert durch Impulse, die über einen Kurzwellensender und -empfänger auf die Hydraulik übertragen werden.

R.Teipel. 5110c.

W e g n e r, Heinz. Erfahrungen mit dem Einsatz des Grabenpfluges "B 700" für Dränarbeiten. - Wasserwirtsch.-Wassertechn. 13 (1963) Nr.1. S.5-8. - 8 Abb., 2 Lit.

Durch den Einsatz des Grabenpfluges "B 700" bei der Herstellung von Drängräben für Sauger einschließlich Verlegen der Rohre in 0,90 bis 1,0 m Tiefe ohne Verfüllen wurden gegenüber dem Arbeiten ohne Grabenpflug eine Steigerung der Arbeitsproduktivität auf 166 % und eine gleichzeitige Kostensenkung von 0,22 DM/lfdm bei "BA 4" erreicht. Zum Lösen des stark bindigen und steinigen Bodens wird der Grabenpflug "B 700" in Kombination mit dem Kleinbagger "UB20" eingesetzt. Der Einsatz des Baggers bringt neben einer Produktionssteigerung bedeutende Erleichterungen für die Arbeitskräfte mit sich. Ein Minimum an Handarbeit dürfte beim Einsatz eines Grabenpfluges erforderlich sein, der Gräben in der gewünschten Dräntiefe zieht.

D.Voigt. 5110c.

K u h l m a n n, F. Ist der stärkere Ausbau von stationären Beregnungsanlagen ein Weg zur Verringerung des Arbeitsaufwandes? - Wasser u. Nahr. 7 (1962) Nr. 4. S. 208-214. - 4 Abb.

Für das Auslegen der Schnellkupplungsrohre fehlt in vielen Betrieben die notwendige Arbeitskraft. Arbeitseinsparungen ergeben sich durch Verlegung eines Teiles der Rohrleitungen in den Boden. Für einen 23 ha großen Betrieb mit 11,5 ha Grünland, 7,9 ha Hackfrucht und 3,6 ha Gemüse werden die Kosten für verschiedene Anlagetypen ermittelt. Sie betragen für vollbewegliche Anlage 560 DM/ha, für teilbewegliche Anlage mit ortsfester Hauptleitung 1000 DM/ha, für teilbewegliche Anlage mit ortsfest erschlossener Grünlandfläche 2260 DM/ha und schließlich mit ebenfalls ortsfest erschlossener Gemüsefläche 3000 DM/ha. Der Anteil der Kosten für den Arbeitsaufwand verringert sich nicht im gleichen Maße, in dem die Anlagekosten steigen.

D.Voigt. 5110d.

Z o l l e r, Albin. Informace o nových typeck závlahových agregátů. (Neue Bewässerungsaggregate.) - Mechanizace Zemědělství 12 (1962) Nr.9. S.270 bis 271. - 2 Abb., 2 Tab.

Neue Typen der in der ČSSR hergestellten Bewässerungsaggregate werden kurz beschrieben. Es sind dies die Typen "2D-6", "2D-18", "2D-36" und "2D-60". Das erforderliche Wasser kann aus Bächen, Flüssen oder Bewässerungskanälen oder Brunnen bei höchstens 6 m Förderhöhe gepumpt werden. Die Pumpen werden mit Dieselmotoren angetrieben, die mit der Pumpe verblockt sind. Dieses Aggregat ist auf einem luftbereiften Fahrgestell montiert. Es handelt sich um einstufige Kreiselpumpen (nur der Typ "2D-6" ist mit einer zweistufigen Pumpe ausgerüstet). Die Vorrichtungen besitzen 2-9 Regner von großer Reichweite und können 3, 10, 20 und 50 ha beregnen. Eine Tab., die eingehende techn. Angaben über diese Bewässerungsaggregate enthält, ist angefügt.

M.Douda. 5110d.

B e a r e, J.A. Tillage for the cereal crop. Part 2. Implements for seedbed preparation. (Bodenbearbeitung zu Getreide. 2. Mitt. Landtechnische Ausrüstung für die Saatbettbereitung.) - J. Dep. Agric. South Australia 66 (1962) Nr.4. S.134-141. - 10 Abb.

Der Maschinen- und Gerätepark für die Bodenbearbeitung vor der Getreideaussaat ist in den südaustralischen Farmen ziemlich einheitlich und dem hohen Steingehalt des Bodens angepaßt. Für den 1. Umbruch zur längeren

Brachlegung werden folg. 3 Grundtypen eingesetzt: 1) "Mouldboard"-Pflug (große Bodenfreiheit zur besseren Überwindung von Steinen und Stubben, trotz seiner 8 Schare aber unbefriedigende Flächenleistung); 2) Scheibenpflug, ein sog. Zwillingsscheibenpflug, bei dem an je einem der 14 oder 16 Scheibenhalter jeweils ein größeres und ein kleineres Scheibensech montiert ist und 3) angehängte oder aufgesattelte Federzahngrubber. Alle 3 Geräte einschl. ihrer verschiedenen Bauarten sind, wie betont wird, hervorragend geeignet, den Boden in gute Krümelstruktur zu bringen. Geräte mit angetriebenen, rotierenden Werkzeugen haben sich bisher nicht durchsetzen können, desgl. auch nicht kombinierte Kultivator-Drillgeräte, da es durch den rel. groben Boden leicht zu Verschüttungen der Samen durch die Grubberschare kommt.

E.v.Wangenheim. 5115a.

A n o n y m. Suikerbieten, grondbewerking. (Bodenbearbeitung für Zuckerrüben.) - Inst. Landbouwtechn. Rationalisatie Wageningen, Werkvolgorde, Aanwijzingen 4 (1963) Nr.2. 1 S.

Arbeitsanleitung für die Saatbettvorbereitung für Zuckerrüben auf Alluvial-Böden. Auf sehr humusreichen Böden wird vorgeschlagen, im Herbst zu pflügen, im Frühjahr zu grubbern und ein- oder zweimal zu eggen; je nach Bodenbeschaffenheit nach oder kombiniert mit dem Grubber Einsatz der Cambridgewalze oder des Packers. Bei humusarmen Böden wird empfohlen, im Frühjahr zu pflügen, ein- oder zweimal zu eggen und danach zu grubbern, u.U. in Kombination mit Cambridgewalze oder Packer. Nach dieser Bearbeitung ist evtl. noch ein- oder zweimal zu eggen. - Arbeitsnormen für einzelne Arbeitsgänge bei Schlepperzug in AKh/ha: 3furchiger Beetpflug 3,5; Grubbern bei 2,5 m Arbeitsbreite 2, bei 3 m Arbeitsbreite 1,5; Eggen bei 2,5 m Breite 1,7, bei 4 m Breite 1,0; Walzen bei 5 m Breite 1,0, bei 7 m Breite 0,8.

M.Lüpnitz. 5115a.

A n o n y m. A new reversible plough for the triple D. (Ein neuer Kehrpflug für den "Triple-D"-Traktor.) - Farm Mechanizat. 14 (1962) Nr.154. S.196 bis 197. - 5 Abb.

Es handelt sich um einen 4-Furchen-Kehrpflug, der über die Dreipunktaufhängung an den "Fordson Super Major"-Traktor "Triple-D" gekoppelt wird. Der Pflug kommt von der brit. Fa. Ransomes, Sims & Jefferies, Ltd. Die beiden Scharsätze werden hydraulisch in Arbeitsstellung gedreht (um 180° um die eigene Achse) sowie ein- und ausgesetzt. Ein sich automatisch bewegendes "Leitrad" gewährleistet beim Wenden des Pfluges die jeweils richtige Tiefeneinstellung. W.Fleischmann. 5115c.

A n o n y m. Vibration serves a useful purpose. (Vibrations-Tiefenlockerer.) - Farm Mechanizat. 15 (1963) Nr.164. S.51. - 1 Skizze. Aus: Dok.-Dienst ILT 1963 Nr.6.

Kurzinformation über Tiefenlockerer der amer. Fa. All Products Co. Merkmal: gute Zerkrümelung des Bodens und Verminderung des Zugwiderstandes durch einfaches Vibrationsprinzip (auf dem Gerät längs angeordnete Welle mit Unwuchtmassen in Drehung versetzt, dadurch ganzes Gerät in vertikale Schwingung versetzt). Gleiches Prinzip zum Zerdrücken der Kluten zwischen den Kartoffelreihen vor dem Roden anwendbar. 5115h.

A c h o r n, Frank P. Blending equipment and plant facilities. (Misch- und Verladeanlagen.) - Commerc. Fertilizer 106 (1963) Nr.2. S.28-32. - 10 Abb., 1 Schema. (21-23/1.1963, Bulk Blending Conference, Knoxville, Tennessee).
In den weitaus meisten Fällen werden Schüttgüter lose in Spezial-Eisenbahnfahrzeugen angeliefert, die in zunehmendem Maße am Umschlagsort zwischen Schiene und Straße unter teilweiser Zwischenlagerung gemischt werden. Verbunden damit ist häufig ein zwischengeschalteter Wägevorgang. Die Be- und Entladeanlagen lassen sich grundsätzlich in mechan. und pneumat. betriebene Fördereinrichtungen unterteilen. Die mechan. Fördereinrichtungen bestehen im Prinzip aus einem Bandförderer, über den das Gut aus dem Wagen über Bodenentleerungsklappen abgezogen wird, mit nachgeschaltetem Becherwerk, von dem das Gut durch Schwerkraft in die Silos eingebracht wird. Pneumat. Fördereinrichtungen ziehen das Gut über die Entladestutzen des Wagens entweder direkt über die Mischeinrichtungen oder in zwischengeschaltete Bunker ab. Die grundsätzlich in Drehmischer, Bandförderer mit Mischvermögen, Schleudermischer und Schwerkraftmischer einteilbaren Anlagen haben je nach Aufgabenbereich eine große Anzahl Modifikationen erreicht. Eine Auswahl derartiger Anlagen wird an Skizzen kurz beschrieben. K.-J.Zurawski. 5120a.

A n o n y m. Accurate spreading of dry bulk fertilizers. (Sorgfältige Ausbringung trockener und voluminöser Düngemittel.) - Agric. Chemicals 17 (1962) Nr.11. S.111-118. 161.
Die Entwicklung gut funktionierender Streueinrichtungen für Massendünger war ein wesentlicher Beitrag zur verstärkten Anwendung dieser Düngung, zumal eine genaue und gleichmäßige Ausbringung wichtig ist. Folgende Anforderungen sind dabei zu stellen: 1) mengenmäßig genauer Zulauf aus dem Vorratsbehälter (Dosiervorrichtung mit genauer Einstellmöglichkeit ist wichtig); 2) gleichmäßiger Zulauf zu den Streueinrichtungen auch unter erschwerten Geländeverhältnissen; 3) ausgeglichene Verteilung über die Arbeitsbreite; 4) geschultes Bedienungspersonal zur Überwachung und Instandhaltung. Die verschiedenen Typen bestehen im wesentlichen aus folg. Grundbauteilen: großer Transportbehälter (bis max. 4 t Inhalt); Fahrgestell ein- oder zweiachsig, gummibereift; im Transportbehälter eine Fördereinrichtung mit Dosiervorrichtung; am Heck des Transportbehälters ein Verteiler. Die mit diesen Maschinen durchgeführten Untersuchungen werden besprochen. Einige Ergebnisse: 1) Rostfreie Stahlnetze oder haltbare Förderbänder haben sich als Fördereinrichtungen am besten bewährt. 2) Verteiler, deren Streuorgane breit ausgelegt sind, ergeben die beste Arbeit. 3) Jedes Gerät ist auf die Düngerart, Beschaffenheit und Aufwandmenge speziell einzustellen. 4) Arbeitsbreite und Fahrweise sind genau aufeinander abzustimmen (bei Verteiler-Schleudern entspricht die Arbeitsbreite nicht der erreichten Wurfbreite, da mit zunehmender Entfernung vom Gerät die gestreute Düngermenge abnimmt). 5) Die Arbeitsqualität der Streuer ist viel von der gleichmäßigen Beschaffenheit des Düngers abhängig. 6) Der Einsatz der Geräte erfolgt in Verbindung mit einem Schlepper oder LKW. A.Jeske. 5120c.

K l i n n e r, W.E., R o g i e, D., H e p h e r d, R.Q. und P h i l l i p s o n, A. The amazone za rear-mounted fertilizer broadcaster. (Der heckangebaute Schleuder-Düngerstreuer "Amazone ZA" - N.I.A.E. - Test.) - Nat. Inst. agric. Engng., Rep. on Test Nr.329. (1962) S.1-11. - 8 Abb., 4 Tab.

Hersteller: Amazonen-Werke H. Dreyer, Gaste, Osnabrück. - Beschreibung: Stahlrahmen, Metalleinfülltrichter, Getriebe und 2 Metallteller. - Techn. Daten: Gesamtlänge 3 ft.1/2 in. (927 mm), Breite 4 ft.2 in. (1270 mm), Höhe 3 ft.1/2 in. (927 mm), Bodenfreiheit 1 ft.1/2 in. (317 mm), Masse 238 lb. (108 kg), Fassungsvermögen des Einfülltrichters 8 3/4 cu.ft. (248 dm^3); Übersetzung 3:4. Tellerdurchschnitt 1 ft.2 1/4 in. (362 mm); 2680 U/min. - Bei der Prüfung konnten die verschiedensten Arten von Handelsdünger einwandfrei ausgebracht werden, der Anbau am Schlepper ließ sich leicht bewerkstelligen. Die Leistung betrug 2,5 - 7,3 acre/h (1-3 ha/h). E.Kahn. 5120c.

S t ü r e n b u r g, Poppe. Untersuchungen an Stalldungbreitstreuern. Grundlagen, Methode und Beispiel. - Landbauforsch. Völkenrode 11 (1961) Nr.2. S.42-48. - 1 Abb., 3 Diagr., 2 Schemata.

Von einem Stalldungstreuer wird gefordert, daß er die Dungladung in einstellbaren Mengen möglichst gleichmäßig auf die Acker- bzw. Grünlandfläche verteilt. Das wird durch 2 nebeneinander ablaufende Vorgänge erreicht: Das Vorschieben der Dungladung durch das Förderorgan mit anschließendem Abfräsen durch die Streuwalzen und das Verteilen durch Ausbreiten des Dungs und Fortbewegen des Streuers. - Untersucht wurde auf dem Prüfstand der amer. Breitstreuer "Nr. 110 Front End" von Allis Chalmer, ein einachsiger Anhänger mit einem Wagenkasten von 1 m Breite und Schleuderscheiben als Verteilorgane. Der Antrieb erfolgt durch die Zapfwelle. Der Dung wird durch eine endlose Förderleistenkette mit 3 Geschwindigkeitsstufen nach vorn gegen 3 schräg übereinander liegende Fräswalzen geschoben, die ihn mit verschiedener Umfangsgeschwindigkeit (unten 9,3, Mitte 6,3, oben 5,5 m/s) abfräsen und ihn der Verteileinrichtung zuführen. Die Schleuderscheiben werfen den Dung mit einer Umfangsgeschwindigkeit von 10 m/s aus. Es entsteht ein Dungstrahl mit einer Breite von 3-4 m am Boden. Techn. Daten: Zulässige Nutzlast 1500 kp; Ladevolumen 3 m^3. Untersuchungsergebnisse: Dungdurchsatz in kg/s bei angerottetem Mist (in Klammern theoretischer Durchsatz) bei Vorschubstufe I 3-5,7 (4,5) bei II 7,5-10,9 (8,6) bei III 8-13,3 (13,1); Dunggaben in kg/m^2 (bei 1,08 ha/h Flächenleistung): bei I 0,94-1,89 (1,5), bei II 2,23-3,7 (2,9), bei III 3,35-3,62 (4,4). - Weitere Ergebnisse betreffen Quer- und Längsverteilung und Antriebsleistung. M.Lüpnitz. 5120d.

P ř e s l i č k a, Ladislav; Pehlhřimov, Agrostroj n.p. Nový typ unifikovaného rozmetadla chlévského hnoje do praxe. (Ein neuer Typ des unifizierten Stalldungstreuers.) - Mechanizace Zemědělství 12 (1962) Nr.9. S.269-270. - 2 Abb.

Beschreibung eines neuen Stalldungstreuers, der in der ČSSR in 2 Typen hergestellt wird: "RmA-2b" auf Zweiachsanhänger "PzO-35" und "RmA-4" für den Triebachsanhänger "NSH-30" mit umlaufendem Boden. Die Streuvorrichtung "RmA-2b" besitzt 4 profilierte, um fast senkrechte Achsen sich gegenläufig drehende Platten, die den Dünger in einer Breite von etwa 10 m streuen. Die Streumenge ist von 60 bis 1000 dt/ha einstellbar. Die Tragfähigkeit des Streuers beträgt 3-3,5 Mp. Der Typ "RmA-4" , Tragfähigkeit etwa 2,5 Mp, hat gleichfalls 10 m Arbeitsbreite, die Streumenge ist zwischen 150-600 dt/ha einstellbar. M.Douda. 5120d.

V a s i l e n k o, P.M. (Wassilenko, P.M.); Moskau, Lenin-Akad. der Landwirtsch.-Wiss. K ocenke technologičeskich pokazatelej raboty počvoobrabatyvajuščich i posevnych mašin. (Zur Bewertung technologischer Kennwerte von Bodenbearbeitungs- und Sämaschinen.) - Vestnik sel'skochozjajstvennoj nauki, Moskva 7 (1962) Nr.7. S.137-139. - 7 Diagr.

Vf. zieht die Wahrscheinlichkeitstheorie zur Untersuchung der Erscheinungen beim Bodenbearbeiten und Säen heran und bringt einige konkrete Beispiele. Er untersucht zunächst die Vorgänge beim Schnelldrillen und betrachtet Häufigkeitskurven für die Verteilung der Körner nach der Tiefe und in der Längsrichtung bei der Verwendung von Haken- und Kufenscharen und bei verschiedenen Drillgeschwindigkeiten zwischen 6,6 und 13,2 km/h. Danach veranschaulicht er mit Häufigkeitskurven den Einfluß der Befestigung der Hackmesser an den Maschinenrahmen und der Fahrgeschwindigkeit der Hackmaschine auf den Messertiefgang und bespricht abschließend die Häufigkeit der Arbeitstiefen des vorderen und hinteren Pflugkörpers des Anbaupfluges "PN-3-35r". W.Balkin. 5125c.

V o l k o v, S.P. (Wolkow, S.P.); Pljustschewo, Gebiet Moskau, Unions-Forsch.-Inst.für Mechanisier. der Landwirtsch. Obosnovanie parametrov novoj zernovoj sejalki dlja raboty na skorostjach vyše 9 kilometrov v čas. (Ermittlung von Betriebsdaten einer neuen Getreidedrillmaschine für Geschwindigkeiten über 9 km/h.) - Vestnik sel'skochozjajstvennoj nauki, Moskva 7 (1962) Nr.9. S.84-90. - 2 Abb., 3 Diagr., 3 Schemata. Zus. in Engl., Franz., Dtsch.

Vom o.g. Inst. wurde eine Getreide-Drillmaschine für hohe Geschwindigkeiten entwickelt, bei der der Berührungswinkel der Drillschar-Scheiben von 10° auf 6° verringert und eine neue Kinematik der federnden Aufhängung angewendet worden sind. Die Arbeitstiefe der Schare wird durch Verändern der Rahmenhöhe mittels zweier aus je einer Spindel und einem Gestänge bestehenden Vorrichtungen geregelt. Dadurch kann die Drillmaschine sowohl in einer Anbau- wie auch in einer Anhängeausführung gefertigt werden. Bei Geschwindigkeiten bis zu 15 km/h ging die Saat bei diesen Maschinen etwas gleichmäßiger auf als bei normalen Maschinen. Damit die Samenkörner nicht auf der Saatfurchensohle verstreut werden, wurden in den Drillscharen Andrückkufen angeordnet. Sie verringerten die Ungleichmäßigkeiten der Körnertiefe auf 1/3 bis 1/2. Zugkraftmessungen ergaben, daß die schon an sich hohen Kräfte in den Aufhänge- und Anhängegliedern der normalen Maschinen und der Versuchsmaschine mit steigender Geschwindigkeit wachsen. In 2 Diagr. veranschaulicht Vf. die Versuchsergebnisse. W.Balkin. 5125c.

E v e r s, Peter-Nils. Untersuchungen zur Längsverteilung von Rübensamen in der Saatrinne bei Einzelkornsaat. - Landtechn. Forsch. 12 (1962) Nr.6. S.173-178. - 9 Abb., 3 Tab., 13 Lit.

Die im Rahmen einer Dissertation des Vf. am Inst. für Landtechnik der Univ. Bonn (1962) durchgeführten Untersuchungen stützten sich auf die Einzelkornsämaschine der Fa. Fähse, Düren/Rhld. Ziel derselben war die Ermittlung der Störursachen für die Körnerfolge, wie sie sich vor der Anlieferung am Bode und durch Roll- und Prallbewegungen nach der Anlieferung ergaben. Im Laufe von Vorversuchen wurde die durch ungleichmäßigen Schlupf des Antriebsrades der Einzelkornsämaschine hervorgerufene Unregelmäßigkeit der Zellenfolge eliminiert. Der Antrieb wurde von den Triebrädern des verwendeten Schleppers abgenommen und die Regelmäßigkeit der Zellenfolge konnte durch ein registrierendes Meßgerät nachgewiesen werden. Die anschließenden Untersuchungen erstreckten sich zunächst auf die Knäulverschiebungen vor der Anlieferung, womit die Unregelmäßigkeiten bei der Zellenentleerung erfaßt wurden. Aus den auf Leimstreifen fixierten Körnerfolgen ergab sich eine mit zunehmender Fallhöhe und Fahrgeschwindigkeit steigende Unregelmäßigkeit, gemessen an der Zellenfolge. Die beobachteten oder vermuteten Gründe hierfür werden dargelegt. Knäulverschiebungen nach Anlieferung in der Saatrinne wurden in einer Feldversuchsreihe mit unterschiedlichen Scharkörpern ermittelt, um den Einfluß der Saatrinnenform zu erfassen. Neben einem walzenden Scharkörper nach amer. Muster und einem herkömmlichen Schleppschar ist ein neuentwickeltes sog. "Keilschar" untersucht worden. Letzteres stellt einen Normalscharkörper dar, an dessen Unterseite sich ein keilförmiger Sporn von 50 ° Keilwinkel und 10 mm Höhe befindet. Die Art der Saatrinnengestaltung hat sich als sehr einflußreich auf die Roll- und Prallbewegungen der Knäule erwiesen. Durch die Verwendung des Keilschares konnten die Verrollungen gegenüber Schleppschar auf etwa die Hälfte herabgesetzt werden. K.Fritzsch. 5125c.

L i e b e s k i n d, E.A. Die Einzelkornsaat bei Zuckerrüben bewährt sich in der Praxis. - Wiss.-techn. Fortschr. Landwirtsch. 4 (1963) Nr.2. S. 78-81. - 5 Tab., 3 Lit.

Vf. berichtet über Erfahrungen mit der Einzelkornsaat von Zuckerrüben auf großen Flächen. Feldkontrollen ergaben, daß bei Ablage von etwa 80 Knäueln /m^2 (segmentiertes kalibriertes Saatgut) etwa 38 Pflanzen/m^2 aufgelaufen waren. Auf einigen Feldern wurden die Rüben nach dem Aufgang erfolgreich ein- bis zweimal mit dem Ausdünnstriegel bearbeitet. Nach der Vereinzelungsarbeit mit der langgestielten Hacke wurden im Durchschnitt 80 000 Pflanzen/ha gezählt. Der Zeitaufwand für das Vereinzeln betrug bei Einzelkornsaat ohne Striegeleinsatz 87 % gegenüber dem bisher üblichen Drillverfahren (101 AKh/ha = 100 %). Der Einsatz des Striegels bewirkte ein Sinken der Arbeitszeit auf 77 bis 57 %. Bei der Ernte waren leichte Vorteile im Ertrag für die Einzelkornsaat zu erkennen. L.Bachmann. 5125c.

F r i t z s c h, K. Zuckerrübenaussaat mit der Einzelkornsämaschine "A 765". Dtsch. Agrartechn. 13 (1963) Nr.3. S.129-131. - 3 Abb., 4 Lit.

Die Einzelkornsämaschine "A 765" ist für den Zwischenachsanbau an den Geräteträger "RS 09" eingerichtet. 6 Säeinheiten (auf 41,7 cm Reihenentfernung eingestellt) werden unabhängig voneinander durch ein vorn laufendes Antriebsrad durch Keilriemen-Verbindung zu den Zellenrädern angetrieben. Das mechanische Zellenradsystem der Einzelkornmaschine arbeitet mit direktem Zulauf des Saatgutvorrates zum Zellenrad, das den Boden des Saatkastens bildet. Über die Schleppschar gelangt das Saatgut in die Saatrille, wird von einer Druckrolle angedrückt und durch einen Zustreicher mit Erde bedeckt. Die Anordnung der Schare zwischen Antriebsrad und Druckrolle gewährleistet einen gleichmäßigen Tiefgang (einstellbar 10...25 oder 40 mm). Die konstruktiven Kornabstände für schlupffreie Arbeit betragen 33, 37, 42 und

46,5 mm. Der Tragrahmen selbst ist am Geräteträger starr befestigt. Bei der praktischen Arbeit werden zusätzlich Spurreißer verwendet. Einzelkornsaat setzt die Verwendung von kalibriertem Saatgut voraus. Saatgutkaliber und Zellenbohrung sind aufeinander abzustimmen, Unter diesen Bedingungen liegt die Anzahl der Doppelbelegungen unter 10 % und der Fehlbelegungen unter 0,5 %. Bei 6 km/h Arbeitsgeschwindigkeit wurde eine Schichtleistung von 11 ha erreicht. A.Jeske. 5125c.

A n o n y m. Zaaien van bieten. (Säen von Rüben.) - Inst. Landbouwtechn. Rationalisatie, Wageningen, Werkvolgorde, Aanwijzingen 4 (1963) Nr.6. 1 S. - 1 Abb., 1 Schema, 1 Tab.

Arbeitsanleitung für das Säen von Rüben mit Einzelkornsägeräten. Der Abstand zwischen den Reihen soll je nach Bodenart und den zum Einsatz kommenden Pflege- und Erntemaschinen 40-50 cm betragen. Bei Einstellung des Abstandes in der Reihe zwischen 4 und 7 cm müssen neben der Bodenart Saatbettvorbereitung und Saatgutqualität berücksichtigt werden. Betragt der Abstand zwischen den Reihen 44 cm, so werden bei einem Abstand von 5 cm in der Reihe 454 550 Samenknäuel/ha ausgesät, bei 6,5 cm 349650. Die Arbeitsgeschwindigkeit soll max. zwischen 3 und 4,5 km/h liegen. L.Machler. 5125c.

A n o n y m. Note d'information sur les perfectionnements apportés en URSS aux semoirs de précision des graines de maïs, de tournesol, de betterave sucrière et de cultures légumières. (Information über die in der Sowjetunion erreichten Verbesserungen an Präzisionssägeräten.) - Note d'Inform., Commiss. écon. pour l'Europe, Comité Problèmes agric., Groupe Travail Mécanisat. Agric. /Genève/ 1962 Nr. Agri/WP/2/72 Add. 1. S.1-4.

Die 6reihige Anbaudrillmaschine "SKGN-6A" für Quadratnestsaat arbeitet mit Zellenscheiben für 1, 2 oder 3 Körner kalibrierten Saatgutes. Die Bodenklappen werden synchron geöffnet und gleichzeitig granulierter Dünger verteilt. Zubehörteile machen die Maschine auch für Sonnenblumen, Soja, Gemüse, Mais u.a. geeignet. Ein neues Modell zeichnet sich durch bessere Bodenanpassung der Schare, weiteren Einstellbereich der Saatmenge und lokale Düngerablage anstelle der Reihendüngung aus. - Das 12reihige Anbaugerät "SKRN-12" dient zur Einzelkornaussaat von kalibriertem Rübensaatgut und ist mit Düngereinrichtung versehen. Die Säscheiben sind geneigt. Verschieden große Zellen ermöglichen die Aussaat von mittleren Bohnen, Hirse und Buchweizen. Der Geräterahmen wird auch zum Hacken und Düngen verwendet. - An der Entwicklung eines Sägerätes mit senkrechten Scheiben und waagerechter, endloser Schnecke wird gearbeitet. - Ein neuentwickeltes pneumatisches Gerät ist für Rhizinus, Sonnenblumen, Mais, Soja und Zuckerrüben geeignet. Das Saatgut braucht nicht kalibriert sein, es wird weniger beschädigt und das Sortiment verschiedener Säscheiben ist überflüssig. H.Kaiser. 5125c.

L o j k o, A.M. (Loiko, A.M.) Čto narušaet točnost' vyseva semjan? (Was stört die Genauigkeit der Aussaat?) - Kukuruza, Moskva 8 (1963) Nr.1. S. 36-38. - 2 Diagr., 2 Tab.

Eine ausführliche Analyse der Ursachen für die ungenaue Aussaat der Maissamen bei Quadrat-Nestaussaat mit der "SKGK-6-V" und der "SKGN-6" und "SKGN-6A" hinsichtlich der Anzahl der Samen je Nest und insgesamt je ha wird gegeben: Die Ursachen dieser Ungenauigkeiten lagen in konstruktiven Unzulänglichkeiten der Mechanismen der Drillmaschinen, in der nicht ausreichenden Qualität der Kalibrierung der Saatgutfraktionen in den Aufbereitungswerken, in der mangelhaften Arbeit der Einzelteile infolge Verschleiß oder im mangelhaften Nachschliff sowie in der ungenügenden Pflege und Kontrolle der Mechanismen der Drillmaschine. Insgesamt werden 13 Hauptursachen für die Defekte und 10 sekundäre, sich aus den Hauptursachen ergebende und auf die Ungenauigkeit der Aussaat der Maissamen wirkende Defekte analysiert.

L.Rang. 5125c.

P a l'm i n, G.I. (Palmin, G.I.); Taschkent, Staatl. Entwurfsbüro für Maschinen der Baumwollwirtsch. Sejalka točnogo vyseva dlja ogolennych i opušennych semjan. (Punktsämaschine für enthaartes und behaartes Baumwollsaatgut.) - Chlopkovodstvo, Moskva 13 (1963) Nr.3. S.20-22. - 2 Abb. 5125c.

P a l m e r, J. und W i l t o n, B. Transplanting sugar beet seedlings grown in soil blocks. (Auspflanzen von Zuckerrüben, die in Erdballen angezogen wurden.) - J. agric. Engng. Res. 7 (1962) Nr.2. S.141-149. - 3 Tab., 6 Lit.

Vff. geben eine Darstellung der 1957-1960 vom britischen N.I.A.E. in Zusammenarbeit mit der School of Agriculture, University of Cambridge, durchgeführten Untersuchungen über das Auspflanzen von Zuckerrüben im Vergleich zur herkömmlichen Technik der Standraumzumessung. Die Arbeit diente der Ermittlung von Ertragsaussichten und Möglichkeiten zur Mechanisierung der Arbeitsprozesse beim Auspflanzverfahren. Varianten, Versuchsmethoden und -ergebnisse sind näher beschrieben. Eine erste Versuchsreihe war auf die Bestimmung von Material, Größe und Form der Erdballen gerichtet. Von den Materialvarianten kamen 2 Mischungen in den Feldversuch: a) Sterilisierter Boden, Sand und Torfmull im Volumenverhältnis 7:2:3 und b) Zement, Sand und Torfmull im Volumenverhältnis 1:1:10. Davon schied Variante b) wegen ungünstiger physiol. Eigenschaften wieder aus. Zylindrische Erdballen von 2 Zoll Ø und 2 3/8 Zoll Länge werden als günstigstes Format angesehen. Die Herstellung der Ballen erfolgte in einer pneumatisch betätigten Presse bei gleichzeitiger Einsaat von einem oder 2 Knäulen polierten, kalibrierten Saatgutes. Ihre Auspflanzung wurde in verschiedenen Wachstumsstadien der Rübenpflänzchen von Handdurchgeführt. Um die für maschinelle Auspflanzung offenbar ungenügende Beständigkeit der Erdballen zu erhöhen, wird das Einsprühen mittels eines Bodenstabilisators oder die Anwendung eines Hüllmaterials (ähnlich Zement) in Betracht gezogen. Frühe Aussaat (Erdballenbereitung), Düngerbeigabe zur Ballenerde und Auspflanzung im 2-4Blattstadium führten zu Ertragssteigerungen. Gegenüber den im Feld gedrillten wiesen die ausgepflanzten Rüben zwar bei der Ernte einen um 25 % höheren Schmutzbesatz auf, sie führten jedoch zu gleichen Erträgen.

K.Fritzsch. 5125e.

A n o n y m. Sugar beet: pattern for complete mechanization is emerging. (Zuckerrüben: Entwicklung eines Systems der Vollmechanisierung.) - Farm Mechanizat. 14 (1962) Nr. 154. S.205-207. - 11 Abb., 2 Tab.

Bericht über die im Mai 1962 in Ramsey (England) stattgefundene 13. nationale Zuckerrübenvorführung zur Pflege. Die Aussaat war am 14. März mit Einzelkornsämaschinen vorgenommen worden. Bei den verschiedenen Pflegegeräten war die Tendenz zum Zwischenachsanbau deutlich, allerdings sind auch heck- und frontgesattelte Geräte noch vertreten. Der Steuerungsmechanismus wird immer mehr verfeinert. In die Vorführung mit einbezogen wurden auch vorher vom Nationalen Inst. für Landtechnik (N.I.A.E.) geprüfte Ausdünner.

W.Fleischmann. 5130a.

C a m m i l l i, A. Il tabacco e la sarchiatura meccanica. (Die maschinelle Hackarbeit in Tabakkulturen.) - Tabacco 66 (1962) Nr.703/704. S.248-338. - 32 Abb., 37 Tab.

Vf. berichtet über den Einsatz motorisierter Hackgeräte zur Tabakpflege. Dabei wurden in 17 Versuchen die Geräte im techn. Einsatz geprüft sowie die Leistung und der ökonomische Nutzeffekt ermittelt. Im einzelnen wurde hierbei zwischen den Varianten einmaliger Maschieneinsatz, kombinierte Anwendung von Hackgerät und Handhacke und schließlich nur Handhacke verglichen. In Tab. wurden die erzielten Ergebnisse zusammengefaßt. Es wird bei den zum Einsatz gelangten Maschinen und Geräten bes. auf die Leistung des Antriebsmotors, die Anzahl der Hackgeräte, die verstellbare Hackbreite, die Länge der Tabakreihe (wichtig für den ökonomischen Effekt) und die Hackleistung in m^2/h hingewiesen. Die Motorhackfräsen "Platz", "Simar" 5 PS, "Emmedieci" 9 PS, und "Pasquali" 10 PS entsprechen in ihrem konstruktiven Aufbau den bekannten Typen. Von Interesse scheint der einreihige kombinierte Hackfräse-Häufelpflug "Nardi" zu sein. Die Aggregate sind hintereinander gekoppelt und als Antriebsquelle ist ein 30-PS-Schlepper notwendig. Die Arbeitstiefe der Anbauhack-Häufelkörper ist hydraulisch regulierbar. Auch zur Bearbeitung von Kartoffeln und Zuckerrüben kann dieses Gerät zweckvoll eingesetzt werden. Als 3reihiges Hackfräsengerät kam der "Supercoltivatore Dede" zum Einsatz. Die 3 Hackelemente waren auf einem 30/45-PS-Schlepper aufgebaut und ebenfalls hydraulisch einzustellen. Dieses Gerät eignete sich bei einer durchschnittlichen Arbeitstiefe von 10-12 cm bes. zum Mulchen aufgebrachter org. Massen oder zwischen den Reihen eingesäter Grasgemische.

G.Müller/Leipzig. 5130b.

H o y m e, H. Einsatz des Ausdünnstriegels hat sich bewährt. - Wiss.-techn. Fortschr.Landwirtsch. 4 (1963) Nr.2. S.85-86.

Vf. berichtet über handarbeitssparende Pflegemethoden in der LPG Milzau-Klobikau, Kreis Merseburg. 90 % der Zuckerrübenflächen wurden mit Monogermsaatgut bestellt, die Vorgewende zur Erleichterung der Ernte mit Großmaschinen mit mittelfrühen Kartoffeln. Vor dem Ausdünnstriegeleinsatz hat sich zweimaliges Blindstriegeln und nachfolgendes Walzen als erforderlich erwiesen. Danach ist eine Arbeitsbeschleunigung von 30 % beim Vereinzeln möglich. Die unkrautvernichtende Wirkung des Ausdünnstriegelns wird betont. Vf. fordert noch stärkere Verbreitung dieses Gerätes. W.Schinkel. 5130f.

C s á v á s, Imre, M i h á l y f a l v y, István und T o t h, Mihály. Az öntözés technikája és szervezése. (Die Technik und Organisierung der Beregnung.) Budapest: Mezögazdasági Kiadó. 1962. (227 S.) 8°. (1962 A 1648)

H a r t y á n y i, László und M a r j a i, Gyula. Öntözömunkások kön yve. (Das Buch der Beregnungsarbeiten.) Budapest: Mezögazdasági kiadó. 1962. (92 S.) 8°. (1962 A 1644)

P e t r u s o v, Aleksandr Iosifovič und K o m a r i s t o v, Vasilij Efimovič. Mašiny dlja poseva, posadki i vnesenija udobrenij. (Maschinen Zur Saat, zum Pflanzen und zur Düngung.) Charkov: Izd. Charkovskogo gosud. univ. 1961. (225 S.) 8°. (1962 A 706)

Az esözteto öntozö-berendezések és üzemük. (Beregnungsanlagen und ihr Betrieb.) Budapest: Mezögazdasági kiadó. 1962. (318 S.) 8°. (1962 A 1640)

B a u e r, Adolf-Friedrich. Untersuchungen zur landwirtschaftlichen Windschaden- und Feldheckenproblematik im Rahmen aktueller Aufgabenstellungen der praktischen Windschutzplanung in norddeutschen Schwerpunktbereichen der Deutschen Demokratischen Republik unter spezieller Berücksichtigung der Flugsandschäden und Reliktheckenvorkommen in der mecklenburgischen Agrarpraxis. Diss. Landw. Fak. Rostock. 1962. (XXV, 74 S.) 4°. (Diss. 9072)

K r u p p, Gerhard. Über ein technisch, ackerbaulich wie auch arbeitswirtschaftlich vertretbares Verfahren der Bestellung von Stoppelzwischenfrüchten. Diss. Landw. Fak. Halle-Wittenberg. 1962. (101 S.) 4°. (Diss.9054)

B o w e r s, Wendell. Calibrating and adjusting granular row applicators. Urbana: Univ. of Illinois. 1961. (7 S. m. Abb.) 4°. = Circular experimentstation agricultural. 839. (SR 86, 839)

C. ERNTE EINSCHLIESSLICH DRESCHEN OHNE ZUSÄTZLICHE AUFBEREITUNG

R a e v, B.G. (Rajew, B.G.); Taschkent, Staatl. Entwurfsbüro für Maschinen der Baumwollwirtsch. Rezanie steblej bez protivorežuščej časti. (Schneiden von Stengeln mit rotierenden Messern ohne Gegenschneide.) - Vestnik sel'skochosjajstvennoj nauki, Moskva 7 (1962) Nr.11. S.98-104. - 8 Schemata, 2 Tab., 13 Lit. Zus. in Engl., Franz., Dtsch.

Vf. berichtet über Versuche, bei denen die oberen Triebe von Baumwollsträuchern mit rotierenden Messern ohne Gegenschneide abgeschnitten wurden. Die Schneidvorgänge wurden mit der Zeitlupe aufgenommen, die Bilder auf ein Blatt projiziert und die laufende Fortbewegung der Äste auf dem Papier markiert. Hierbei mußten Korrekturen durchgeführt werden, um die geradlinige Bewegung auf dem Papierblatt auf die tatsächliche kreisförmige Bewegung im Raume zurückzuführen. Das Volumen der abgeschnittenen Zweige wurde umständlich durch Messungen und Berechnungen bestimmt, und daraus wurden die Massen der Zweige berechnet. Ergebnisse: Von der gesamten Zweigmasse wurden 5,35-9,95 % durch den beim Abschneiden erfolgenden Schlag bewegt. Die Stengel beim Schnitt gleiten längs der Schneidkante. Der Gleitweg beträgt 0,9-2,5 Stengeldmr. Die Deformation der Zweige breitet sich beim Schnitt mit einer Geschwindigkeit von 64-100 m/s aus. W.Balkin. 5210c.

R u d a k o v, N.A. (Rudakow, N.A.); Pljustschewo, Gebiet Moskau, Unions-Forsch.-Inst. für Mechanisier. der Landwirtsch. Izučenie obmolota početkov kukuruzy s pomošč'ju oscillografirovanija i skorostnoj kinos-emki. (Ausdruschuntersuchung an Maiskolben durch Oszillogramm und Zeitlupenaufnahmen.) - Vestnik sel'skochozjajstvennoj nauki, Moskva 7 (1962) Nr.4. S.142-147. - 2 Abb., 6 Diagr. Zus. in Engl., Franz., Dtsch.

Bei den Versuchen wurden zur Ermittlung der auftretenden Radialkräfte und Drehmomente Widerstandsmeßgeber verwendet. Die Versuchsergebnisse gibt Vf. in Diagr. für die Abhängigkeit des Leistungsverbrauchs und der Summe der auf die Dreschkorbteile wirkenden Radialkräfte von der Maiskolbenzufuhr und vom Dreschspalt wieder. Er diskutiert die Kurven und bespricht die Bedeutung eines aufgenommenen Oszillogramms sowie die mit dem Oszillographen gewonnenen Meß- und Untersuchungsergebnisse. Anschließend behandelt er die

Zeitlupenuntersuchungen, betrachtet eine Zeitlupenaufnahme und teilt die sich aus den Zeitlupenaufnahmen ergebenden Feststellungen mit. Seine Untersuchungen ergeben ein klares Bild von den in der Dreschtrommel beim Maiskolbendrusch auftretenden Kräften, Momenten und Kolbenbewegungen.

W.Balkin. 5210h.

B r ü n n e r. Neue Gesichtspunkte bei der Heuernte. - Techn. u. Landwirtsch. 15 (1963) Nr.10. S.223-224. - 4 Abb.

Überblick über die Boden-, Gerüst-, Unterdach- und die künstliche Trocknung. Die Bodentrocknung erfordert bei günstigem Wetter den geringsten Aufwand. Intensives Zetten nach dem Schnitt, mehrmaliges Wenden mit modernen Geräten beschleunigen den Trocknungsverlauf. Die Bröckelverluste halten sich bis zum Erreichen eines Wassergehaltes von 35 % in engen Grenzen. Zu diesem Zeitpunkt führen auch schnell arbeitende Maschinen kaum zu Bröckelverlusten. Der Einsatz von Sternradmaschinen wird hier bes. empfohlen, da den Bröckelverlusten durch schonende Futterbehandlung entgegengewirkt wird. Um dem Auswaschen des Futters bei einsetzendem Regen und den damit verbundenen Verlusten wirksam zu begegnen, ist die Gerüst- und Unterdachtrocknung vorzuziehen. Von allen Trocknungsarten ist die künstliche Trocknung die vollkommenste Art der Futterkonservierung. Die Verluste sind gering (ca. 3-7 %), die Trocknungskosten jedoch relativ hoch. Die künstliche Trocknung soll kein Ersatz für die angeführten Heuerntemethoden sein.

E.Nowatzky. 5215a.

A n o n y m. Moderne Arbeitsverfahren für die Futterernte. Techn. u. Landwirtsch. 15 (1963) Nr.10. S.230. 232. - 1 Tab. Aus: Dok.-Dienst ILT 1963 Nr.7.

Bei der Mechanisierung der Futterernte unterscheidet man folg. Verfahren: 1) Die Häckselkette, 2) Die Langgutkette und 3) die Preßgutkette. Innerhalb der Häckselkette werden gegenwärtig 3 verschiedene Feldhäcksler-Bauarten eingesetzt; der Vorschub-Feldhäcksler, Schneidgebläse-Feldhäcksler und der Schlegelernter. Für die Langgutkette kommen folg. Ladegeräte in Frage: der Heck-Schiebesammler, Frontlader und der Feldlader. Bei der Preßgutkette stehen die Niederdruck- und die Hochdruckpresse zur Verfügung. Die Wirtschaftlichkeit der verschiedenen Ernteverfahren läßt sich für Betriebe berechnen, von denen Größe- und Anbauverhältnis, Arbeitskräftebesatz und Gebäudeverhältnisse bekannt sind. Die wesentlichsten Kostenfaktoren Zeit-, Kraft- und Investitionszahlen sind aus einer Tab. zu entnehmen, die für alle Betriebsverhältnisse Bedeutung haben. 5215b.

A n o n y m. Hydraulically-driven mid-mounted mower. (Hydraulisch angetriebener Zwischenachsanbaumäher.) - Farm Mechanizat. 15 (1963) Nr.164. S.51. - 2 Abb. Aus: Dok.-Dienst ILT 1963 Nr.6.

Illustrierte Kurzinformation über Neuentwicklung der amer. Fa. Kosch Co. - Merkmale: Führung des Mähbalkens an ausziehbarem Arm (Anpassung an verschiedene Traktorgrößen); für Antrieb zusätzliche Pumpe am Traktor; Mähbalken schwimmend geführt und durch Überlastventil und Rückschwenkmechanismus gesichert. Techn. Daten: bei 540 U/min der Zapfwelle. Drehzahl des Hydraulikmotors 2000 U/min bei Messerhub von 76,2 mm; vertikaler Schwenkbereich des Balkens von 45° unter bis 90° über Horizontalstellung. 5215c.

S o u č e k, Zbyněk; Chodov u Prahy, Výzkumný Ústav Zemědělských Strojů. Silové a energetické poměry kolové řezačky. Část I. (Kräfte- und Elektroenergie-Verhältnisse beim Scheibenradhäcksler. 1. Mitt.) - Zemědělská Techn. 8(35) (1962) Nr.4. S.257-280. - 14 Abb., 5 Tab., 24 Lit. - Zus. in Russ., Franz., Dtsch.

Der Leistungsbedarf für das Häckseln hat den Hauptanteil an dem Gesamtleistungsbedarf des Messerrades. Er hängt vor allem von der Schärfung ab, die durch die Breite und den Winkel der Schneidkante, durch den Schlupfwinkel und den Anstellwinkel gekennzeichnet ist. Vf. vergleicht die theoretisch günstigen bogenförmigen Messer mit den in der Produktion befindlichen geraden Messern. Die Kräfteverhältnisse des Messerrades wurden auf dem Versuchswege aus dem zum Antriebe des ganzen Messerrades erforderlichen Drehmomente und aus den während des Häckselvorganges wirkenden Kräften mit Hilfe von Dehnungsmeßstreifen ermittelt. Mit einem Schleifenoszillograph wurden auch die Höhe der Häckselgutschicht, das Drehmoment des Zubringermechanismus der Häckselmaschine und weitere Größen registriert. Das Messen erfolgt an einer hergerichteten ortsfesten Häckselmaschine "ŘVM-42".

J.Rybička. 5215d.

S o u č e k, Zbyněk; Chodov u Prahy, Výzkumný Ústav Zemědělských Strojů. Silové a energetické poměry kolové řezačky (Energie- und Kraftverhältnisse der Scheibenhäckselmaschine. 2. Mitt.) - Zemědělská Techn. 8(35) (1962) Nr.5. S.337-360. - 18 Abb., 14 Tab. Zus. in Russ., Franz., Dtsch. 1 Mitt. vgl. vorst. Ref.

Der Leistungsbedarf im Leerlauf wird bes. durch die Drehzahl und durch die Größe der Saugöffnung beeinflußt. Die Konstruktion muß daher die Abdichtung der Häckseltrommel sowie die Gestaltung der Wurfschaufeln so gewährleisten, daß deren Lüftungswirkung möglichst gering ist. Gekrümmte Messer haben gegenüber geraden Messern in Abhängigkeit vom Häckselgut einen um 20-60 % geringeren Leistungsbedarf. Gerade Messer führen zur größeren Beanspruchung von Einzelteilen der Häckselmaschine. In Grenzfällen sind die Maximalkräfte beim Einsatz von geraden Messern um 150-300 kp höher als beim Einsatz von Kurvenmessern. Die Schärfung der Messerschneide beeinflußt bedeutend den Leistungsbedarf sowie die maximale Kraft und sollte spätestens bei der Abstumpfung der Schneidenbreite auf 0,2 mm erfolgen.

J.Rybička. 5215d.

A n o n y m. De loonwerker en het oogsten van snijmaïs. (Ernten von Grünmais.) - Loonbedrijf Land- en Tuinbouw 15 (1962) Nr.11. S.635-637. - 4 Abb.

Vorführung von Schlegelerntern und Feldhäckslern bei der Ernte von Grünmais 1962 in Vriezenveen. Gute Arbeit leistete der Schlegelernter Taarup "S1100". Je 2 Maisreihen wurden mit einer vorn am Schlepper angebrachten Forke zu Boden gedrückt und der am Boden liegende Mais wurde dann durch den Schlegelernter aufgenommen. Durch die Maiserntevorrichtung "Teela" wird der größte Teil der Schlegelachse abgedeckt, diese Vorrichtung hat sich bei verschiedenen Schlegelerntertypen gut bewährt. Bei der Maiserntevorrichtung Harder-Gehl werden die Maispflanzen von 2 durch Federkraft gegeneinander gedrückte Gummirollen erfaßt und der Schlegelwelle zugeführt, von der ein Teil abgedeckt ist. - Es ist zwar im Prinzip möglich, in Schwad gemähten Mais mit dem Feldhäcksler aufzunehmen und zu häckseln, jedoch treten in der Praxis beim Mähen und Häckseln soviel Störungen auf, daß von dieser Methode abgeraten werden muß. Alle in Vriezenveen eingesetzten Feldhäcksler waren mit einem Maisgebiß ausgerüstet. Der große Feldhäcksler Gehl "FH 83" kann bei einem Reihenabstand von mindestens 80 cm mit einem 2reihigem Maisgebiß ausgerüstet werden. Die Feldhäcksler Köla "Star" und "New Holland 616" arbeiteten mit einreihigem Maisgebiß gut. Beim "Star" war das Erntegut ziemlich grob gehäckselt. M.Lüpnitz. 5215d.

P a s c a l, J.A. Right machine for the job. (Die richtige Maschine für den Zweck.) - Farm Mechanizat. 15 (1963) Nr.165. S.33-36. - 6 Abb., 2 Diagr., 1 Tab. Aus: Dok.-Dienst ILT 1963 Nr.6.

Vergleichsweise Gegenüberstellung von 3 Feldhäckslertypen: 1) einfacher Schlegelernter; 2) Häcksler mit doppeltem Häckseleffekt; 3) Scheibenradhäcksler mit Einlegedosierer. Konstruktive Eigenarten und Arbeitsqualität. Vergleich der maximalen Durchsatzwerte, der Leistungsaufnahmekurve und der Leistungsmerkmale (Beschaffenheit der Stoppel und Eignung des Häckselgutes für weitere Behandlung, Einstellbereich der Häcksel- und Reißlänge, Qualität der Schwadaufnahme). 5215d.

W e s t e n d o r p, Tj.; Wageningen, Inst. voor Bewaring en Verwerking van Landbouwprodukt. Weinig of veel schudden bij de hooiwinning? (Einfluß des Wendens bei der Heugewinnung.) - Landbouwvoorlichting 19 (1962) Nr.11. S. 642-645. - 2 Diagr., 2 Tab., 1 Lit.

3jährige Untersuchungen sollten klären, wie oft das Gras täglich gewendet werden muß, um bei möglichst geringen Trock.-Subst.-Verlusten ein schnelles Trocknen zu erreichen. In 2 Jahren wurden einmaliges Wenden je Tag mit 3maligem Wenden je Tag verglichen, im letzten Versuchsjahr 2maliges Wenden je Tag mit 4maligem Wenden je Tag. Das Wenden wurde mit einem Trommelwender für Schlepperzug durchgeführt. - Ergebnisse: Allg. ist es nicht notwendig, das Gras mehr als zweimal/Tag zu wenden, da öfteres Wenden die Trocknungsgeschwindigkeit nur unwesentlich erhöht, die Nährstoffverluste, vor allem an Eiweiß, erheblich heraufsetzt. - Bei Heu, das in Schwaden einregnete, wurde durch 3- und 4maliges Wenden je Tag eine schnellere Trocknung als bei ein- und 2maligem Wenden erreicht, da die nassen Schwaden besser auseinandergezogen wurden. M.Lüpnitz. 5215e.

Z i l l b a u e r, Johann. 24 Betriebe berichten über den Fahr-Kreiselheuer. - Prakt. Landtechn. /Wien/ 16 (1963) Nr.10. S.214-216. - Aus: Dok.-Dienst ILT 1963 Nr.6.

ESDA-Test über prakt. Erfahrungen in 24 Betrieben bei der Verwendung zum Zetten, Wenden, Schwadenstreuen und Kleinschwaden. Zugleistungsbedarf: für Typ "KH 6" mindestens 20 PS, für die Typen "KG 2" und "KH 4" reichen Kleintraktoren aus. Arbeitsgeschwindigkeit bis 12 km/h (allgemein zwischen 3 und 8 km/h) Flächenleistung bis 4 ha/h bei Typ "KH 6". Für Typ "KH 4" war das meiste Interesse vorhanden. 5215e.

S t o l z e n b u r g, W.L. Rüttelzetter Typ "E 251" - Prüfbericht Potsdam-Bornim. - Dtsch. Akad. Landwirtsch.-Wiss. Berlin, Inst. Landtechn. Potsdam-Bornim, Prüfber. Nr.295. Gr. Nr. 7b. (1961) S.1-11. - 1 Abb.

Hersteller: VEB "Fortschritt"-Erntebergungsmaschinen Neustadt (Sa.). - Beschreibung: Der Rüttelzetter "E 251" ist zum Zetten von Mähschwaden und zum Breitstreuen von gezogenen Schwaden vorgesehen. Er wird an die Dreipunktaufhängung des Schleppers angebaut und kann gleichzeitig mit einem Anbaumähwerk eingesetzt werden. Die Arbeitswerkzeuge, federnde Flachstahlzinken, die jeweils zu 4 Stck. mit einer Rüttelschiene verbunden sind, und das Fahrwerk, 2 gummibereifte Laufräder, sind an einen Rohrrahmen montiert. Der Zetter wird von der Zapfwelle angetrieben. Als Antrieb sind Schlepper ab 15 PS Motorleistung einzusetzen. - Techn. Daten: Arbeitsbreite 2000 mm; Drehzahl der Kurbelscheibe bei 540 U/min der Zapfwelle 332 U/min; mittlere Zinkengeschwindigkeit 2,8 m/s; Masse der Maschine 148 kg. - Beurteilung: Der Rüttelzetter "E 251" kann zum Zetten von Gras und blattreichem Erntegut (Klee und Luzerne) in einem Arbeitsgang mit Mähwerk eingesetzt werden. Die Trocknung des Erntegutes wird durch das Zetten beschleunigt. Der Rüttelzetter ist für den Einsatz in der Landwirtschaft "gut geeignet". M.Lüpnitz. 5215e.

A n o n y m. Hochdruck-Pick-up-Presse "Super 68". Landmaschinen-Markt 42 (1963) Nr.10. S.562. - 1 Abb. Aus: Dok.-Dienst ILT 1963 Nr.6.
Das New-Holland-Programm umfaßt folg. Maschinen: Hochdruck-Pick-up-Presse "Super 68" und "78", Feldschneider "33", Feldhäcksler "616" und Quetscher/Crimper. Im Mittelpunkt steht die Hochdruck-Pick-up-Presse "Super 68". Eine ununterbrochene Zuführung von Heu oder Stroh wird im Preßkanal zu festgebundene Ballen verarbeitet. Die Steuerung erfolgt vom Traktorensitz. Vorteile: automatisches Heben des Aufsammlers während des Einsatzes; Leichtzügigkeit, niedrige Bauart, größte Bodenanpassung, saubere Aufsammelarbeit. 5215f.

W o r f, M. Erfahrungen mit der planmäßigen Instandsetzung von Räum- und Sammelpressen in der MTS Herold. - Dtsch. Agrartechn. 13 (1963) Nr.4. S. 174-175. - 2 Abb., 3 Lit.
Aufstellung einer Instandsetzungstechnologie nach den Baugruppen-Fließverfahren zur Instandsetzung von Maschinen auf engstem Raum. Die Methode gestattet eine Senkung der Gesamtreparaturzeit bei gleichzeitiger Steigerung der Arbeitsproduktivität. Nach dieser Reparaturtechnologie werden nicht nur Räum- und Sammelpressen, sondern sämtliche Landmaschinen des Maschinenparks der MTS instandgesetzt. Übersicht über Instandsetzungskosten nach vorangegangenen Untersuchungen über den Abnutzungsgrad der Maschinenteile und Baugruppen. H.Nowatzky. 5215f.

D o b i e, John B. Production of hay wafers. (Produktion von Heupreßlingen.) Agric. Engng. 41 (1960) Nr.6. S.366-369. - 2 Abb., 1 Schema, 3 Lit.
Folgende grundlegende Erkenntnisse wurden durch die Arbeiten von Bruhn, Butler, McColly und Pickard sowie durch Untersuchungen von industrieller Seite erreicht; 1) Um genügende Dichte und Stabilität der Preßlinge zu gewährleisten ist ein Preßdruck von rd. 350 kp/cm^2 erforderlich. 2) Die Dauer des Preßdruckes erhöht den Preßeffekt und läßt eine gewisse Einsparung an Preßkraft zu. 3) Die Form eines Preßlings beeinflußt seine Stabilität und Handlichkeit. 4) Geringe Zusätze von Bindemitteln sind wirkungslos sowohl bei Lang als auch bei Häckselgut. 5) Der optimale Feuchtigkeitsgehalt des Heues beträgt 15-25 %. - Weiterhin werden die grundlegenden Maschinentypen und ihre konstruktiven Grundlagen eingehend erläutert. Folg. Grundformen wurden entwickelt: 1) Geradschubkolbenmaschine: Arbeit wie normale Heupresse; 400 U/min der Kurbelwelle, Preßdauer 0,04 Sek. je Kolbenhub, Verdichtungseffekt haupt-

sächlich durch Stoß; Schwierigkeiten bestehen beim Zuführen des Gutes. - 2) Walzentyp: Preßgut wird zwischen 2 Walzen, die unter hohem Druck stehen, geleitet. Produkt: Kontinuierlicher Strang, der durch Trenneinschlag zerkleinert werden muß. Leistung 3 t/h. - 3) Schneckentyp: Preßgut wird durch eine Schnecke verdichtet; kontinuierlich arbeitend; Leistung 3 t/h.

J.Nischwitz. 5215h.

P e t e r s e n, Ralf. Amerikanische Erfahrungen mit Heu-Aufbereitungs-Maschinen. - Techn. u. Landwirtsch. 14 (1962) Nr.13. S.316-317.

Das sog. "Hay-conditioning" bedeutet das Brechen, Zerschlagen, Quetschen von Grünmasse unter gleichzeitiger Bewegung vom Platz des eigentlichen Schnittes und ist bes. gut geeignet, den Trocknungsprozeß des Heues ökon. durchzuführen. Grundsätzlich werden bei den verwendeten Maschinen Brecher und Quetscher unterschieden, die das Material beide zwischen 2 Rollen hindurchführen, deren Oberflächen aber voneinander abweichen. Beide Maschinenarten führen zu einer Beschleunigung des Trocknungsprozesses. Versuche zeigen aber auch, daß die Quetscher gewisse Vorteile über die Brecher bringen. Die Wirksamkeit beider Maschinen ist bei Leguminosen größer als bei Gräsern. Die Ursache liegt darin, daß die feinen Teile der Leguminosen schneller trocknen als die Stengel. Die Quetscher haben einen fast doppelt so hohen Leistungsbedarf wie die Brecher. Der Schlegel-Feldhäcksler zur Heuaufbereitung wird allg. geschätzt. Eindeutig ist die Erkenntnis, daß der Zetter so gut wie ohne jeden erkennbaren Nutzen für die Trocknung ist. Hingegen ist er geeignet, nach einem Regen sog. freies Wasser zu entfernen, das dem zu trocknenden Gut anhaftet.

W.Fleischmann. 5215h.

A n o n y m. Hay conditioners. (Halmbrecher.) - Farm Mechanizat. 15 (1963) Nr.164. S.46-47. - 2 Abb., 2 Skizzen, 1 Tab. Aus: Dok.-Dienst ILT 1963 Nr. 6.

Vergleichstabelle der auf dem engl. Markt erhältlichen Maschinen. Dabei werden selbständige Geräte und in selbstfahrende Schwadmäher eingebaute Halmbrecher aufgeführt. Hersteller, Walzentyp und -größe, Arbeitsbreite, Überlastschutzvorrichtungen, Einstellung der Aufnahmehöhe, Reifengrößen und Preise sind in der Tab. enthalten. 5215h.

F i n n - K e l c e y, Peter. New ways with hay in the U.S.A. Wafers cut waste and labour. (Neue Methoden der Heuwerbung in den USA. Waffeln senken Verluste und Arbeitsaufwand.) - Pract. Power Farming 30 (1963) Nr.6. S.10 bis 11. - 2 Abb., 2 Skizzen.

Kurze Ausführungen über wirtschaftliche Auswirkungen der Heuwaffelmethode auf dem Hof: Anforderungen an Lagerhaltung; Änderung der Fütterungstechnologie (Einführung der Selbstfütterung); Strukturänderungen bei Gebäuden (Kombination von Lager und Stall; Form des Lagerraumes und Breite des Stalles im Hinblick auf Selbstfütterung); Wahl des richtigen Fördermittels zur Über nahme vom Transportfahrzeug und zur Einlagerung. Wirtschaftliche Vorzüge der Heuwaffeln: vor allem Steigerung der Milchproduktion und Arbeitserleichterung beim Umgang mit dem Futter. 5215h.

W e p f e r, K.; Strickhof, Zürich, Kant. Zentralstelle für Maschinenberat. Der Heuschwanz, der Selbstlader des arrondierten Klein- und Hangbetriebes. Grüne /Zürich/ 91 (1963) Nr.10. S.278-281. - 4 Abb. 5215i.

G u s t a f s o n, M. Lee. A new bale handling system. (Ein neues Ballenaufnahme-System.) - Agric. Engng. 44 (1963) Nr.1. S.14-17. 32. - 13 Abb., 5 Lit.
Vf. beschreibt ein neues Ballenaufnahme-System, das aus 3 Maschinen besteht: dem Ballensammler, dem Ballenrechen und dem Ballentransportwagen. Diese 3 Maschinen sind abgebildet und beschrieben. Ihre Anwendungsmöglichkeiten sind angegeben und bildlich dargestellt. Die Vollautomatisierung des Ballentransportes hat sich in der Praxis mit Erfolg eingeführt.
G.Reumschüssel. 5215i.

B a r r o w, P.M. In grain marketing today it's quality that counts. (Auf dem Getreidemarkt entscheidet heute die Qualität.) - J. Dep. Agric. South Australia 66 (1963) Nr.6. S.220-227. - 6 Abb.
Vf. führt aus, daß in Australien die Getreideproduktion eine Rekordhöhe erreicht hat, und die Menge des geernteten Getreides sich künftig noch erhöhen wird. Da der Inlandbedarf nicht im gleichen Maße wächst, gewinnt der Export mehr an Bedeutung. Für den Export ist eine gute Qualität des Getreides entscheidend. Es wird auf die Faktoren zur Erzielung einer guten Qualität eingegangen, wie richtige Auswahl der Sorten, Verwendung einwandfreien Saatgutes, richtige Wahl des Zeitpunktes der Aussaat, gute Saatbettvorbereitung, wirkungsvolle Unkrautbekämpfung, sowie sorgfältige Ernte.
G.Reumschüssel. 5220a.

H e r r m a n n, K.; Berlin. Mechanisierung der Getreideernte auf Rieselland. - Dtsch. Agrartechn. 12 (1962) Nr.7. S.323-324. - 1 Abb., 1 Diagr., 2 Lit.
Die Getreideernte auf den Berliner Rieselgebieten bereitet durch die Flächeneinteilung (von Wällen und Gräben umgebene Feldstücke von ca. 0,25 ha) und den hohen Unkrautbesatz Schwierigkeiten. In praktischen Versuchen wurde der Einsatz des Mähdreschers "E 154" mit anschließender Strohbergung geprüft und mit dem Einsatz des Zapfwellenbinders "E 154" verglichen. - Ergebnisse: Es hat sich erwiesen, daß das Mähdruschverfahren auch auf Rieselland (obwohl die Flächenleistung nur 45 % der auf Naturland beträgt) gegenüber der Bindierernte und Standdrusch ca. 150 DM/ha einspart. Gute Erfolge wurden mit der Strohbergung durch den Schlegelernter "E 068" erzielt. Ein 5-6 dt fassender Hänger wurde auf dem Felde in 8-9 Min. beladen, für das Abladen wurden je Hänger nur 5-6 Min. benötigt. Die Maschinenkosten betragen nur ca. 6.- DM gegenüber 13,55 DM bei Einsatz der Räum- und Sammelpresse. In Getreidebeständen mit Untersaaten ist der Schlegelernter für die Strohbergung nicht geeignet.
M.Lüpnitz. 5220a.

A n o n y m. Druschfruchtwahl und Maschinenbelastung. - Dtsch. Agrartechn. 13 (1963) Nr.4. S.188. - 1 Abb., 3 Lit.
Starke Maschinenbelastungen treten vorwiegend bei verschiedenen Sonderkulturen infolge der hohen Erntemasse und des ungleichmäßigen Standes auf. Die Druschbelastungen gingen so weit, daß einzelne Maschinen nach Leistungen von 20 bis 40 ha überholt werden mußten. Untersuchungen beweisen, daß durch Drehzahlvariierungen bei verschiedenen Sorten und die Berechnung der max. Drehmomente diese Feststellung bestätigen. Die außerordentliche Belastung der Lager, Wellen und Antriebe ist als Ursache für größere Maschinenschäden anzusehen. Vorwiegend treten diese Schäden bei der Sonnenblumenmahd ohne Sonnenblumenschneidwerk auf.
H.Nowatzky. 5220e.

S c h i b, Karl. Mähdrusch, Körnertransport und -abgabe an die Sammelstelle im Absack- und Schüttverfahren. - Traktor u. Landmaschine /Brugg/ 25 (1963) Nr. 7. S.418-424. - 8 Abb., 1 graph. Darst., 4 Tab. Aus: Dok.-Dienst ILT 1963 Nr.6.

Arbeitswirtschaftliche Untersuchung des Absack- und Schüttverfahrens beim Mähdrusch. Gegenüberstellung des Arbeitsaufwandes und der Kosten in Tab. Kostengleichheit für beide Verfahren bei 29,5 t Erntemenge und 8,43 ha Erntefläche. Bei 175 t und 50 ha Mähdrescherleistung pro Saison wird eine Einsparung von 1316.- Fr. erreicht. 5220e.

A n o n y m. Prøver med AKTIV 7' selvgående skurtresker type M 2 S. (Selbstfahrender Mähdrescher Aktiv 7' vom Typ "M 2 S" - Prüfbericht Vollebekk.) - Landbrukstekn. Inst., Vollebekk, Meld. Nr.136. (1962) S. 1-10. - 2 Abb., 2 Tab.

Hersteller: Aktiebolaget Westeråsmaskiner, Morgongåva, Schweden. - Beschreibung: Selbstfahrende Maschine, Modell 1960. Mähwerk, Transportband, Dreschvorrichtung und 1. Reinigung sind hintereinander in Fahrtrichtung angeordnet. Stahlrahmen mit Profilen und Platten aus Leichtmetall für die tragende Konstruktion. - Techn. Daten: Länge 600,0 cm; Breite in Arbeitsstellung 352,2 cm, Transport 258,5 cm; Höhe mit 2. Reinigungswerk und Körnerelevator 301,0 cm, ohne 280,0 cm; Gesamtmasse 2300 kg; Schnittbreite 2400 mm; Siebart: Spreusieb vom Lamellentyp, regulierbar, 4 Sektionen, 775 x 1164 mm, effektive Siebfläche 0,771 m^2, 3 Körnersiebe mit Einteilung in 2 Sektionen 772 x 1169 mm, effektive Siebfläche 0,786 m^2. Motor: Vierzylinder-Viertakt-Diesel, 34 PS, 3000 U/min; 2 Vorwärtsgänge für 1,44 - 16,20 km/h, 1 Rückwärtsgang für 1,13 - 4,16 km/h. E.Kahn. 5220e.

A n o n y m. Prøver med THERMAENIUS, modell ST-256, 6 1/2' selvgående skurtresker (1960) og modell tilsvarende ST-257 (1961). (Selbstfahrender Mähdrescher "Thermänius", Modell "ST-256-6 1/2" /1960/ und "ST-257" /1961/. - Prüfbericht Vollebekk.) - Landbrukstekn. Inst., Vollebekk, Meld. Nr.135. (1962) S.1-9. - 3 Abb., 3 Tab.

Hersteller: A.B. Bolinder Munktell, Eskilstuna, Schweden. - Nach Versuchen im Jahre 1960 wurde die Maschine zur Vornahme einiger Veränderungen an das Herstellerwerk zurückgegeben. Abgesehen von dem unveränderten Mähwerk erfolgten die Versuche 1961 mit dem verbesserten Modell "ST-257". Beschreibung: Die Dreschvorrichtung ist doppeltreinigend und steht in direkter Verbindung mit dem Mähwerk, dem Transportband, der Einlegetrommel und der Reinigungsvorrichtung; Anordnung hintereinander in Fahrtrichtung. Der Mähdrescher hat eine "selbsttragende Karosserie". Techn. Daten: Länge 5980 mm; Breite (Arbeitsstellung) 2611 mm; Höhe 2547 mm; Spurweite (Triebräder) 1729 mm; Masse insgesamt 2029 kg; Schnittbreite 2180 mm. Siebart: Spreusieb vom Lamellentyp, verstellbar, zweigeteilt mit längsgehender Leiste, fest am Siebkasten montiert; Außenmaße 1097 x 738 mm, effektive Siebfläche 0,601 m^2. Motor: Vierzylinder-Viertakt-Diesel, 35 PS, 3000 U/min; Fahrgetriebe: 3 Vorwärtsgänge, 1 Rückwärtsgang für Geschwindigkeiten von 1,70 - 20 km/h vorwärts, 2,10 - 4,70 km/h rückwärts. E.Kahn. 5220e.

A n o n y m. Prøver med FELLA JUPITER, type FSM, 180, 6' selvgående skurtresker. (Selbstfahrender Mähdrescher "Fella Jupiter", Typ "FSM", 180, 6' - Prüfbericht Vollebekk.) - Landbrukstekn. Inst., Vollebekk, Meld. Nr.141. (1962) S.1-8. - 1 Abb., 2 Tab.

Hersteller: Fella-Werke GmbH, Feucht/Bayern.-Beschreibung: Selbstfahrende Maschine, Modell 1960; doppeltreinigende Dreschvorrichtung, Mähwerk, Förderschnecke, Transportband, Haspel und 1. Reinigung sind hintereinander in Fahrtrichtung angeordnet; Stahlrahmen. Techn. Daten: Länge 638,0 cm; Breite in Arbeitsstellung 322,7 cm, in Transportstellung 253,8 cm; Höhe 255,0 cm, Gesamtmasse 2007 kg. Schnittbreite 1800 mm. Siebe: Dreiteiliges Spreusieb von 850 x 680 mm außen, Effektivsiebfläche 0,475 m^2; Körnersieb als dreiteiliges Blechsieb von 850 x 680 mm außen, Effektivsiebfläche 0,529 m^2; 5 auswechselbare Siebe mit Lochgrößen von 3, 6, 9, 12, und 15 mm. Motor: VW-Industriemotor, 27 PS, 3000 U/min; 3 Vorwärts-, 1 Rückwärtsgang für Geschwindigkeiten von 1,7 - 12,5 km/h bzw. 2,5 - 4,7 km/h. E.Kahn. 5220e.

A n o n y m. Kompletterande prov med Självgående skördetröska Claas Matador med 14 fot skärbord. (Selbstfahrender Mähdrescher "Claas Matador" mit 15 Fuß breitem Mähwerk - Staatlicher Maschinenprüfbericht Ultuna.) - Statens Maskinprovningar, Medd. Nr.1631. (1963) S.1-4. - 1 Abb., 1 Tab.
Hersteller: Gebr. Claas Maschinenfabrik G.m.b.H., Harsewinkel. - Techn. Daten: Trommellänge 124 cm, Gesamtbreite 4,69 m, Schnittbreite 427 cm, Masse 5400 kg, Masseverteilung mit Fahrer, gefülltem Kornbunker, vollem Kraftstofftank und Häckselvorrichtung: Antriebsräder: links 3140 kg, rechts 2430 kg; Lenkrad 1470 kg. - Prüfung: Die jetzige Arbeitsbreite ermöglicht die volle Ausnutzung der Kapazität bei einer Geschwindigkeit von 6 km/h und einem ha-Ertrag von 32 dt und mehr. Gesamtleistung 1962 75-80 dt/h Körner. E.Kahn. 5220e.

B i g s b y, F.W. und D r i e d g e r, R.L.; Swift Current, Saskatchewan, Canada Dep. of Agric., Exp. Farm, Res. Branch. Note on a grain weighing attachment for combine harvesters. (Bericht über eine Getreidewaage für Mähdrescher.) - Canad. J. Plant Sci. 43 (1963) Nr.1. S.109-110.
Die Wiegevorrichtung, die praktisch in alle herkömmlichen Mähdrescher eingebaut werden kann, vermeidet den Nachteil, daß die abgeernteten Getreidekörner nicht ohne zusätzlichen Zeit- und Arbeitsaufwand gewogen werden können. Die Vorrichtung besteht aus einer drehbaren Trommel, deren Achse auf der einen Seite auf einer Parallelogrammführung und auf der anderen auf einer hydraulischen Druckdose lagert. Beim Füllen der Trommel entsteht durch das eingeströmte Getreide in der Druckdose infolge Mehrbelastung ein Überdruck, der zu einem Manometer geleitet wird und an der Skala abgelesen werden kann. Nach entsprechender Eichung ist der am Manometer abgelesene Druck ein Maß für das Getreidegewicht in der Trommel. Die Einrichtung hat sich bewährt. W.Bohrisch. 5220e.

K o n i n g, K. de und F r a n ç o i s, S.A.R. Hakseldorsen. Een alternatief voor het maaidorsen. (Häckseldrusch statt Mähdrusch.) - Inst. Landbouwtechn. Rationalisatie Wageningen, Gestencilde Meded. 1963 Nr.2. S.1-23. - 5 Abb., 7 Diagr., 3 Schemata, 8 Tab.
Bericht über den praktischen Einsatz eines Allgaier Häckseldreschers: im 3jährigen Einsatz lagen die Leistungen zwischen 650 kg/h und 1300 kg/h. Das Häckseldreschen kann von einer AK ausgeführt werden und ermöglicht es, Korn und Stroh ohne zusätzliche Arbeit mittels Gebläse in die Lagerräume zu fördern. Die günstigste Häcksellänge liegt bei 10 cm. Kurzhäcksel von ca. 3 cm Länge fiel zum größten Teil durch den Schüttler und mußte mit dem Kaff beseitigt werden. L.Machler. 5220f.

M a l e ř, Josef und Č e r n ý, Ladislav; Řepy, Výzkumný Ústav Zemědělské Techniky. Trifázová sklizeň obilnin a některé zkušenosti s jejím uplatňováním v zemědělském provozu. (Einige Erfahrungen mit der Dreiphasenernte von Getreide.) - Mechanizace Zemědělství 13 (1963) Nr.2. Techn. velkovýrobních Technol S.9-16. - 1 Abb., 1 Tab., 10 Zeichn.

Obwohl diese Erntemethode nur auf etwa 1 % der gesamten Getreideanbaufläche der CSSR angewendet wurde, waren die praktischen Erfahrungen gut, und man erwartet, daß dieses Verfahren eine weitere Verbreitung finden wird. Es werden Erfahrungen und neue mit dieser Getreideerntemethode im Jahre 1962 gewonnene Erkenntnisse mitgeteilt, die bes. auf den Versuchsflächen der Forschungsanstalt für Landtechnik gewonnen wurden. Die Ernte besorgen Mähhäcksler, die eine Modifizierung erfordern. Das Häckselgut wird in Großraumwagen transportiert, auf Dosiertische ausgeladen und von da gelangt es in modifizierte ortsfeste Dreschmaschinen. Als Vorteil dieser Methode wird angeführt, daß die Felder sofort nach der Ernte frei werden und die Drescharbeit im landwirtsch. Betrieb vorgenommen wird, so daß die Handarbeit nicht erforderlich ist und für die Erntearbeiten keine schweren mobilen Maschinen mehr eingesetzt werden müssen. Die weiteren Vorteile der Mähhäckslerernte bestehen darin, daß dieselben Maschinen auch für die Futterpflanzen, Heu- und Silageernte Verwendung finden können. Weiterhin werden behandelt: Organisation der Dreiphasenernte; Modifizierung der Mähhäcksler; Verluste und Beschädigungen der Körner im Mähhäcksler; Ausdrusch im Mähhäcksler; Transport des Häckselgutes; Errichtung und Ausrüstung des Abladeplatzes; Anpassung der vorhandenen Drschmaschinen für den Drusch des Häckselgutes; Behandlung des Kornes nach der Ernte (einschließlich Trocknung); Lagerung des Korns in Silos.

ČSSR/ÚVTI. 5220f.

B u j a n o v, A.I. und T u r o v s k i j, V.I. (Bujanow, A.I. und Turowski, W.I.) Rabota na povyšennych skorostjach. (Arbeit mit erhöhten Geschwindigkeiten.) - Kukuruza, Moskva 8 (1963) Nr.1. S.39-41. - 2 Zeichn., 2 Tab.

Die Resultate der 1960-61 auf der Versuchsstation Armawir (Kubangebiet) durchgeführten Versuche über Silomaisernte (Kombine "SK-2,6") und Körnermaisernte ("Chersornec-3") bei erhöhten Geschwindigkeiten werden dargelegt. In den Versuchen werden bes. die Qualität der Arbeit und der Energieverbrauch bei den Ernteprozessen beobachtet. Nomogramme für die Auswahl der optimalen Geschwindigkeit für die Arbeit der Ernteaggregate, über die Leistung des Aggregates und die möglichen Verluste werden gegeben. Die Prüfungen ergaben, daß es durchaus möglich ist, bei "SK-2,6" und "Chersonec-3" die Geschwindigkeiten auf über 7 km/h (bis zu 9 km/h) zu erhöhen, ohne daß dazu konstruktive Veränderungen an den Maschinen vorgenommen zu werden brauchen. Eine normale Arbeit der Maschinenteile ist gewährleistet, wenn "SK-,6" höchstens 19 kg/s Masse und "Chersonec höchstens 4,5 kg/s zu verarbeiten haben.

L.Rang. 5220n.

N e l l i s t, M.E. The harvesting of grass seed. (Ernte von Grassamen.) - Agric. horticult. Engng. Abstr. 13 (1962) Nr.4. S.324-333. - 2 Diagr., 4 Tab., 72 Lit.

Vf. gibt eine Literaturübersicht bez. der Ernte von Grassamen. Er unterteilt seine Ausführung in 3 Gruppen: die Samenqualität und die Biologie des Samens, die Ernteprobleme, die Trocknung und die Lagerung. Es werden Maßstäbe genannt, wie die Reife von Samen gemessen wird. In einer Tab. ist die Reifecharakteristik von 5 Samensorten dargestellt. Verschiedene Ernteverfahren und -maschinen sind beschrieben. Die Feuchtigkeit, die Temp. und die umgebende Luft sind die 3 Hauptfaktoren bei der Lagerung von Samen. Es sind Richtwerte für vorschriftsmäßige Behandlung von Samen bei der Trocknung und Lagerung angegeben. G.Reumschüssel. 5220p.

A n o n y m. Dublin barometers tremble with anxiety. (Eine Hackfruchterntemaschine.) - Farm Implement Machinery Rev. 89 (1963) Nr. 1058. S.812-814. - 1 Abb. Aus: Dok.-Dienst ILT 1963 Nr.7.
Kurzinformation über Erntemaschine für Möhren, Kartoffeln und Zwiebeln der irischen Fa. Tobins Engineering Works. Merkmal: Kombination eines kleinen Schlegelhäckslers (Köpfen der Wurzeln und Zerkleinern der Köpfe) und eines Siebkettenroders mit seitlichem Schrägförderer zum Aufladen des Erntegutes. Nenn-Flächenleistung 4 ha/Tag bei Möhren. 5225.

A n o n y m. High-speed potato harvesting. (Kartoffelernte mit hoher Flächenleistung: Vorratsroder mit Aufsammelmaschine.) - Farm Implement Machinery Rev. 88 (1962) Nr.1052. S.1682. - 4 Abb.
Von der Fa. Crawford & Sohn, Frithville, Boston, Lincs. ist ein Maschinensystem zur Kartoffelernte entwickelt worden, das aus Vorratsroder und Auflesemaschine besteht. Der einreihige Vorratsroder ist an der Dreipunktaufhängung befestigt, hat als Siebelement eine Trommel und legt die Knollen mit verstellbaren Leitblechen in Schwaden ab. Die Auflesemaschine wird in 3- und 6reihiger Ausführung für Schlepperanhängung geliefert. Je Reihe liest eine Person in sitzend-liegender Stellung (Gummipolster) die Kartoffeln auf ein Verladeband, die so auf den Hänger befördert werden. Bei 3reihiger Ausführung kann auch eine Abtrennung der Untergrößen und Absackung erfolgen. Für die 6reihige Ausführung wird bei 250-300 dt/ha Ertrag eine Flächenleistung von 0,2 ha/h angegeben. K.Baganz. 5230b.

L a f r a n c e, J. und T r e m b l a y, R.; St. Jean, Quebec, Canada, Dep. of Agric. Res. Branch, Res. Stat. Note on a potato digger for small experimental plots. (Bemerkungen über einen Kartoffelroder für kleine Versuchsparzellen.) - Canad. J. Plant Sci. 42 (1963) Nr.1. S.107-109.
Da ein normaler Kartoffelroder aus mehreren Gründen für ein Arbeiten auf kleinen Parzellen ungeeignet ist, wurde für derartige Zwecke ein kleiner, kompakter Roder innerhalb von 4 Jahren entwickelt und erprobt. Seine Gesamtlänge beträgt 70 und die Scharbreite 24 in. (1778 und 610 mm). Er ist luftbereift und kann von einem leichten Gartenschlepper gezogen werden. Seine Leistung ist bei vorheriger Kartoffelkrautentfernung etwa 5mal größer als beim Handroden. Die Beschädigungen liegen zwischen 1 und 2 %. Er ist auch auf Böden mit leichtem Steinbesatz einsetzbar. Auf Grund seiner kompakten Bauweise kann er bequem auf einen Lieferwagen transportiert werden.
W.Bohrisch. 5230d.

B a g a n z, K. Zur Frage des Sammelrodens von Kartoffeln bei hohem Beimengungsanteil. - Grundlagen Landtechn. 1960 Nr.12. S.25-31. - 4 Abb., 12 Diagr., 6 Schemata, 12 Lit.
Die Sammelernte stößt immer noch dort auf Schwierigkeiten, wo ein hoher Steine- und Erdklutenanteil auftritt. Das Hauptgewicht der Forschung muß mit zunehmender Vervollkommnung des Sammelrodens auf der Auswahl und Ver-

besserung geeigneter Trennvorrichtungen für diese beiden Beimengungsarten liegen. Das bisher übliche Sammelrodeverfahren bez. Rodeart und Ort, an dem die Abscheidung erfolgt, zu variieren, erweitert den Einsatzbereich des Sammelernteverfahrens. Die Anwendung der einzelnen Ernteverfahren muß im Zusammenhang mit Verfahren zur Melioration, Bodenvorbereitung und Kartoffelpflege gesehen werden. So wie der Erfolg des Schwadsammelrodens stark vom Witterungsverlauf während der Lagerungsperiode abhängt, beeinflußt das Verfahren der Sammelernte mit stationärer Trennung bes. betrieblich bedingte Faktoren, wie Kartoffeldurchsatz, Fremdkörpergehalt und Transportentfernungen.

W.Fleischmann. 5230f.

A n o n y m. Kartoffel-Erntemaschinen bei der Arbeit. - Agric. Machinery J. 16 (1962) Nr.10. S.59-60.

Allg. Fragen der 7. internationalen Kartoffelerntemaschinen-Vorführung am 3. und 4. Oktober 1962 in Berwick-on-Tweed werden besprochen. Im einzelnen sind angeführt der Sammelroder "Whitsed RB" (Kontinentaler Typ; Spatenschar, Siebkette, weitmaschige Krautkette, Hubelevator, querlaufendes Ausleseband mit Vortrennung, Verladeförderer), "Massey Ferguson 711" (Veränderung 1962: Prellplatte an der Trommelseite, um Kartoffelverluste zu vermeiden), "Tubermatic" (Schare, gummierte Siebkette, Krautziehwalzen, Reinigungseinrichtung mit Vortrennung, Verladeband), "Challenger" (Verbesserte Hangstabilisierung der Trennelemente und größerer Ausleseplatz).

K.Baganz. 5230f.

A n o n y m. Unsere Kartoffelvollernter - Kartoffelsammelroder. - Dtsch. landtechn. Z. 13 (1962) Nr.8. S.431-434. - 8 Abb., 1 Taf.

Die Tendenzen bei der Entwicklung westdeutscher Sammelroder werden besprochen. Es zeigen sich zweireihige Sammelroder auf dem Markt, die als Selbstfahrer für zweckmäßig erachtet werden. Neben den Bauelementen Rodeorgane, Krauttrennung, Verlesung und Absackung werden bes. die Steintrenneinrichtungen besprochen. Neben den Bürstenwalzen des "Luni"-Roders finden sich beim Sammelroder "Hassia" Tellerbürsten zur Steintrennung. Der "Wisent" benutzt eine rotierende Bürste über einem profilierten Gummiband. Im Sammelroder "Johnson" wird nach dem System "Peis" durch ein mit Gummistiften besetztes Band getrennt, von dem mit Bürstenwalzen abgefegt wird. Neuentwickelte Maschinen und Baugruppen werden in Abb. gezeigt; eine Tafel mit Typen, Charakteristiken und Preisen der westdeutschen Sammelroder gibt einen Überblick über die Produktion des Jahres 1962. K.Baganz. 5230f.

S i e p m a n, A.H.J.; Wageningen, Inst. Landbouwtechn. Rationalisatie. Een aardappelrooidemonstratie in West-Duitsland. (Vorführung von Kartoffelsammelrodern in Westdeutschland.) - Landbouwmechanisatie 14 (1963) Nr.2. S.123-129. - 12 Abb.

Bericht über die Vorführung von Sammelrodern im Sept. 1962 in Dethlingen auf leichtem Sandboden mit 10-15 % Steinen (1 Stein auf 8-10 Kartoffeln), ha-Ertrag ca. 25 t. Es wurden 10 Sammelroder eingesetzt, die alle mit kippbarem Sammelbunker ausgerüstet waren, deren Inhalt zwischen 700 und 950 kg variierte. Bei 8 Maschinen befand sich der Bunker über dem Schlepper. Bei der durch einen "Unimog" gezogenen "Hassia" war er auf dem "Unimog" montiert. Der Bunker des "Heinzelmann HB 7"-Roder war mit der Plattform für die Ausleser hinten an der Maschine befestigt und durch ein kleines Schwenkrad unterstützt. Konstruktion und Arbeitsweise der einzelnen Maschinen werden dargestellt. Die Arbeitsgeschwindigkeit betrug ca. 2,5 km/h. Infolge der günstigen Rodebedingungen leisteten alle Maschinen gute Arbeit; die Beschädigung der Knollen war gering. M.Lüpnitz. 5230f.

E s s e n, H. van. Arbeidsmethoden bij het oogsten van aardappelen. (Arbeitsmethoden beim Ernten von Kartoffeln.) - Inst. Landbouwtechn. Rationalisatie Wageningen, Publ. 1962 Nr.66. S.1-103. - 56 Abb., 4 Diagr., 3 Schemata, 35 Tab. Zus. in Engl.

Untersucht wurden verschiedene Arbeitsmethoden beim Ernten von Kartoffeln. Arbeitsstudien bei den Arbeitsgängen Roden, Laden und Entladen führten zu der Festlegung von Normzeiten. - Ergebnisse: Bei reiner Handarbeit werden 200 - 285 AKh/ha benötigt, bei Einsatz von Schleuder- oder Vorratsrodern 135 bis 185 AKh/ha. Bei Einsatz eines Sammelroders liegt die Arbeitszeit zwischen 3,5 bis 10 AKh/ha. - Je nach dem Kartoffeltransport werden beim Sammelroden 5 Arbeitsmethoden unterschieden: in Säkken, in Paletten, in Großkisten, in Bunker auf Schlepper oder Roder, in angekoppelte oder nebenherfahrende Wagen. Bei Sackrodung und Mitnahme der Säcke auf einem angekoppelten Wagen variiert die Rodezeit bei Einsatz von 4 AK je nach Reihenabstand (0,52-0,75 m) zwischen 35-43 AKh/ha. Beim Laden von Kartoffeln in Paletten liegt die Leistung je AK zwischen 3,5 und 9 t/h, beim Laden von Säcken zwischen 6,2 und 13,8 t/h. Der Einsatz niedriger Wagen hat einen günstigen Einfluß auf die Länge der Ladezeit, Das Sammelroden mit Seitenförderung in einen nebenherfahrenden Wagen benötigt zwar zusätzlich Schlepper und 1 AK, gewährleistet aber einen reibungslosen Abtransport der Kartoffeln; die Rodezeit bei einreihigen Rodern liegt je nach Reihenabstand zwischen 7-10 h/ha bei einer Arbeitsgeschwindigkeit von 3 km/h. 2reihige Sammelroder benötigen 3-5 h/ha. - Bei Sammelroder mit Bunker beträgt die Flächenleistung ca. 1 ha/Tag. M.Lüpnitz. 5230f.

A n o n y m. Prøve med EB lesseapparat med kort løfteramme utstyrt med fast og tømbar transportgaffel for 400 kg's potetkasser samt tilleggsprøver med standard og lang løfteramme. (Hublader "EB" mit kurzer Ladeschwinge, fester und klappbarer Gabel für Kartoffeltransportbehälter /400 kg Lademasse/ sowie Zusatzprüfungen mit langer Standardladeschwinge - Prüfbericht Vollebekk.) - Landbrukstekn. Inst., Vollebekk, Meld. Nr. 137. (1962) S.1-6. - 2 Abb., 1 Diagr., 1 Skizze.

Hersteller: S/S Edv. Björnruds Maskinfabrikks Utsalg, Oslo. - Verwendungszweck: Transport von Kartoffeln in vorgesehenen Kisten (frontal oder am Heck) zum Sammelpunkt, wobei die Kisten selbst abgesetzt oder durch Öffnen des Unterteils entleert werden können. Das Gerät ist für den Farmall-Traktor mit Hydraulik (außenliegende Ölzylinder) vorgesehen. Die Ladeschwinge aus Winkel- und U-Eisen wird an 5 Stellen am Traktor befestigt. Arbeitsweise und Bedienung des Gerätes entsprechen den üblichen Schlepperladern.

E.Kahn. 5230h.

A n o n y m. Fabrieksaardappelen laden op vrachtauto's. (Laden von Fabrikkartoffeln auf LKW.) - Inst. Landbouwtechn. Rationalisatie Wageningen, Werkvolgorde, Aanwijzingen 3 (1962) Nr.23. 1 S. - 1 Abb., 1 Schema.

Arbeitsanleitung für das Laden von Fabrikkartoffeln aus Mieten (Breite ca. 2,5 m, Höhe 1,2-1,4 m) auf LKW mit Hilfe des Frontladers durch 2 AK. Benötigt wird ein Schlepper mit mindestens 25 PS. Die Ladeschaufel soll mechanisch oder hydraulisch kippbar sein, der Inhalt 3-4 hl betragen. Um ein Vornüberkippen des Schleppers zu verhindern und den Schlupf herabzusetzen, ist ein Zusatzgewicht von 150-200 kp auf der Hinterachse erforderlich. Der LKW wird in 1,2 m Abstand längs der Miete abgestellt und durch den Frontlader beladen. Die Arbeitszeitnorm beträgt 15-20 t/h, wenn je laufende m der Miete 15 hl Kartoffeln liegen und der Boden eben und trocken ist.

M.Lüpnitz. 5230h.

B o o n m a n, D.C.M. Enkele arbeidstechnische en organisatorische aspecten bij de verwerking van aardappelen. (Arbeitstechnische und organisatorische Aspekte beim Transport von Kartoffeln.) - Landbouwmechanisatie 14 (1963) Nr.2. S.100-104.

Es wird vorgeschlagen, die Kartoffeln nach dem Ernten auf einen Lagerplatz zu bringen, der möglichst nicht mehr als 1 km von den Schlägen entfernt ist. Mit Hilfe von Arbeitsstudien wird der Transport vom Lagerplatz zum zentralen Sortierplatz in Säcken (A) oder Kisten mit 1 t Inhalt (B) verglichen. Bei A sind für das Einsacken und Laden 2 AK und ca. 50 AKmin/t erforderlich; für das Einschütten in die Sortiermaschine ca. 10 AKmin/t, so daß die Sortierleistung praktisch nur 6 t/h betragen kann. Bei B kann das Füllen der auf dem LKW stehenden Kiste durch 1 AK mit Hilfe eines Förderbandes in 20-25 AKmin geschehen. Auf dem Sortierplatz werden ca. 6,5 AKmin für das Entladen der vollen Kisten, das Entleeren und das Laden der leeren Kisten bei Einsatz von Hubstapler benötigt, also 3,5 AKmin gegenüber A eingespart. Außerdem kann die Sortierleistung erhöht werden. Werden nach dem Sortieren für die Lagerung Paletten statt Säcke verwendet, so können dabei 20-25 % der Arbeitszeit eingespart werden. M.Lüpnitz. 523oh.

S t r a c k e, W. Mechanisierte Ernte von Zucker- und Futterrübensaatgut. - Dtsch. Landwirtsch. 13 (1962) Nr.8. S.392-395. - 4 Abb., 1 Tab., 9 Lit.

Den geringsten Arbeitsaufwand von den bisher möglichen Verfahren zur Ernte von Rübensamenträgern erfordert das Schwadmahd-Schwaddruschverfahren: Es werden 11 AKh/ha benötigt, während beim Schneiden von Hand, Abraffen, Aufhokken und Hockendrusch 178 AKh/ha erforderlich sind. Eine Verminderung des Wetterrisikos ist möglich, wenn die Schwaden auf hohe und dicht stehende Stoppeln abgelegt werden können. Es wird auf den Zuckerrübensaatgutbau nach dem Feldüberwinterungsverfahren hingewiesen, bei dem die Samenträger von Reihe zu Reihe in einem Abstand von 41,7 cm und in der Reihe von ca. 5-15 cm stehen. Bei 20-30 cm Stoppellänge erhalten die Schwaden sehr gute Bodenfreiheit. Hinzu kommt, daß der Schnitt von Feldüberwinterungs-Samenträgerbeständen allg. 8-14 Tage früher erfolgt als bei gepflanzten Samenträgern und Trocknung und Nachreife in eine dafür günstigere Zeit vorverlegt werden.

M.Lüpnitz. 5235a.

B ö h l, K. und M e i e r, B.; Frankfurt/Oder. Mechanisierte Futterrübenernte. - Dtsch. Landwirtsch. 13 (1962) Nr.8. S.405-407. - 2 Abb., 1 Tab.

Da das Köpfen der Futterrüben auf maschinellem Wege bisher nicht möglich war, wurde eine Köpfschippe entwickelt, die sich durch die unterschiedliche Stellung der Schneidvorrichtung von der bekannten Zuckerrübenköpfschippe unterscheidet. Der Schnittkörper ist ein rechtwinkliges Dreieck, die Schnittseite hat eine nach innen gerichtete, halbmondartige Form. - Das Roden geschieht bei dem beschriebenen Verfahren mit einem neuentwickelten, 3reihigen Rodegerät, das aus einem Rahmen aus Winkeleisen und flachen Rodescharen besteht. In dem Rahmen sind 4 schneepflugartige Rodekörper, je Seite 2 Stck., angebracht. - Während bei den bisherigen Ernteverfahren - Rüben aufziehen, Blatt abköpfen - ca. 84 AKh/ha benötigt werden, erfordert das Köpfen mit der beschriebenen Köpfschippe und das Roden mit dem 3reihigen Rodegerät 36 AKh/ha. Die Kosteneinsparung gegenüber dem alten Verfahren beträgt 68,30 DM. M.Lüpnitz. 5235a.

E b e r h a r d t, M. und M ä t z o l d, G. Technische und arbeitsökonomische Einschätzung neuer und weiterentwickelter Zuckerrübenerntemaschinen. - Dtsch. Landwirtsch. 13 (1962) Nr.10. S.478-480.

Die Arbeitsstudien und Zeitmessungen bei verschiedenen Verfahren der Zuckerrübenernte bezogen sich insbesondere auf das Problem Einmaschinen- und Zweimaschinenernte (beim Zweimaschinensystem /A/ sind Rode- und Köpfmaschinen von einander getrennt, beim Einmaschinensystem /B/ in einem Rahmen zu einer Erntemaschine vereinigt). Zu B: Der Längsschwadköpfroder "E 710/4" ist anstelle der 2. Siebkette mit einer Zinkenförderkette ausgerüstet, der sich eine Schneckenreinigung und ein Elevator zum Verladen der Rüben auf das nebenherfahrende Transportfahrzeug anschließen. Ein Reihenputzer säubert die stehenden, geköpften Rüben von den noch verbliebenen Blättern. Diese Arbeitselemente sind zum Nachrüsten der ab 1959 gefertigten Maschinen vorgesehen. Zu A: Die erforderlichen Erntemaschinen sind Kombinationsgeräte. Für das Umrüsten vom Schwad- zum Köpflader benötigen 2 AK 10-15 Min., vom Schwadlader zum Rodelader - und umgekehrt - 1 AK 5 Min. - Ergebnisse: Mit dem "E 710" wurden 0,29 ha/h, mit der Weiterentwicklung "E 710/4" 0,28 ha/h bei günstigen Einsatzbedingungen erreicht. Der kombinierte Anhänge-Schwadlader "T 163" zeichnet sich durch große Einsatzsicherheit aus. Die Flächenleistung betrug beim Rübenladen 0,61 ha/h, beim Blattladen aus 6er-Schwaden 0,7 ha/h. Beim Zweimaschinensystem wurden unter schwierigen Erntebedingungen mit dem Köpflader 0,24 ha/h und mit dem Rodelader 0,25 ha/h ermittelt. M.Lüpnitz. 5235b.

T i s c h l e r, H. Was wird vom Mehrmaschinensystem für die Zuckerrübenernte erwartet? - Dtsch. Agrartechn. 12 (1962) Nr.9. S.436-437. - 1 Tab., 5 Lit.

Einleitend erläutert Vf. den Begriff "Mehrmaschinensystem" (I), worunter verstanden wird, daß zumindest die beiden Hauptarbeitsgänge (Köpfen und Roden), evtl. aber auch noch weitere Arbeitsgänge durch verschiedene Arbeitsmaschinen ausgeführt werden, die unmittelbar im Fließsystem hintereinander arbeiten. Die Rübenernte soll dadurch ebenso in der "Gare" erfolgen wie mit den üblichen Einmaschinensystemen (II). Der wesentliche Unterschied zwischen beiden Systemen ist, daß eine Arbeitsmaschine der II gleichzeitig - wenn auch in verschiedenen Reihen - Rüben köpft und rodet, während bei I mindestens 2 Arbeitsmaschinen die gleichen Arbeitsgänge ausführen. Einer der Hauptgründe für die Entwicklung von I wird darin gesehen, daß die leichteren Einzelmaschinen von I schwierigere Arbeitsbedingungen weit eher überwinden können als die schwereren und komplizierteren Maschinen von II. Die Entwicklung von I soll vor allem der Mech. der Erntearbeiten auf den Flächen dienen, auf denen der Längsschwadköpfroder "E 710" bisher wegen der durch Nässe oder Trockenheit, Hangneigung oder Steinbesatz bedingten Schwierigkeiten nicht eingesetzt werden kann. Ein weiterer Vorteil wird im geringeren Bedarf an Bedienungs-AK gesehen, ferner, daß beide Erntegüter direkt auf Räumfahrzeuge geladen und so besser und schneller einer konservierenden, verlustarmen Lagerung zugeführt werden können. W.Fleischmann. 5235b.

A l b r e c h t, H.E. Beitrag zur konstruktiven Auslegung von Rübenköpfelementen. - Grundlagen Landtechn. 1961 Nr.13. S.54-59. - 26 Abb., 5 Lit.

Die Funktionssicherheit der in Deutschland üblichen Rübenköpfmechanismen mit angetriebener Tastwalze und stehendem Köpfmesser gewährleistet nicht zugleich die notwendige Sicherheit vor Köpfverlusten. Erst ihre optimale konstruktive Gestaltung führt zu weitgehender Minderung der Verluste. Vf. umreißt daher Aufgaben und Funktion der Köpforgane und untersucht deren hauptsächliche Gestaltungsmerkmale. Unter Bezug auf Wuchsform und Abstandsfolge der Rüben erfolgt eine Analyse des Bewegungsablaufes der Tastwalze, Für verschiedene Antriebsarten und Tastwalzendurchmesser werden Empfehlungen für die Wahl der Tastwalzenvoreilung abgeleitet. Dabei wird auf die Notwendigkeit eines wegabhängigen Tastwalzenantriebes verwiesen. Vf. untersucht des weiteren den Einfluß der Messernacheilung (Abstand der Messerschnittkante von der Mittelsenkrechten der Tastwalze) auf die Köpfqualität. Von der Voraussetzung geometrischer Ähnlichkeit der Rübenkörper bei Durchmessern von 60-160 mm ausgehend, ergibt sich für 25 mm Köpfhöhe zwischen 40 und 50 mm Messernacheilung ein ausgeprägtes Optimum der Köpfgenauigkeit. Hinsichtlich der Köpfmesserform gebührt nach den Ergebnissen der Studie den symmetrischen, halbmondförmigen Messern der Vorrang gegenüber den unsymmetrischen, schräggestellten Messern. Letztere sollten wenigstens durchgewölbt sein, um den Köpffehler in den äußeren Bereichen klein zu halten. Über das dynamische Verhalten einer speziellen Köpfeinrichtung und die auftretenden Kräfte geben die abschließend dargelegten Ergebnisse kinematographischer Untersuchungen und elektronischer Drehmomentenmessungen Auskunft.

K.Fritzsch. 5235c.

R i e d e l, Konrad und T i s c h l e r, Heinz; Halle, Martin-Luther-Univ., Landmaschinen-Inst. Experimentelle Ermittlungen an Köpfmechanismen für Zuckerrüben. - Grundlagen Landtechn. 1961 Nr.13. S.59-61. - 7 Abb., 1 Tab., 4 Lit.

Die an 2 industriell gefertigten Köpfeinrichtungen, einem Köpfschlitten und einem Köpfschwader, vorgenommenen Untersuchungen dienten der Beurteilung der Köpfqualität. Insbes. war die Übereinstimmung zwischen der Höhe der Köpfabschnitte und dem eingestellten vertikalen Abstand zwischen Taster und Köpfmesser zu prüfen. Unabhängig von dieser Versuchsfrage erfolgte zuvor die Ermittlung der morphologischen Kopfhöhen im Rübenbestand, die als natürlicher Maßstab für die Köpfarbeit zu betrachten sind und deren Häufigkeitsverteilung zum Vergleich herangezogen wurde. Nach Einsatz der Versuchsgeräte, die auf 55 mm vertikalen Abstand zwischen Taster und Köpfmesser eingestellt waren, wurden die effektiven Höhen der Köpfabschnitte ermittelt. Die Ergebnisse zeigen beträchtliche Abweichungen von den aus der Einstellung des Köpfmechanismus erwarteten Werten. Bes. der Köpfschlitten führte zu einer Häufung zu kleiner Köpfabschnitte. Aus einem Vergleich der Häufigkeitsverteilungen der effektiven Höhe der Köpfabschnitte und der morphologischen Kopfhöhe der geernteten Rüben wird ein Gütemaßstab für die Köpfarbeit abgeleitet. K.Fritzsch. 5235c.

K r a u s e, Volker. Rübenerntemaschinen. - Techn. u. Landwirtsch. 14 (1962) Nr.17. S.397-398. - 8 Abb.
Die Entwicklungsrichtung bei den Rübenerntemaschinen geht auf 2reihig - selbstfahrend - einfache Konstruktion. Das 2reihige Ernten führt zu höherer Rodeleistung, diese Mehrleistung wird aber nur 50-60 % betragen, denn die Zeit für das Roden (Hauptzeit) macht nur ca. 60 % der gesamten Arbeitszeit aus. Der Aufbaubunker ist bei 2reihigen Sammelrodern (Stoll) wegen des dann zu hohen Gewichtes nicht mehr zweckmäßig, weshalb jetzt zu angehängten Bunkerwagen (Stoll) oder zum Überladeband, mit dem auf einen nebenherfahrenden Wagen gefördert wird (Mads Amby), übergegangen wird. Die Fa. Hagedorn und Stille baut Selbstfahrer mit Nachlaufbunker. Bei der Fa. Eicher ist der Bunker ein Triebachs-Nachläufer, wodurch der Geräterahmen für den Einbau der Sieb- und Trennorgane voll zur Verfügung steht. Beim Roder von Vicon wird die Rübe im Boden gelockert; mehrere Rodekörper rotieren (über die Zapfwelle angetrieben) in Fahrtrichtung um eine Achse und klopfen den aus dem Boden ragenden Rübenkörper heraus, wodurch die Rüben sauberer bleiben und die nachfolgenden Reinigungsorgane kleiner sein können. Zur Erleichterung der Bedienung haben manche Firmen (Stoll, Bleinroth, Schmotzer, Kleine) hydraulische Anlagen mit Druckknopfbetätigung entwickelt.
W.Fleischmann. 5235f.

A n o n y m. Demonstratie van bietenrooimethoden in de Braakman. (Vorführung von Rübenernteverfahren im Braakman-Polder.) - Loonbedrijf Land- en Tuinbouw 15 (1962) Nr.11. S.619. 621. - 3 Abb.
Auf der im Okt. 1962 im Braakman-Polder durchgeführten Demonstration von Rübenernteverfahren wurden folg. Vollerntemaschinen eingesetzt: 1) Bunkerroder von Kleine mit Siebradreinigung. Das Blatt wurde direkt auf einen mitfahrenden Wagen gefördert. Es ist auch Längsschwadablage möglich. Die Maschine arbeitete sehr gut, es wurde sauber geköpft. 2) Einreihiger Bunkerroder von Stoll mit Siebrad- und -korbreinigung. Das Blatt wird im Querschwad abgelegt. Die Bedienung erfolgt durch 2 AK. 3) Bunkerroder von Schmotzer; bei diesem Roder wird die saubere Arbeit und das schnelle Entleeren des Bunkers hervorgehoben. 4) Bunkerroder "Bully" von De Lignie, Herkingen, eine Neuentwicklung mit dem Ziel der Vereinfachung der Arbeitsorgane. Die Rüben werden geköpft, gerodet und zwischen 2 Transportketten nach oben geführt. Hier werden sie durch 2 kleine, durch Federkraft aneinander gedrückte Luftreifen ergriffen und gegen ein schräggestelltes Plastiktuch geworfen. Die Rüben gelangen so gereinigt in den Bunker. Das Blatt fällt auf den Boden und muß als verloren angesehen werden. Für die Bedienung des Roders ist nur 1 AK erforderlich. 5) Bunkerroder "Vicon Super" mit Transportband, das die Rüben in den Bunker über dem Schlepper fördert. Das Blatt wird im Längsschwad abgelegt. Bemängelt wird bei dieser Maschine u.a. die mangelnde Sicht des Schlepperfahrers auf Arbeitsorgane und Bunker. 6) Roder "Vicon" mit Förderung

in einen mitfahrenden Wagen. Durch schlechte Einstellung arbeitete die Köpfvorrichtung zu tief, und es kam Blatt zwischen die Rüben auf dem Wagen. 7). Der 2reihige Wagenroder von Stoll arbeitet mit Siebradreinigung und benötigt einen 40-PS-Schlepper. Beim Roden und Köpfen traten Verluste auf.

M.Lüpnitz. 5235f.

L u c a s, N.G. Britain's first self-propelled sugar beet harvester. (Großbritanniens erste selbstfahrende Zuckerrübenerntemaschine.) - Farm Mechanizat. 15 (1963) Nr. 165. S.64-65. - 5 Abb. Aus: Dok.-Dienst ILT 1963 Nr.6.

Neuentwicklung der engl. Fa. Dyson Harvesters. Konstruktion: Rodeaggregat soweit seitlich versetzt, daß Laufräder Erdreich um die Rüben nicht verdichten können; beide V-förmig angeordnete Roderäder motorgetrieben, dadurch Bodenwiderstand verringert und Bodeneingriff verbessert; Heben und Senken des Rodeaggregates hydraulisch; Synchronisierung aller Mechanismen mit dem Fahrwerksantrieb (mögl. Arbeitsgeschwindigkeit nach Angabe des Herstellers bis 19,3 km/h; Flächenleistung 8 ha/Tag). Antrieb durch 57-PS-Motor vom Typ Perkins "A4.203" (künftig 53-PS-Motor Ford vorgesehen). - Getriebe mit 4 Vorwärtsgängen (1,6 - 19,3 km/h) und 1 Rückwärtsgang. 5235f.

U h l m a n n, S. Einige Ergebnisse aus der Erprobung des Wagenköpfroders "E 710/4". - Dtsch. Agrartechn. 12 (1962) Nr.9. S.432-434. - 3 Tab., 2 Lit.

In den Erprobungsjahren 1960 und 1961 wurden eine Reihe Messungen angestellt und dabei die Qualität der Erntearbeit, der Arbeitsaufwand, die Kosten sowie die Organisation des Einsatzes untersucht. Bei guter Organisation der Rübenabfuhr ergaben sich Vorteile für die o.g. Maschine gegenüber dem Längsschwadköpfroder "E 710" sowie den zum Verfahren gehörigen Aufladern hinsichtlich der Qualität des anfallenden Erntegutes, der Möglichkeit der Direktverladung der Rüben und auch der Wirtschaftlichkeit (Kosten und Bedarf an AKh/ha und MotPSh/ha). Die Qualität der gerodeten und verladenen Rüben wird als durchweg gut bezeichnet. Putzeinrichtung, Förderkette und Walzenreinigung führten vor allem auf feuchteren und schwereren Böden zu besserer Arbeitsgüte als bei der Schwadablage mit dem "E 710". W.Fleischmann. 5235f.

M a i n z, H. und B a u, K. Probleme beim Einsatz des Längsschwadköpfroders "E 710" mit angebauten Ladebändern. - Dtsch. Agrartechn. 12 (1962) Nr.9. S.434-436. 440. - 3 Abb., 1 Tab., 8 Lit.

Neben dem Verzug bei den Erntearbeiten und bei der Durchführung der Herbstfurche ergeben sich beim Einsatz des "E 710" auch erhöhte Rübenverluste (Wurzelbruch, zu tiefer Köpfschnitt, Austrocknung und Transpiration). Daher erscheint es am günstigsten, Rüben und Blatt in einem Arbeitsgang durch 2 am "E 710" angebaute Ladebänder (System "BBG") zu bergen. Außer der Senkung der Verluste wird ein sofortiges Räumen des Rübenschwades erreicht. In der LPG Neutz-Lettewitz, Bez. Halle, wurden 1961 beste Erfahrungen auf 150 ha Rübenfläche gemacht. Gegenüber dem 1960 erfolgten Einsatz der "E 710" mit getrenntem Ladeband konnte eine Einsparung von 11,88 AE/ha = 142,56 DM/ha erzielt werden. Dem Anbauladeband sind zusätzliche Reinigungselemente vorgeschaltet. Vom Zinkenförderer fallen die Rüben im Ablagegehäuse nun nicht mehr wie bisher auf den schrägen Siebrost, sondern auf 4 Reinigungswalzen, von denen je 2 gegeneinanderlaufen, so daß Blatt- und Stengelteile sowie Erdanteile durch die rotierenden Walzen nach unten abgeschieden werden.

W.Fleischmann. 5235f.

S a c h l, Jaroslav; Žatec, Výzkumný Ústav Chmelařský. Možnosti mechanizace řezu chmele. (Möglichkeiten der Mechanisierung des Hopfenschnittes.) - Chmelařství 35 (1962) Nr.12. S.184-185. - 9 Abb., 1 Tab.

Informationen über den Stand der Hopfenschnittmechanisierung in anderen Staaten. Die Forschungsanstalt für Hopfenbau in Žatec überprüfte im Jahre 1962 auf 3 Standorten den Prototyp einer Hopfenschneidevorrichtung zum Pflug "PSON-2". Nach Freilegung der Stöcke wird der Schnitt ausgeführt, und zwar mit Messern, die horizontal von einer direkt vom Schlepper angetriebenen Scheibe getragen werden. Ohne Rücksicht auf die Säulenreihen des Hopfengartens erreicht die mechanische Schneidevorrichtung in einem Hopfengarten mit breitem Verband eine tägliche Leistung von 2,4-5 ha. Bei den Versuchen fand man keinen wesentlichen Unterschied der Schnittqualität gegenüber der üblichen Handausführung des Hopfenschnittes. Sämtliche Stöcke des Neuholzes werden in derselben Ebene geschnitten. Am Wurzelkopf und dem zugeschnittenen Neuholz und evtl. auch an den Nebentrieben wächst früher als nach dem Handschnitt eine größere Anzahl von Stengeln. Die Anleitung der Triebe von mechanisch geschnittenen Hopfenstöcken ist schwieriger, erfordert mehr Zeit (etwa 10 AKh/ha mehr) als nach dem üblichen Handschnitt und fast 20 AKh/ha mehr als nach sorgfältig vorgenommenem Handschnitt in Knielage. Das beschleunigte Wachstum brachte eine kleine Ertragszunahme der mechanisch geschnittenen Stöcke im Verhältnis zum handgeschnittenen Hopfen. V.Sklådal. 5236.

A n o n y m. Mobile pea viners in action. (Fahrbare Erbsenerntemaschinen im Einsatz.) - Farm Mechanizat. 15 (1963) Nr.165. S.39. - 2 Abb. Aus: Dok.-Dienst IIT 1963 Nr. 6

Die Erbsenvollerntemaschine der Fa. Mather & Platt Ltd. nimmt Erbsenranken auf und führt sie über kurzen Elevator der sog. "Schlagkammer" zu. Gedroschene Erbsen gelangen über Fördersystem auf Fördertuch, wo mit Unterstützung durch Gebläse erste Reinigung stattfindet. Erbsen in Bunker aufgefangen und von Zeit zu Zeit in Transportkästen auf LKW umgeladen. Bes. Merkmal: hydraulischer Hangausgleich. Techn. Daten: Flächenleistung 0,16-0,32 ha/h; Mengenleistung 1/2-1 t/h Erbsen; 3 Mann Bedienung. Außerdem Information über Bohnenerntemaschine der gleichen Fa. 5240.

G u n k e l, W.W. und A n s t e e, L.L. Direct harvesting of dry beans. (Ernten von Trockenbohnen.) - Agric. Engng. 43 (1962) Nr.12. S.694-697. 716. - 12 Abb., 7 Lit.

Bei den herkömmlichen Ernteverfahren für Trockenbohnen betrugen die Kosten mehr als 25 % der Produktionskosten. Deshalb wurde eine neue Erntemaschine entwickelt, bestehend aus einem Schneidwerk mit Vorrichtung zum Anheben der Bohnen, einem Förderband zum Weiterführen der Bohnen zur Dreschtrommel und einer Trenn- bzw. Sortiereinrichtung. Vergleichsweise kam eine 2. Ausführung zum Einsatz, bei der die Bohnen durch Herausziehen geerntet wurden. Diese Lösung ist günstiger. Sie hat unter verschiedenen Boden- und Klimaverhältnissen gut gearbeiet und gestattet eine schmutzfreie Ernte. Aufbau und Arbeitsweise der Maschinen und Aggregate werden ausführlich beschrieben. Für eine 4reihig arbeitende Maschine wurde bei 3,2 km/h Fahrgeschwindigkeit eine Leistung von 0,85 ha/h errechnet. A.Jeske. 5240.

D. ERNTEAUFBEREITUNG UND -LAGERUNG

B i c k e l, Hans. Der Strömungswiderstand von Dürrfutter in Abhängigkeit von der Strömungsrichtung. - Landtechn. Forsch. 13 (1963) Nr.1. S.24-26.
An einer Modellanlage wurden die Widerstandswerte von Heu ermittelt, einmal bei senkrechter Durchströmung der Heuschichtung, zum andern bei paralleler Durchströmung. Als Versuchsobjekte dienten aus einem Heustock herausgeschnittene Würfel von 50 cm Kantenlänge, die an 4 Seiten luftdicht vergipst und dann längs oder quer zur Heuschicht durchströmt wurden. 2 Ergebnisse, die bei der Auslegung von Belüftungsanlagen künftig berücksichtigt werden müssen, wurden gefunden. Der Strömungswiderstand des Heues ist in starkem Maße von der Strömungsrichtung (senkrechte oder parallele Durchströmung) und der Größe der Luftübertrittsfläche zwischen Belüftungsanlage und Heu abhängig. Die Ergebnisse sind in Form einer Strömungsgleichung dargestellt und in Diagr. veranschaulicht. W.Bohrisch. 5310c.

O'G r a d y, Arthur. Barn drying of hay. (Unterdachtrocknung von Heu.) - Farm Res. News 3 (1962) Nr.4. S.77-78. - 4 Abb.
In Irland wurden der Trocknungsverlauf und die Wirtschaftlichkeit der Unterdachtrocknung geprüft. 2 Systeme wurden getestet und mit der Heutrocknung auf dem Felde verglichen. Man untersuchte die Ballentrocknung von Heu, bei der erwärmte Luft ungefähr 10 Tage von unten durch die dichtgelagerten Ballen strich. Sobald das Heu getrocknet war, wurde es weggeräumt und frische Ballen aufgesetzt. Das 2. Verfahren war das Lagertrocknen von Heu, bei dem loses Heu um einen Zylinder gelagert wurde und atmosphärische Luft zum Trocknen von der Mitte nach außen blies. Es wurden 100 m^3 Luft je m^3 Heu und Std. benötigt. Die beiden Systeme sind in Abb. dargestellt.
G.Reumschüssel. 5310c.

S c h ä f e r, Wolfgang. Heubelüftungsanlagen. - Techn. u. Landwirtsch. 14 (1962) Nr.13. S.308-312. - 13 Schemata.
Mit einem Axialgebläse betriebene Anlagen mit rechteckigem Holzkanal überwiegen unter den mehreren 10 000 in der DBR installierten Anlagen. Bei ihnen wird die Luft durch Roste oder Querkanäle in den Heustock geleitet. Von diesem ursprünglich von Segler entwickelten Grundsystem gehen viele Weiterentwicklungen aus, denen mehr oder weniger das Bestreben gleich ist, den Luftdurchgang durch das Heu zu erleichtern, zu steuern und wirksamer werden zu lassen. Grundsätzliche Forschungsarbeiten haben ergeben, daß die vom Hauptbelüftungskanal in das Heu eintretende Luftmenge je m^2 Heustockfläche in der Zeiteinheit 0,07-0,15 m^3 betragen soll, was eine Luftgeschwindigkeit im Heu von 7-15 cm/s ergibt. Ein wichtiges Problem liegt in letzter Zeit in der Tatsache, daß mit zunehmender Verbreitung der Belüftungsanlagen die von den Gebläsen erzeugten Geräusche immer mehr als lästig empfunden werden. Geräuschmessungen ergaben immerhin Lautstärken zwischen 60 und 100 Phon. So wird jetzt verstärkt nach Abschirmmöglichkeiten gesucht. Eine vom Vf. entwickelte Anlage sieht eine vertikale Anordnung des Hauptbelüftungskanals vor, bei der das vom Gebläse im Zentrum des Heustockes erzeugte Geräusch sehr schnell vermindert und nach außen hin kaum wirksam wird.
W.Fleischmann. 5310c.

M a l t r y, W.; Potsdam-Bornim, Inst. für Landtechn. Wirtschaftlicher Gebläseeinsatz für die neuzeitliche Heubelüftung. - Dtsch. Agrartechn. 12 (1962) Nr.5. S.214-220. - 19 Abb., 13 Lit.

Der zweckmäßige Einsatz von Axial- und Radialgebläsen wird beschrieben. Die Belüftungszeit (etwa 9,00 - 20,00 Uhr) kann durch eine Schaltuhr automatisch geregelt werden. Eine Steuerung nach der rel. Luftfeuchtigkeit ist nicht notwendig, da der Befeuchtung des trockenen Heus durch feuchte Abend- oder Nachtluft nur geringe Bedeutung zukommt. Der Einbau des Gebläses ist vor allem mit Rücksicht auf die Hauptwindrichtung vorzunehmen. Die Reihenfolge des günstigsten Gebläseeinbaus ist: Westen, Osten, Süden. Eine Wiederansaugung bereits verbrauchter Abluft ist zu vermeiden.

E.v.Wangenheim. 5310c.

H l a w i t s c h k a, E.; Rostock, Univ., Inst. für Landtechn. Die Belüftungstrocknung von Heu unter schwierigen Verhältnissen. - Dtsch. Agrartechn. 12 (1962) Nr.5. S.221-223. - 2 Abb., 1 Tab., 4 Lit.

Schwierige Verhältnisse für die Heutrocknung herrschen bes. an der Küste und im Gebirge. Gerade hier ist aber die Viehwirtschaft zumeist der wichtigste Teil der Landwirtsch. Mit Hilfe der Belüftungstrocknung sind gute Heuernten möglich. Dabei ist u.a. zu beachten, daß die Lüfter grundsätzlich auf der Südseite der Gebäude eingebaut werden, und zwar so, daß die verbrauchte Luft nicht erneut angesaugt wird. Das Heu soll mit nicht mehr als 45 % Wassergehalt auf die Belüftungsanlage gebracht werden und die Stapelhöhe je Schicht 2,5 m nicht überschreiten. Bei Belüftungsanlagen im Freien ist eine möglichst kleine Stapeloberfläche anzustreben. Heustapel mit größerer Höhe und kleinerer Grundfläche sind vorteilhafter als umgekehrt. Bei sehr hohen Stapeln ist der Einbau eines Belüftungskanals zweckmäßig.

E.v.Wangenheim. 5310c.

G ö t z, Willi. Der Heuturm - ideal für die moderne Futterwirtschaft. - Techn. u. Landwirtsch. 15 (1963) Nr.10. S.235-237. - 10 Abb.

Mit dem Heuturmsystem kann eine perfekte Automation des Bergevorganges und der Fütterung erreicht werden. Das Heu wird auf 35-50 % Feuchtigkeit vorgetrocknet und vom Feldhäcksler, Fuderlader oder mit dem Heuschwanz aufgenommen und in langgehäckseltem Zustand (10 - 20 cm) in den Turm geblasen. Der umlaufende Verteiler breitet es im Turm gleichmäßig aus. Nach erfolgter Füllung werden 3 Achsen mit Sternrädern eingebaut. Zur Fütterung schieben die mit Druckknopf in Bewegung gesetzten rotierenden Zinkenräder das Heu in den Fallschacht, wo es unten durch eine mechanische Förderung auf den Futtertisch transportiert wird. Der Arbeits- und Zugkraftbedarf beim Heuturmsystem überschreitet kaum 28-32 AKh/ha bei einem Grünmassenertrag von 420 dt/ha = 120 dt/ha Belüftungsheu bei einer Feldentfernung von 1 km und Bergung mit dem Feldhäcksler. Das entspricht einem Arbeitsaufwand von 7-12 AKh je Schnitt, der somit unter dem Arbeitsaufwand der Mähdruschernte liegt.

E.Nowatzky. 5310e.

W a r n e r, M.G.R. The condition of outdoor storage silos after 10 years. (Zustand von Freiluft-Lagersilos nach zehnjähriger Betriebszeit.) - J. agric. Engng. Res. 7 (1962) Nr.3. S.199-201. - 1 Abb., 2 Lit.

1952 sind 4 verschiedene Freiluft-Getreidesilos aufgestellt worden, um an ihnen Betrachtungen über Haltbarkeit und Anfälligkeit gegen Alterungserscheinungen unter normalen Witterungsbedingungen anstellen zu können. 3 von ihnen waren Prototypen aus Aluminium, galvanisiertem Stahl und Sperrholz, während der vierte Silo mehr einer konventionellen Faßkonstruktion aus Betondauben mit einer Haubenabdeckung entsprach, wie sie der Stahlsilo erhalten hatte. Aus einer Betrachtung der während der folg. 10 Jahre aufgetretenen Mängel und Erscheinungen, die z.T. zur Auswechslung bzw. Überholung einzelner Bauelemente führten, wird festgestellt, daß sie jedoch keinen Einfluß auf die Qualität der Silage genommen haben. Unter Beachtung der zu verbessernden Bauteile können alle 4 Silobauarten als den geforderten Bedingungen gerecht werdende Konstruktionen bezeichnet werden. Selbst den 4 Test-Silos sagt man weitere 10 Lebensjahre voraus. K.-J.Zurawski. 5310f.

M i t t e r e r, J. Erfahrungen mit einer Kunststoff-Rohrleitung. - Techn. u. Landwirtsch. 14 (1962) Nr.13. S.313. - 2 Abb.

Es wurde als Verbindungsleitung beim Häckselhof ein sog. Guttasyn-Gebläseschlauch anstelle der sonst üblichen Blechrohrleitung verwendet. Im vorliegenden Beispiel betrug die Länge 20 m und die Masse nur 7,5 kg. Da der Schlauch durchsichtig ist, können evtl. Verstopfungen leicht gefunden werden. Biegungen und Ecken sind kein Hindernis, denn am Schlauch verläuft eine Tragschnur, die alle 0,5 m irgendwo festgehängt werden kann. Die geringe Masse ermöglicht eine einfache Verlegung auch in größerer Höhe. Nach Benutzung wird der Schlauch zusammengerollt und in einen Karton oder Sack verpackt. Rostgefahr, aber nicht Mäusegefahr sind ausgeschlossen. Der Preis je lfd.m ist kaum 1/2 so hoch wie bei einer gleichstarken Blechrohrleitung.

W.Fleischmann. 5310h.

E v r e i n o v, M.G., T i c h o m i r o v, V.G., S m i r n o v a, I.S., T j u t j u n n i k o v a, V.A. und K o ž e v n i k o v a, I.F. (Jewreinow, M.G., Tichomirow, W.G., Smirnowa, I.S., Tjutjunnikowa, W.A. und Koshewnikowa, I.F.); Moskau, Unions-Forsch.-Inst. für Elektrifizier. der Landwirtsch. Predposevnaja obrabotka semjan peremennym tokom vysokogo naprjaženija. (Saatgutbereitung mit hoher Wechselspannung.) - Vestnik sel'skochozjajstvennoj nauki, Moskva 7 (1962) Nr.8. S.95-98. - 2 Zeichn., 2 Tab. Zus. in Engl., Franz., Dtsch.

Das o.g. Inst. hat ein neues Verfahren zur Verbesserung der Saatguteigenschaften entwickelt, bei dem das Saatgut mit Wechselstrom von 50 Hz und 10 kV 5-60 Sek. lang bearbeitet wird. Vff. beschreiben die Versuchsanlage, die eine Leistung von 1,5-2 t/h hatte. Die Ergebnisse waren verschieden. Die Triebkraftsteigerung hing z.B. von der Zeit ab, die zwischen Behandlung und Aussaat verflossen war. Die bei Gerste erzielte Steigerung der Keimfähigkeit und Triebkraft von 3-4 % blieb 10-30 Tage erhalten. Bei Weizen wurde mit 4 kV/cm eine Triebkraftsteigerung von 25 % erzielt, wenn die Aussaat 8 Tage nach der Behandlung erfolgte. Der Weizen, der mit 2-3 kV/cm 10 und 20 Sek. lang behandelt worden war, erhöhte sich der Ertrag um 24-27 % und bei Gerste (optimale Werte 2 kV/cm und 30 Sek.) um 9 %.

W.Balkin. 5315a.

N o v á k, M. und Z á r u b a, J. Die Aufbereitung von Getreide nach der Ernte. - Int. Z. Landwirtsch. /Sofia/Berlin/ 1962 Nr.6. S.65-69. - 9 Zeichn.

Die Großanlagen zur Nachbehandlung von Getreide umfassen die Annahme des Getreides vom Mähdrescher, die Reinigung, die Trocknung, die Lagerung sowie den Schutz vor Insekten und Mikroorganismen. In der ČSSR werden Silos bis zu 22 000 t Fassungsvermögen errichtet. Es sind die technol. Prinzipien beschrieben, die dem Bau von Speicheranlagen zugrunde gelegt wurden. Die Getreidespeicheranlage "T 1700" ist beschrieben. Es sind Leistungs- und ökonomische Werte angegeben. Die neue Technologie der Getreideaufbereitung und -lagerung ermöglicht eine Steigerung der Arbeitsproduktivität.

G.Reumschüssel. 5315b.

A n o n y m. Maschinen für die Getreideaufbereitung. - Landmaschinen-Markt 42 (1963) Nr.10. S.522. - 1 Abb. Aus: Dok.-Dienst ILT 1963 Nr.6.

Saatgutbereiter der Fa. Röber, Minden, für eine Leistung von 1000 und 2000 kg/h. Die Maschine für 2000 kg/h wird durch Elevator beschickt, die mit kleinerer Leistung besitzt pneumatische Förderung. Beide Maschinen haben doppelte Windwirkung, groß bemessene Siebwerke und leistungsfähige Trieure. Die Vorreiniger werden in den Größen 6, 15 und 24 t gebaut. Staubsammler arbeiten in versch. Größen mit den Saatgutbereitern, ohne daß dabei ein schädlicher Rückstau auftritt. Beizapparate stehen in den Größen 850, 1700 und 5000 kg zur Verfügung. 5315c.

S a n d t, J.v.d. Ausbau und Einrichtung von Saatreinigungs- und Beizstellen. - Gesunde Pflanzen 15 (1963) Nr.4. S.77-79.

Wichtig ist eine standsichere Aufstellung der Maschinen, da Vibration eine ungenaue Arbeit und stärkeren Verschleiß zur Folge hat. Ein Gebläse zur Förderung gebeizten Getreides kann wegen der starken Staubentwicklung nicht empfohlen werden. Staubabscheider haben sich bestens bewährt. Für die Saatgutreinigung werden u.a. solche Trieure empfohlen, die im ersten Teil mit 5,5 mm Lochung versehen sind. Das Beizgerät soll fahrbar sein, um je nach Bedarf angeschlossen zu werden (Eigenantrieb ist vorteilhaft). Beim Beizen ist wichtig, die richtige Trommeldrehzahl einzuhalten und die Beizdosierung ständig zu kontrollieren. Zur Staubabbindung können auch Wasserzusatzgeräte angebaut werden; um ein Verschmieren an der Beiztrommelwand zu verhindern, muß die Wasserzuführung jedoch genau in der Trommelmitte erfolgen. Bei der Neuaufstellung einer Saatgutreinigungs- und -beizanlage wird der Betrieb vom Pflanzenschutzamt beraten. A.Jeske. 5315e.

P a b i s, S. und H e n d e r s o n, S.M. Grain drying theory. II. A critical analysis of the drying curve for shelled maize. (Theorie der Getreidetrocknung. 2. Mitt. Eine kritische Analyse der Trocknungskurve für geschälten Mais.) - J. agric. Engng. Res. 6 (1961) Nr.4. S.272-277. - 5 Abb., 2 Tab., 6 Lit. 1 Mitt. vgl. LZ. Abt. I 9 (1963) Nr.6. S.741.

Vff. geben eine theoretisch mathematische Ableitung der Trocknungskurve für Getreide. Dabei wird die innere Feuchtigkeitsverteilung als Hauptkontrollfaktor angesehen und sowohl ein konstanter als auch ein variabler Koeff. der inneren Feuchtigkeitsverteilung als Funktion der Temp. in Betracht gezogen. Die Darlegungen werden in Form von mathematischen Formeln und von Diagr. erläutert. Ein Vergleich der theoretischen Ergebnisse mit den Meßergebnissen eines Testversuches zeigt eine rel. gute Übereinstimmung.

G.Reumschüssel. 5315f.

F i š m a n, Ja. N. (Fischman, Ja.N.) Kombinirovannyj sposob ventilirovanija zerna. (Kombinierte Getreidebelüftung.) - Vestnik sel'skochozjajstvennoj nauki, Moskva 7 (1962) Nr.9. S.80-83. - 1 Zeichn., 3 Tab. Zus. in Engl., Franz., Dtsch.

2 Partien Weizen von je 35 t wurden nach 2 verschiedenen Verfahren getrocknet und gekühlt. Die eine Partie wurde 40 Std. ununterbrochen und die andere Partie zunächst 1 Std. kaltbelüftet, 4 Std. kaltbelüftet und gleichzeitig umgelagert, 5 Std. nur umgelagert und anschließend 30 Std. abwechselnd je 1 Std. umgelagert und gleichzeitig belüftet und 1 Std. nur umgelagert. Das Umlagern erfolgte mit Bandförderern, Becherwerken und Fallrohren. Die mittlere Trocknungsgeschwindigkeit betrug beim kombinierten Verfahren 0,15 %/h und beim gewöhnlichen Kaltbelüftungsverfahren 0,045 %/h, die mittlere Trocknungsleistung entsprechend 5,27 t/% und 1,49 t/% in der Stunde, der spez. Leistungsverbrauch 1,8 kWh und 4,24 kWh. W.Balkin. 5315f.

A n o n y m. Machines for 1963. Grain drying and storage. (Maschinen für 1963. Getreidetrocknung und -lagerung.) - Farm Mechanizat. 15 (1963) Nr.161. S.17-22. - 18 Abb. Aus: Dok.-Dienst ILT 1963 Nr.2.

Übersicht über die auf der Smithfield-Schau gezeigten Trockner und Speicheranlagen: Trockner "Ceres" von Kennedy & Kempe Ltd. (5 Größen mit Leistung von 2-10 t/h bei Trocknung von 20 auf 15 % Feuchtigkeit bei einer Temp. von 65,5 °C); Kaskadentrockner von Alvan Blanch für Kleinbetrieb (Leistung 5-7,5 dt/h), Typ "88" (Leistung 44 dt/h); kontinuierlicher Trockner "4/40" (2 t/h) und "4/70" (3 t/h) der Fa. Gascoignes; Airwoods-Trocknerreihe (kontinuierliche Bandtrockner). Außerdem belüftete Lagersilos, Lüfteraggregate, Reinigungsanlagen und Förderer. 5315f.

R e p i n, A.N. und N a u m e n k o, A.I.; Dnepropetrowsk, Unions-Inst. für Maisforsch. Peredvižnaja sušilka. (Fahrbare Trocknunganlage.) - Kukuruza, Moskva 1963 Nr.1. S.44-45. - 1 Tab.

In den Jahren 1960-61 führte das o.g. Inst. Versuche zur Prüfung und Erarbeitung der besten Technologie zur Arbeit mit der fahrbaren Trocknunganlage "ZSPŽ-8" (Gebiet Dnepropetrowsk) bei der Trocknung von Futtermaisgetreide durch, das mit umgebauten Mähdreschern geerntet wurde. Die Körnertrocknung mit dieser Trocknungsanlage auf dem Feld, am Ort der Maisernte, gibt große Vorteile, da sie den Bedarf an Transportmitteln verringert und auch die Verluste dadurch herabsetzt. Ihre Leistung übersteigt die eines Aggregates aus 3 Getreidetrocknungsanlagen (Kusbass-Desna-Desna), dabei sinken der Arbeitsaufwand und Kraftstoffverbrauch je t/% getrockneten Maises um die Hälfte. L.Rang. 5315f.

A n o n y m. Lagringssilo och spannmålstork av säcktyp. (Lagersilo und Getreidetrockner vom Sacktyp - Staatlicher Maschinenprüfbericht Ultuna.) - Statens Maskinprovningar, Medd. Nr.1626. (1963) S.1-4. - 1 Abb., 1 Tab.

Hersteller: Skandinaviska Jute-Spinneri & Väveri AB, Oskarström. - Die Trocknungsanlage ist freistehend und besteht aus einem Satz von je 3 runden Behältern von 2 m und 2,5m Dmr. Das Trocknen erfolgt satzweise mit Kaltluft durch ein transportables Zentrifugalgebläse. Jeder Behälter ruht auf einem 4beinigen Stativ aus 50x50 mm Winkeleisen, an das ein runder kegelförmiger Behälter aus 1,5 mm Blech angeschweißt ist, dessen Spitze nach unten zeigt. Durch den Kegel führt vertikal ein perforiertes Zentralrohr, das oben durch einen verschiebbaren Zylinder verschlossen ist und dem die Trockenluft vom Gebläse zugeführt wird. Das Zentralrohr ist am oberen Ende mit einem Ring verstrebt, der von 4 vertikal angeordneten 1" Rundeisen getragen wird. An dem Ring ist ein Jutesack angebolzt, in dem das Getreide aufbewahrt wird. - Techn. Daten: (bei 2 m bzw. 2,5 m Dmr.) Höhe 4,30/4,50 m, Breite 2,35/2,90 m, Bodenfreiheit 0,90/1,10 m, Masse 310/360 kg, Fassungsvermögen 10,1/16,5 m^3.

E.Kahn. 5315f.

M a r t a u s, Jozef; Rovinka pri Bratislave, Pobočka, Výzkumný Ústav Pol'nohospodárskej Techn. Konzervácia zrna kukurice v jamách. (Die Konservierung von Maiskörnern in Gruben ohne Luftzutritt.) - Zemědělská Techn. 9(36) (1963) Nr.1. S.53-64. - 2 Diagr., 3 Zeichn., 5 Tab., 14 Lit. Zus. in Russ., Span., Dtsch.

Wegen der hohen Kornfeuchtigkeit (25-30 %) nach der Maisernte mit Mähdreschern empfiehlt Vf., diesen Mais in Gruben zu silieren. Beschreibung der Gruben. Abdichtung der gefüllten Gruben am besten mit PVC-Folie. Nährstoffgehalt der Maiskörner vor und nach der Silierung. Temperaturen innerhalb der silierten Maiskörnermasse. Arbeitszeitaufwand. Kosten je 1 ha und 1 dt Maissilage. Versuchsergebnisse aus dem Jahre 1961. Analyse der Ergebnisse und Empfehlungen für die Praxis.

ČSSR/ÚVTI. 5315g.

P š e č e n k o v, K. (Pschetschenkow, K.) Potočnaja linija dlja obrabotki klubnej v kartofelechranilišče. (Kartoffelaufbereitungsmaschine mit stetigem Durchlauf.) - Kartofel' i ovošči, Moskva 7 (1962) Nr.12. S.20. - 2 Abb.

Vf. beschreibt die von der Zentr. Maschinenprüfstat. geprüfte Kartoffelaufbereitungsmaschine der Fa. Lookwood, USA. Zunächst gelangen die Kartoffeln auf ein Ausleseband, das aus Stahldraht gefertigt ist und 6eckige Maschen hat. Die auf ihm ausgeschiedenen standardwidrigen Kartoffeln werden von einem Stabförderer einer Absackvorrichtung und die standardmäßigen Kartoffeln einer Waschvorrichtung zugeführt, in der die Knollen über rotierende Walzen laufen, während sie von oben mit Wasser begossen werden. Danach durchlaufen sie einen Auslesestand mit 3-6 Arbeitsplätzen. Anschließend gelangen sie in eine Abwiegevorrichtung, von der sie der Verpackungsvorrichtung zugeleitet werden, wo sie zu 3 oder 5 kg abgepackt werden. Hier arbeiten 3 Personen, von denen die erste die leeren Verpackungen ansetzt, die zweite die Arbeit der Waage durch Zulegen oder Wegnehmen von Kartoffeln korrigiert und die dritte die abgepackten Kartoffeln in Kisten einlegt.

W.Balkin. 5320b.

P i n t e r, András und J ó n i s, Sándor. Nagyüzemi magtisztítás. (Die Reinigung des Getreides im Großbetrieb.) Budapest: Mezögazdasági kiadó. 1962. (180 S.) 8°. (1962 A 1653)

VI. TIERISCHE PRODUKTION

A. ALLGEMEINES

K l u g, A.; Potsdam-Bornim, Inst. für Landtechn. der Dtsch.Akad. der Landwirtsch.-Wiss. zu Berlin. Mechanisierung und Automatisierung der Innenwirtschaft. Auswertung einer Studienreise in die SU. - Dtsch. Agrartechn. 12 (1962) Nr.8. S.364-367. - 6 Abb., 3 Lit.

In der SU werden 2 Lösungswege beschritten: 1) Vollmechanisierung bzw. Teilautomatisierung unter Nutzung der Altbauten und 2) Schaffung automatisierter Einrichtungen mit neuen Technologien in neuen Gebäuden. Nach Erklärung der Begriffe Mechanisierung und Automatisierung führt Vf. die besuchten Institutionen an. Bei Rindern werden in Offenställen Rauhfutter und Silage in Selbstfütterung verabreicht (in stark frostgefährdeten Gebieten sind zu diesem Zweck die Silos überdacht). In Anbindeställen mit schmalen Futtergängen werden seilgezogene Futterwagen bzw. Förderbänder mit Abstreifern eingesetzt; in Ställen mit breitem Futtergang dagegen der traktorgezogene einachsige Futterverteilungswagen "RM-5" (5 m^3 Inhalt) oder der zweiachsige Futterverteilungswagen "RM-10". Die Silage wird aus Grubensilos mittels eines Portalkranes mit Greifer (10 t/h), aus Fahrsilos mittels einer Anbaufräse mit Wurfgebläse (20 t/h) entnommen. Das Entmisten wird in Anbindeställen durch Kratzerketten, in Laufställen durch Traktoren mit Schiebeschild ausgeführt. In der Schweinehaltung werden Trocken- und Saftfutter-Automaten eingesetzt, die mittels in Rinnen laufenden Kratzerketten gefüllt werden (1200 Schweine/AK). Bei fließfähigem Futter führten Förderungspumpen bisher zu keinem befriedigenden Ergebnis. Daher bedient man sich der pneumatischen Förderung, deren Anlage eingehend beschrieben wird. Hierbei betreut 1 AK 1500-2500 Schweine. Die Entmistung erfolgt in beiden Fällen mittels Kratzerketten. In der Geflügelhaltung sind die Bodenhaltung (zu 90 %) und die Käfighaltung üblich. Das Füttern erfolgt mittels Schnecken und Bänder. Die Eier werden aus den mit einem herunterklappbaren Boden versehenen Nestern durch ein Sammelband eingesammelt. Entmistet wird durch Traktoren. 1 AK betreut 7000 Hühner (Ziel 12000). Auf die Schlußfolgerungen für die DDR eingehend, betont Vf., daß Genossenschaftsbauern, Architekten, Tierzüchter, Landtechniker und Ökonomen gemeinsam sämtliche Fragen klären müssen, ehe neue Gebäude errichtet werden.

E.Kulpe. 6005.

S c h u l z, H.; Freising-Weihenstephan. Schleppereinsatz in der Innenwirtschaft. - Mitt. dtsch. Landwirtsch.-Ges. 78 (1963) Nr.11. S.340-344. - 5 Abb., 1 Skizze, 1 Schema.

Durch Hydraulik- und Frontladerausstattung ist der Schleppereinsatz vielseitiger und auch für die Innenwirtschaft interessant geworden. Voraussetzung ist die Schaffung geeigneter Gebäude (Durchfahrbreiten und -höhen). Für die Mechanisierung der Stallmistwirtschaft bieten sich für größere Betriebe der Frontlader und Heckschwenklader, für kleinere der Dreipunktlader (80-120 dt/h Ladeleistung) an. Auch für das Entmisten von Anbindeställen und Schweineställen sind diese Geräte gut geeignet, da sie gleichzeitig den Transport und das Stapeln übernehmen. Auf die Einsatzmöglichkeiten des Einachsschleppers wird hingewiesen. Beim Säubern der Auslaufflächen können Frontlader bzw. Heckplanierschild verwendet werden. Für die Rüben-, Silage- und Grünfutterfütterung eignen sich Schleppergeräte gleichfalls. Schlepperlader leisten bei der Silageentnahme aus Flachsilos mit 80 dt/h mehr als das Doppelte von Oben- und Untenfräsen in Hochsilos. Es folgen Angaben über die Beschickung der Silos und Heulagerräume mit den verschiedenen Geräten. Abschließend weist Vf. auf die Einsatzmöglichkeiten der einzelnen Schlepperan- bzw. -aufbaugeräte in der Innenwirtschaft und auf die Wirtschaftlichkeit des "Frontladerhofes" hin. E.Kulpe. 6005.

B. TIERHALTUNG

N e u f f e r; Frankfurt/Oder. Einfluß von Aufstallungsarten und Entmistungssystemen in der Milchviehhaltung auf die Arbeitsproduktivität. - Wiss.-techn.Fortschr. Landwirtsch. 3 (1962) Nr.10. S.455-458. - 2 Abb., 1 Schema, 7 Lit.

Die richtige Anordnung und Gestaltung der Bauten der Rinderhaltung hat einen großen Einfluß auf den Arbeitsbedarf und damit die Ökonomik. Ausgehend von dem jährlich erforderlichen Massenumsatz in der Milchviehhaltung weist Vf. darauf hin, daß der Arbeitsbedarf für das Füttern zwischen 17 und 25 % und für das Entmisten und Einstreuen zwischen 12 und 25 % der je Kuh aufgewendeten Arbeitszeit liegt. Der Grund dafür ist die unzweckmäßige Baugestaltung und die unbefriedigende Mech. der Arbeitskette Entmisten - Einstreuen. Die Längsaufstallung bietet günstigere Mechanisierungsmöglichkeiten (Schubstange, Kratzerkette, Schleppschaufel bzw. Hublader); Ställe mit Queraufstallung sollten nicht mehr gebaut, vorhandene in Längsaufstallung umgebaut werden. Bei Strohmangel gewinnen die Rostaufstallung und die Einrichtung von Liegeboxen an Bedeutung. Es folgen Angaben über die Leistungsfähigkeit der verschiedenen Entmistungsverfahren in Offenställen. Beim Umbau der Offenställe in geschlossene Anbindeställe gehen arbeitswirtschaftliche Vorteile verloren, außerdem führt die eintretende Kondenzwasserbildung zu allmählicher Zerstörung der Brettbinder. Vor jedem Neu-, Um- oder Ausbau sind grundlegende technol. Überlegungen anzustellen.

E.Kulpe. 6110a.

R i t t e r, E.; Tautenhain. Hinweise der Arbeitsgruppe Rinder der Forschungsgemeinschaft Tierhaltung und Stallwirtschaft für die Einrichtung von Liegeboxen in Offenställen. - Wiss.-techn.Fortschr. Landwirtsch. 3 (1962) Nr.10. S.461-463. - 1 Abb., 2 Zeichn.

Hoher Strohverbrauch in Offen-Laufställen und geringe Arbeitsproduktivität in Offen-Anbindeställen waren die Gründe für die Entwicklung der Boxenliegeställe. Es wird über die Ermittlungen der Untersuchungen von 37 Boxenliegestallanlagen in den Monaten Januar bis März 1962 berichtet und die Hinweise für die Einrichtung von Boxenliegeställen gegeben. Im Laufhofsystem können bei 10,50 m Stallbreite 3 und bei 12,50 bzw. 15,00 m 4 Boxenreihen eingerichtet werden. Hinsichtlich einer besseren Gruppenbildung sollten die Boxenreihen an den Außenwänden angeordnet und am Kopfende mit einem Strohfutterbunker (mit Selbstentnahme und -einstreu) kombiniert werden. In windungünstigen Lagen wird eine bis 2 m hohe Windbrüstung empfohlen. Die

Größe der Gruppen soll 32 nicht überschreiten und durch 8 teilbar sein. Es wird zwischen Wandboxen (2,00 bis 2,10 m x 0,95 bis 1,05 m; Kopfende wird durch die Wand begrenzt) und Krippenboxen (1,60 bis 1,65 m x 0,95 bis 1,05 m; Kopfende wird durch äußeres Krippenende begrenzt) unterschieden. Als Trennrahmen haben sich 30-mm-Stahlrohre in 0,50 und 1,00 m bzw. 70 bis 80 cm Höhe bewährt; als Maximalabstand der Rohrbegrenzung von der Stirnwand werden 5-7 cm, vom Kotgang 30 cm angegeben. Der Höhenunterschied zum Kotgang soll 18-20 cm betragen. Der tägl. durchschnittliche Futter-Streustrohbedarf lag unter 3 kg. Für jedes Tier wird ein Freßplatz mit verschließbarem Freßgitter gefordert. Der Arbeitsaufwand je Tag und Tier betrug 15,9 AKmin bzw. 30 Kühe je AK. Als Vorteile werden (in der Reihenfolge ihrer Bedeutung) höhere Milchleistung, Streustroheinsparung, gesteigerte Arbeitsproduktivität, größere Ruhe und Sauberkeit und Vergrößerung der Stallkapazität angegeben. E.Kulpe. 6110a.

P h e l p s, Anthony. Cows and cowmen agree - they've never had it so good. (Verbesserung der Milchviehhaltung.) - Dairy Farmer 10 (1963) Nr.3. S.30-31. 33. - 3 Abb., 1 Schema.

Vf. schildert die Verbesserung der Futterwirtschaft für einen Bestand von 90 Kühen durch Bau eines Betonsilos, automatischen Futtertransport in eine lange Futterraufe, Einführung der Grassilagebereitung zur Einsparung von Kraftfutter. Außerdem befreit die Grassilagebereitung von den Risiken und Problemen der Heubereitung mit den etwa 30 % Verlusten auf 5 %. Dies wird in Zukunft dahin führen, daß der Betrieb statt 90 etwa 120 Kühe halten kann. Verbunden mit diesem Kuhstall ist ein 6/6-plätziger Melkstand.

H.Senger. 6110a.

A n o n y m. 120-cow milking enterprise mechanized. (Ein Milchviehbetrieb für 120 Kühe.) - Farm Mechanizat. 14 (1962) Nr.159. S.391. - 1 Abb.

Auf einer Milchviehfarm in Schottland wird eine neue Rinderanlage errichtet. Ein wesentlicher Teil dieser Anlage ist der Hochsilo. Die Silage kann aus diesem Silo mech. entnommen werden. Schneckenförderer bringen die Silage bis zu einem zentralen Futterplatz, der zwischen den Ausläufen liegt. Gemolken wird im Fischgrätenmelkstand. Die Anlage soll nach völliger Inbetriebnahme von 2 AK betreut werden. Gegenwärtig sind 4 AK erforderlich.

W.Heinig. 6110a.

H u i s m a n, L.H.; Wageningen, Inst. voor Landbouwbedrijfsgebouwen. Beschouwingen betreffende boerderijbouw in de V.S.A. II. (Betrachtungen über Betriebsgebäude in den USA. 2.Mitt.) - Landbouwmechanisatie 14 (1963) Nr.1. S.17-21. - 8 Abb., 2 Schemata. 1.Mitt. vgl. LZ. Abt. I 9 (1963) Nr.7. S.1007.

Bericht über die Rinderhaltung in den USA. - Der Vorteil der Kombination von Anbinde- und Laufställen liegt in der Möglichkeit des Melkens im Melkstand und der automatischen Silagefütterung aus Hochsilos mit Hilfe von Futterschnecken. - In Anbindeställen wurden verschiedene Wege zur automatischen Fütterung und zum mech. Futtertransport beschritten. Es wird ein selbstentladender Futterwagen mit einem Behälter von 1,2 m Breite, 2,45 m Länge und 0,95 m Höhe beschrieben. Mit umlaufenden Futterketten mit Mitnehmer werden Versuche durchgeführt. Eine automatische Fütterungsanlage für Silage befindet sich auf der Electric Farm, Madison, in einem 2reihigen Anbindestall. Die Futtergänge liegen längs der Seitenwände. Das Futter gelangt über Schnecken in die einzelnen, in der Länge verstellbaren Tröge, so daß eine individuelle Fütterung der Tiere möglich ist.

L.Machler. 6110a.

H u i s m a n, L.H.; Wageningen, Inst. voor Landbouwbedrijfsgebouwen. Beschouwingen betreffende boerderijbouw in de V.S.A. III. (Betrachtungen über Betriebsgebäude in den USA. 3.Mitt. Laufställe.) - Landbouwmechanisatie 14 (1963) Nr.2. S.113-119. - 9 Abb., 4 Schemata. 2.Mitt. vgl. vorst. Ref.

Rinderhaltung in offenen Laufställen ist vor allem in den klimatisch günstig gelegenen Südstaaten anzutreffen. In großen Betrieben wird der Fischgrätenmelkstand bevorzugt. Das Kraftfutter wird im Melkstand gegeben. In neueren Ständen erfolgt die Ausgabe automatisch. Der Warteraum vor dem Melkstand ist meistens überdacht. Das Öffnen und Schließen der Türen geschieht nicht selten automatisch mit Hilfe von Druckluft. Das Gärfutter befindet sich vorwiegend in Hochsilos, die mit Entnahmevorrichtungen und automatischen Fütterungsanlagen kombiniert sind. Heuscheunen mit Raufen für die Vorratsfütterung sind über den Auslauf erreichbar. Der an einer Seite offene Liegeraum besteht aus einer einfachen Holzkonstruktion, die Wände aus Holz oder galvanisierten Stahlplatten. Die Dacheindeckung erfolgt mit galvanisierten Stahlplatten, Al-Wellplatten oder seltener mit Asbestzementplatten. Für den Auslauf gelten 10 m^2/GV als Norm. M.Lüpnitz. 6110a.

H u i s m a n, L.H.; Wageningen, Inst. voor Landbouwbedrijfsgebouwen. Beschouwingen betreffende boerderijbouw in de V.S.A. IV. (Betrachtungen über Betriebsgebäude in den USA. 4.Mitt.) - Landbouwmechanisatie 14 (1963) Nr.3. S.201-206. - 8 Abb., 4 Schemata. 3.Mitt. vgl. vorst. Ref.

Bericht über die Schweinehaltung in den USA. In den Betrieben besteht die Tendenz, die für die Mast benötigten Tiere selbst heranzuziehen. Die Schweine kommen mit einer Masse von ca. 45 kg in den Maststall in Großbuchten für je 75-120 Tiere. Die Fütterung erfolgt automatisch mit Hilfe von Futterschnecken oder Trockenfutterautomaten. - Stallwände und Dacheindeckung bestehen meistens aus galvanisierten Eisenblechen. Auf mehreren Großbetrieben werden Mist und Jauche in Klärteichen gesammelt. Die Anwendung von Spaltenböden befindet sich noch im Versuchsstadium, teilweise gekoppelt mit der Weiterleitung der Abfälle in Klärteiche. L.Machler. 6110a.

H u i s m a n, L.H.; Wageningen, Inst. voor Landbouwbedrijfsgebouwen. Beschouwingen betreffende de boerderijbouw in de V.S.A. V. (Betrachtungen über Betriebsgebäude in den USA. 5.Mitt.) - Landbouwmechanisatie 14 (1963) Nr.4. S.275-279. - 10 Schemata. 4.Mitt. vgl. vorst. Ref.

Bericht über Haltung von Mastschweinen in den USA (vgl. 4.Mitt.). In klimatisch günstigen Lagen werden Offenställe für die Mast benutzt. Die Ställe sind mit Großbuchten für mindestens 50 Tiere ausgestattet. Das Mahlen und Mischen der Futtermittel - die Grundlage ist Mais - findet vorwiegend im landwirtsch. Betrieb statt. Die Trockenfutterautomaten werden mit Hilfe von Futterschnecken oder Futterwagen gefüllt. Die Entmistung erfolgt in großen Mastbetrieben vollautomatisch, mit Schubstangen- oder Kratzkettenanlagen.

L.Machler. 6110a.

Untersuchungen zur Erhöhung der Betriebssicherheit von Elektrozaunanlagen. - Jena, Inst. Pflanzenernähr. Dtsch. Akad. Landwirtsch.-Wiss. Berlin Plan-Nr.: 17 01 27 h 2-17/0. 21 S. Abschlußber. (22/4.1963). - 10 Anlagen.
Zur Erhöhung der Betriebssicherheit von Elektrozaunanlagen wurden Messungen an praktischen Elektrozäunen zur Erfassung von Extrem- und Mittelwerten (Kapazität, Widerstand, Induktivität, Ableitung) vorgenommen, Tierversuche zur Erforschung der Zusammenhänge zwischen verschiedenen Varianten elektrischen Stromes auf die Schreckwirkung von Rindern vorbereitet und z.T. durchgeführt sowie Elektrozaun-Einzelteile auf ihre Eignung unter praktischen Verhältnissen erprobt. Der Entwicklungsstand der Elektrozauntechnik konnte wesentlich gefördert und den modernen Formen der intensiven Weidewirtschaft angepaßt werden. 6110b.

K u p s c h. Neues aus der Geflügelzucht und -haltung in Brasilien. - Dtsch. Geflügelwirtsch. 14 (1962) Nr.7. S.90-93. - 5 Abb., 1 Zeichn.
Die Geflügelzucht und -haltung hat in den letzten Jahren in Brasilien große Fortschritte gemacht, da die Gewinnspanne für den Erzeuger von Eiern und Schlachtgeflügel sehr günstig lag. Die Hühnerhaltung wird in der Nähe von Großstädten von Japanern betrieben. Die Legehennen (weiße Leghorn und New Hampshire) werden auf Lattenrosten oder in Käfigen (Eigenbau) gehalten. Die Legekäfige befinden sich einreihig zu beiden Seiten des Bedienungsganges, neuerdings auch in 2 Reihen, wobei die 2. Reihe treppenförmig über der ersten aufgehängt wird. Gemästet werden aussortierte NH-Hähnchen, seltener die Leghornhähnchen. Die Kükenaufzucht bis zum 14. Lebenstag findet in kleinen, primitiv aus Holz gebauten Aufzuchtbatterien statt, oben und unten sind Lattenroste zur besseren Ventilation. In den ersten Tagen wird auf die unteren Latten Papier gelegt. In den Wintermonaten werden sie mit Säcken abgedeckt. Die Aufzuchtverluste sind gering, in der kalten Jahreszeit geringer als in der warmen. Die älteren Küken gelangen in größere Käfige. Den Legehennen verabreichen die Japaner ein verpilztes, säuerliches Futter, das unter Zusatz von Hühnerkot, Humus und Zuckerrohr hergestellt wird und ersetzen damit die teuren Antibioticazusätze. Die arbeitsintensive Fütterung und die sorgfältige Betreuung des Geflügels durch die Japaner garantieren trotz primitiver Betriebseinrichtungen große Erfolge.
W.Sommerfeld. 6111a.

G ö t z, Willi. Grünfuttersilos. - Techn. u. Landwirtsch. 14 (1962) Nr.13. S.299-302. - 13 Abb.
Auf der DLG-Ausstellung in München wurde eine Anzahl von vollautomatischen Siloanlagen gezeigt, bei denen die Futterentnahme aus dem Silo fast ohne menschliche Hilfe erfolgen kann. 3 Formen scheinen sich bei der Gärfutterentnahme aus dem Silo herauszubilden: 1) Entnahme mit dem Elektrogreifer, der das Gärfutter in Futterkarren oder über einen Schacht auf den Futtergang im Stall abwirft; 2) Entnahme mit der Obenfräse, die das Gärfutter durch ein Lukenband in einen Abwurfschacht befördert; 3) Entnahme mit der Untenfräse, wobei das Gärfutter den Weg durch den Silo kontinuierlich nimmt. W.Fleischmann. 6115h.

D a h s e, F.; Potsdam-Bornim, Inst. für Landtechn. der Dtsch.Akad. der Landwirtsch.-Wiss. zu Berlin. Mechanisierung der Fütterungs- und Entmistungsarbeiten in der Rinderhaltung. - Dtsch. Agrartechn. 12 (1962) Nr.8. S.353-356. - 8 Abb., 1 Lit.

Von den Forderungen der sozialistischen Landwirtschaft (Senkung des Arbeitsaufwandes/Produktionseinheit bei gleichzeitiger Erleichterung der Arbeitsprozesse) ausgehend, wird die Verteilung des Arbeitsbedarfes auf die Hauptarbeitsabschnitte der Rinderhaltung angeführt. Grundsätzlich ist hinsichtlich der Senkung des Arbeitsbedarfes schwerpunktmäßig die Reihenfolge günstige bauliche Lösung - Mechanisierung - Automatisierung einzuhalten. In Laufställen werden Grünfutter und Silage ohne Zwischenlagerung vom Anhänger manuell, in Zukunft mittels Futterverteilungswagen in die Krippen verteilt. Bei Rauhfutter ist der Gabelwurf bei entspr. Lagerung und Ausbildung des Futterweges als Futtertisch günstig. Für Kraftfutter ist der Dreiradwagen bzw. ein 2-t-Futterverteilungswagen gut geeignet; der automatischen Verabreichung im Melkstand ist jedoch mehr Beachtung zu schenken. Die Entmistung ist mittels Hublader (Dunghöhen bis 50 cm, Liegeboxenaufstallung) bzw. hydraulischer Schwenkkran befriedigend gelöst; dies gilt jedoch noch nicht für die Rostaufstallung. Beim Einstreuen sollte vermehrt Häckselstroh mit stationären Leitungen und Gebläse anstelle Ballenstroh in Gabelwurfweite verwendet werden. Für die Mech. der Fütterung in Anbindeställen mit schmalen Futterwegen (Umladen bzw. Zwischenlagerung erforderlich!) eignen sich Dreiradwagen, für Ställe ohne Durchfahrt Kratzer, Bänder bzw. fahrbare Futtertische. Bei breiten Futterwegen gilt das für Laufställe Gesagte. Hinsichtlich der Kraftfutterfütterung scheinen stationäre Anlagen wirtschaftlicher zu sein. Für das Entmisten ist die Reihenfolge der günstigsten Verfahren: Hublader, Schleppschaufel, Kratzerkette und Schubstange. Auch hier ist Häckselstroh-Einstreu günstiger, jedoch die Art der Einstreu von der Mechanisierungsform abhängig. Für die einzelnen Verfahren der Fütterung und Entmistung in beiden Stallformen werden Angaben über Arbeitsbedarf (AKmin/Tier und Tag) und Kosten (Pf./Tier und Tag) gemacht. Abschließend werden die günstigsten Technologien für Laufställe (breiter Futterweg, Rauhfutterlagerung gegenüber der Krippe; wachsender Miststapel, Häckseleinstreu) und für Anbindeställe (breite durchfahrbare Futterwege und Kotgänge) erörtert und auf die ausschlaggebende Bedeutung der baulichen Gestaltung hingewiesen. E.Kulpe. 6120a.

A n o n y m. Självbetjäningspump Oase, modell 59. (Pumpen-Selbsttränke "Oase", Modell 1959 - Staatlicher Maschinenprüfbericht Ultuna.) - Statens Maskinprovningar, Medd. Nr.1634. (1963) S.1-2. - 1 Abb.

Hersteller: Maschinenfabrik August Wübker & Söhne, Risenbeck/Westfalen. - Masse: 30 kg. - Die Selbsttränke besteht aus einer Membranpumpe mit Schwengel über einem 0,5 m langen Trog. Sie ist für Weidehaltung gedacht. Das Pumpen erfolgt derart, daß das Tier den Schwengel über dem Trog jeweils betätigen muß, um Wasser aufnehmen zu können. Bei der Prüfung war die Pumpe über einen 4 m langen Schlauch mit 32 mm Dmr. mit einer Quelle verbunden; bei jedem Schlag lieferte sie ca. 0,5 l Wasser (Herdenbestand 7-8 Kühe). E.Kahn. 6120b.

R u m s e y, Geoffrey. Factory farming. (Mechanisierte Fütterung der Rinder in den USA.) - Dairy Farmer 9 (1962) Nr.12. S.22-23.
Hochsilos in Verbindung mit automatischer Fütterung der Rinder (sog. "Druckknopffütterung") werden in den landwirtsch. Betrieben der USA immer mehr verwendet. Die Hochsilos sind z.T. luftdicht abgeschlossen. Die Verluste in diesen Silos sollen 2-4 %, in nicht abgeschlossenen 8-10 % betragen. Zur Entnahme der Silage werden Geräte eingesetzt, die 10-15 t/h fördern. Eine automatische Futterschnecke verteilt das Futter. An dieser Schnecke können bis zu 200 Kühe gefüttert werden. Vielfach wird über das ganze Jahr Silage verabreicht. Sehr zweckmäßig erscheint es, für 120 Kühe 3 Silos mit einer Kapazität von 8 t Silage je Kuh und Jahr vorzusehen. Zum Abschluß wird auf recht bedeutungsvolle Untersuchungen über die Lagerung von feuchtem Getreide in Nord- und Süddakota hingewiesen.
W.Heinig. 6120c.

S t e i n m e t z, H. Freßgitter für Anbinde- und Laufställe. - Dtsch. landtechn. Z. 13 (1962) Nr.10. S.513-516. 518. - 6 Abb., 1 Tab., 5 Zeichn.
Dauerfreßgitter, bei denen die Tiere jederzeit Zugang zur Krippe haben, sind bez. der Futterverwertung günstiger. Bei den Freßgittern für Mittellangstand sind solche, die sich durch einen Handgriff öffnen bzw. schließen lassen (z.B. mit Parallelverschiebung) am günstigsten. Zum Anbinden dienen meist Ketten oder Halsbügel (evtl. aus Kunststoff). Beim Kurzstand entfallen die eigentlichen Freßgitter; die Tiere sind durch Gleitketten oder -bügel, Hängeketten (z.B. Grabner-Kette) oder Halsrahmen angebunden. Für Laufställe sind die Parallel-Schiebefreßgitter praktisch. Im einzelnen ist darauf zu achten, daß die Freßgitter arbeitswirtschaftlich günstig sind, daß die Tiere, ohne sich zu belästigen, genügend Bewegungsfreiheit haben, daß das Misten auf die Kotrinne gewährleistet ist, daß die Anbindevorrichtungen sicher und leicht lösbar sind und daß die Übersicht im Stall nicht behindert wird. In einer Übersicht werden die für die einzelnen Stallformen geeigneten Freßgitter und Anbindevorrichtungen und ihre Herstellerfirmen angeführt.
E.Kulpe. 6120c.

H a m m e r, W. Fütterung und Arbeitstechnik bei der Schweinemast. - Prax. u. Forsch. 15 (1963) Nr.1. S.8-10. - 5 Tab.
Keine fütterungs- und arbeitstechnische Maßnahme darf die Futterkosten ungünstig beeinflussen, solange die Futterkosten 70 %, die Arbeitskosten aber weniger als 10 % der gesamten Erzeugungskosten ausmachen. Eine Mahlzeit je Woche wegzulassen bringt jedoch keine Beeinträchtigung der Mast- und Schlachtleistung. Der größere Futterverbrauch und die schlechtere Verwertung bei Automatenfütterung ist meist auf falsche Bauweise zurückzuführen. Selbsttränken sind zweckmäßig, sonst ist nicht mit Eimern, sondern mit Schlauch zu tränken. Am zeitaufwendigsten ist die Rationsfütterung am Trog. Der Arbeitsbedarf der Getreidemast ist geringer als der der Hackfruchtmast. Füttert man Sauerkartoffeln und rechnet man das Silieren als nicht zur Stallarbeit gehörend, sind kaum Unterschiede vorhanden.
Werner Schlegel. 6120c.

P e t e r, W. Gitterartige Trogabschlüsse erhöhen die Wirtschaftlichkeit der Schweinemast bei der Großbuchtenhaltung. - Wiss.-techn. Fortschr. Landwirtsch. 4 (1963) Nr.4. S.186-188.

In Versuchen im VEB Mast von Schlachtvieh Karl-Marx-Stadt wird nachgewiesen, daß durch gitterartige Trogaufsätze das Futter rationeller ausgenutzt wird. Der Futterverbrauch lag bei der Versuchsgruppe (Trog mit Gitter) um rund 8 % niedriger und die Tageszunahme um 5 % höher gegenüber der Kontrollgruppe (Trog ohne Gitter). Die Gruppengröße beträgt 36 bzw. 37 Tiere. Ein Gitterabstand von 30 cm wird empfohlen. G.Möbius. 6120c.

B a c k h a u s, J. Futterautomaten für die Ferkelaufzucht. - Wiss.-techn. Fortschr. Landwirtsch. 4 (1963) Nr.4. S.185-186.

Die Verwendung von Futterautomaten in der Ferkelaufzucht ab dem 10.-14. Lebenstag wird empfohlen. Zur Ferkelfütterung werden einige Futtermischungen angegeben. G.Möbius. 6120c.

A n o n y m. "Helmes" Patent-Schwanzschnüre mit Aufhängeseil und "Helmes" Patent-Kuhschwanzhalter - DLG-Prüfbericht. - DLG-Maschinenprüfber. Nr.843. Gr. 9 d/27. (1962) S.1-4.
Hersteller: L. Helmes, Seilerei, Doetinchen/Holland. 6125.

S o m m e r k a m p, G.; Infeld über Nordenham. Erfahrungen in der Schwemmentmistung. - Mitt. dtsch. Landwirtsch.-Ges. 78 (1963) Nr.10. S.302-304. - 3 Abb. 6130b.

A n o n y m. Rundlaufantrieb an der Stallentmistungsanlage macht den Wendeschalter überflüssig. - Landmaschinen-Markt 42 (1963) Nr.10. S.510. - 1 Abb. Aus: Dok.-Dienst ILT 1963 Nr.6.

Bildliche Darstellung des Rundlaufantriebes mit Pleuelstange, die mit der Schubstange gelenkig verbunden ist, als Neuheit bei automatischen Entmistungsanlagen. Dieser Antrieb kann auch seitlich angebaut werden in den Antriebsleistungen 1,5 PS (Langsamläufer), 2, 3 und 4 PS. Vorteile: Wegfall der elektrischen Wendeschalter, lange Lebensdauer durch robuste Bauweise. 6130b.

L e u t h i e r, Herbert. Das Jauche- und Abwasserproblem im landwirtschaftlichen Großbetrieb. - Wasserwirtsch.-Wassertechn. 13 (1963) Nr.1. S.14-18. - 6 Abb., 1 Tab., 4 Lit.

Es werden erste Ergebnisse eines Forschungsauftrages "Abwasser in landwirtschaftlichen Großbetrieben" mitgeteilt. Zu klären war, in welchen Mengen Jauche und Abwasser bei der modernen Rinder- und Schweinehaltung anfallen. Es wurden rd. 200 Großbetriebe untersucht. Die Menge der anfallenden Abwässer hängt im wesentlichen von Fütterung, Tränkart, Einstreu, Witterung und Mechanisierungsgrad der Reinigung ab. Die Untersuchungsergebnisse werden nach dem Anfallort gegliedert. In einer Tab. sind außerdem die aus einer Reihe von Proben gewonnenen Analysenwerte der verschiedenen Abwässer angegeben. Sie geben Auskunft über die Beschaffenheit der Abwässer, ihre organische und mineralische Verschmutzung, ihren Nährstoffgehalt usw. Es wird zum Ausdruck gebracht, daß die Auslauf- als auch die Melkhausabwässer nicht so harmlos sind, wie vielfach angenommen wird. Abschließend wird kurz auf die Verwertung der Abwässer hingewiesen. D.Voigt. 6130a.

A n o n y m. Jauchepumpe Typ "KVP II" - DLG-Prüfbericht. - DLG-Maschinenprüfber. Nr.855. Gr. 4 c/19. (1963) S.1-4.
Hersteller: C. & B. Zumbült, Maschinenfabrik, Beckum/Westf. 6130d.

A n o n y m. Jauchepumpe Typ "KVP 1" - DLG-Prüfbericht. - DLG-Maschinenprüfber. Nr.854. Gr. 4 c/18. (1963) S.1-4.
Hersteller: C. & B. Zumbült, Maschinenfabrik, Beckum/Westf. 6130d.

C. GEWINNUNG UND AUFBEREITUNG TIERISCHER PRODUKTE

A n o n y m. The Royal Dairy Show. (Die Royal-Dairy-Ausstellung.) - Electr. Rev. 171 (1962) Nr.18. S.706. - 2 Abb.
Bericht über die Ausstellung von Geräten für die Milchgewinnung und -verarbeitung in London 1962. Von der Flowers Equipment Co., Halsworthy, Devon, wurde eine in den USA entwickelte "elektronische Kuh" gezeigt. Die "Nursette" stellt völlig automatisch aus Milchpulver und 37,8 °C-warmem Wasser die für Kälber geeigneten Gemische her und verfüttert sie in der erforderlichen Menge. - Von dem National Institute for Research in Dairying wurde eine automatische Reinigungsanlage für Milchleitungen in Melkanlagen gezeigt, die für Herden bis zu 20 Stück geeignet ist und automatisch warmes und heißes Wasser bzw. Dampf erzeugt. - Von der E.H. Bentall u. Co. Ltd. wurde ein neuer Kühltank für Milch entwickelt: er faßt 150 gal. (ca. 680 l) bei 37-40 °F (ca. 3-5 °C), der Inhalt wird durch 2 Agitatoren mit 40 U/min bewegt, das Kühlmittel wird hauptsächlich durch Rohrschlangen entlang der Außenwände geführt. F.Lüpnitz. 6210a.

M a n n, E.J. A review of some aspects of recent developments in the dairying field. (Neue Entwicklungen in der Milchwirtschaft.) - J.Brit. Dairy Farmers' Assoc. 65 (1961) S.62-71. - 29 Lit.
Behandelt sind Neuerungen in der Wassererhitzung, der Milchsammeltankverwendung, Verwendung von Plastikbehältern für die Milchbevorratung und den Transport, den Einsatz von Milchverkaufsautomateh und die Molkenverwendung in verschiedenen Staaten der Welt. Vervollkommnet ist die Nutzung der bei der Milchkühlung anfallenden Wärme zur Wassererhitzung. Arbeiten aus dem Jahr 1948 ergaben bereits, daß etwa 2/3 der bei der Kühlung entzogenen Wärme bei nur 10 % höherem Energiebedarf einem Heißwasserbereiter zugeführt werden können. Neuere amer. Arbeiten (Ahrens 1959) ergaben, daß bei der Milchkühlung im Sammeltank von 400 gal. (1520 kg) auf diese Weise bis 400 kWh/Jahr eingespart werden konnten, um Wasser in einem Behälter von 50 gal. (190 kg) auf 120 °F (ca. 50 °C) zu erwärmen, wobei die Kühlkapazität nur gering nachließ. Die Versuche ergaben, daß der Energiebedarf zur Erhitzung dieser Wassermenge im Sommer um 44 %, im Winter um 37 % zurückging. In Österreich entwickelte Aigner 1960 ein Aggregat, das bei der Kühlung von 1 l Milch 1 l Wasser auf 55-60 °C erhitzt und dabei die Milchkühlung und Kühlhaltung besorgt. In den USA wurde eine Milchtrocknungsanlage entwickelt, die nach diesem "Wärmepumpenprinzip" (heat pump) arbeitet.
H.Senger. 6210a.

B a r t m a n n, R. Potsdam-Bornim, Inst.für Landtechn. der Dtsch.Akad. der Landwirtsch.-Wiss. zu Berlin. Die Mechanisierung der Milchgewinnung in der Landwirtschaft der UdSSR. Bericht über eine Studienreise. - Dtsch. Agrartechn. 12 (1962) Nr.8. S.368-370. - 9 Abb.

Die Milchgewinnung in der UdSSR soll bis 1965 vollmechanisiert sein. Neben den bisher produzierten Dreitakt-Melkmaschinen wird neuerdings die Kannenmelkmaschine "DPR-2" (Zweitakt, 115 Pulse/Min., automatische Abschaltung des Melkvakuums) hergestellt. Außer diesen und einzelnen Rohrmelkanlagen wurde eine fahrbare Melkanlage mit 4 Melkzeugen "PDU-4" entwickelt (einfach, billig; lange Schläuche, Melkzeuge werden leicht abgeschlagen, Kühlen während des Melkens nicht möglich). Im weiteren werden eine Melkstandanlage in Fischgrätenform (FGM) eigener Konstruktion (2 x 10 Melkbuchten, Kannenmelkmaschine, gerade Melkflurbegrenzung, Zickzack-Brustriegel) in einer 400er-Laufstallanlage sowie eine weitere FGM (2 x 8 Melkbuchten, zentrale Milchleitung) beschrieben. Die rationierte Kraftfutter-Fütterung erfolgt stets in den Melkständen. Hinsichtlich der Automatisierung von Teilarbeitsgängen des maschinellen Melkens wird mit einem Melkkarussell gearbeitet, mit dem 2 AK (Euter reinigen, Melkzeuge ansetzen) 400 Kühe/h melken sollen. Die einzelnen Lösungswege werden eingehend erläutert (automatische Vakuumabschaltung, Milchregistrierung mittels zweier Meßkammern, Sammeln in runden Milchkühlwannen mit direkter Verdampfung). Weiterhin wurde eine für eine 1000er-Laufstallanlage bestimmte FGM der Fa. Chore Boy, Cambridge City (rationierte Kraftfutterbeifütterung, Milchregistrierung mittels Rollrecorder, Milchfiltrierung) besichtigt. Interessant waren die vorgestellte Melkmaschine "New Perfection" von Golemon Teat Cup Releaser, Los Angelos (bauchmelkerähnlich, für Rohrmelkanlagen mit automatischer Vakuumabschaltung für jeden Melkbecher) sowie die Frischluft-Ventilanordnung an der Milchzentrale eines Melkzeuges von de Laval (zum beschleunigten Melken und zur Milchbeförderung). Abschließend werden sich daraus ergebende Vorschläge für die weitere Mech. der Milchgewinnung der DDR unterbreitet. E.Kulpe. 6210b.

E i s e n r e i c h, Ludwig; Weihenstephan. Melk- und Kühltechnik für den Bauernhof. - Landtechnik 17 (1962) Nr.17. S.612-618. - 7 Abb.

Vf. gibt eine Marktübersicht. Melktechn. sind keine wesentlichen Neuerungen zu verzeichnen, in steigendem Maße wird nichtrostender Stahl als Werkstoff verwendet. Vollautomatische Milchabsauganlagen sind auch für Kleinbetriebe entwickelt worden. Für den Einsatz von Milchsammelwagen werden Hofmilchtanks, auf Wunsch auch vakuumfest, mit etwa 100-150 l Nutzinhalt angeboten. Die Milch kann darin nach verschiedenen Verfahren gekühlt werden. In der Kühltechnik scheint die Entwicklung von der Berieselungskühlung zur Beckenkühlung zu führen. Auch hier werden u.a. Kleinstanlagen für 2-3 Kannen Milch angeboten, daneben Tauchkühler für beliebige Kühlbecken. Fast alle Anlagen werden thermostatisch gesteuert. Für größere Betriebe gibt es Kühlwannen ab 500-1000 l/Tag, die Geräte arbeiten mit direkter Verdampfung oder Eiswasser, wobei die Kälte von den Wänden des Behälters abgegeben wird.

H.H.Ostheeren. 6210b.

C e r s o v s k y, H. und S o n n t a g, S.; Oranienburg, Inst.für Milchforsch. Die Milchgewinnung auf der Weide. - Dtsch. Agrartechn. 12 (1962) Nr.8. S.370-373. - 3 Abb.

Ausgehend von der Entwicklung der Weidehaltung in der DDR (Weidekombinate mit zwei Weidenutzungseinheiten (WNE) von je 100-120 Kühen bzw. 35-40 ha, in 12 Koppeln unterteilt), erläutern Vff. die Faktoren, die bei der Mech. der Milchgewinnung auf der Weide zu beachten sind (befestigte Standfläche für Melkstand, befestigte Vor- und Nachwartehöfe, ausreichend einwandfreies Wasser, sofortige Abwasserbeseitigung, E-Anschluß, Warmwassererzeugung, Kühlen der Milch während des Melkens auf 8 °C). Die Melktechnik soll im Jahresverlauf nicht wechseln. Bei günstiger Lage der Weideflächen ist die melktechn. Einrichtung des Milchkombinates zu nutzen. Andernfalls ist der Melkstand in Fischgrätenform (FGM), stationär, in der Weidezentrale geeignet (für 2 WNE bei 2 AK 40-50 Kühe/h). Für sonst im Stall gemolkene Kühe werden Stallmelkanlagen, stationär, in der Weidezehtrale für max. 120 Kühe als Rohrmelkanlagen (1 Melker mit 3 Melkzeugen, 18 Kühe/AKh) bzw. als Kannenmelkanlagen (1 Melker mit 2 Melkzeugen, 10 Kühe/AKh), in Verbindung mit individuell schließenden Freßfanggittern empfohlen. Außer dem fahrbaren FGM sind als fahrbare Melkanlagen für den Weidebetrieb Melkwagen mit 2 x 12 Standplätzen, selbsttätigen Freßfanggittern und klappbaren Krippen geeignet. Diese können mit Rohrmelkanlagen (15 Kühe/AKh) oder mit Kannenmelkanlagen kombiniert werden. Außer den Besonderheiten bei der Verwendung der einzelnen Melkanlagen werden Angaben über den Keimgehalt gemacht. Für Produktionsbetriebe werden der stationäre FGM, im übrigen die stationäre Rohrmelkanlage empfohlen. Für Zuchtbetriebe mit hohen Leistungen wird der Tandem-Melkstand in Betracht gezogen. Bis zum Aufbau der Weidekombinate und unter spezifischen Bedingungen haben die beweglichen Melkverfahren Bedeutung. E.Kulpe. 6210b.

G a b l e r, E.; Elsterwerda. "Impulsa" Rohrmelkanlage zur Vollmechanisierung der Milchgewinnung in Anbindeställen. - Dtsch. Agrartechn. 12 (1962) Nr.8. S.373-376. - 3 Abb., 2 Zeichn., 7 Lit.

Der Einsatz von Rohrmelkanlagen ist etwa ab 40 Kühen wirtschaftlich. Ihr Einbau muß in Neu- und Altbauten möglich sein; außerdem ist der Austausch bestimmter Baugruppen für Stall- und Weidebetrieb erwünscht. Von den Einbaubedingungen sind Längsaufstallung und eine Gesamtförderhöhe der Milch (von Euter bis Stapelgefäß) bis zu max. 3,2 m die wichtigsten. Es folgt eine eingehende Beschreibung der Melkanlage (Maschinensatz "Gigant", Melkmaschine "M 59", Milchleitung aus Piacrylrohr, Silikatglas mit PVC-Schlauchmuffen, vakuumfeste Milchtanks 360 bzw. 1000 l), der Kühlanlage (offenes Kälteaggregat, Kühlmittel "F 12", Kältespeicheranlagen "KSA 300 l" bzw. "KSA 500 l" oder Kühlwasserbassin mit Verdampferschlange, Vakuumkühler) und der Reinigungs- und Desinfektionsanlage (vollmechanisierte Ringspülanlage), einschließlich der Angabe der techn. Daten. Im weiteren geht Vf. auf die Funktion, Bedienung sowie Wartung und Pflege der Rohrmelkanlage ein. Das Melken muß vom Anfang der Leitung zum Ende hin erfolgen, um ein Antrocknen der Milch in der Leitung zu verhindern. Die Milchanschlußhähne sind einzeln von Hand zu reinigen und zu desinfizieren und danach mittels Gummikappen zu verschließen. Zur ordnungsgemäßen Wartung und Pflege kann mit den Vertragswerkstätten des VEB Elfa Elsterwerda ein pauschaler Wartungs- und Pflegevertrag abgeschlossen werden. Die Prüfung ergab eine Leistung von 19-24 Kühen/AKh bei einem Mittelwert von 4290 Keimen/ml.

E.Kulpe. 6210b.

A n o n y m. Hydraulic-powered milking bail. (Melkstand mit hydraulischem Antrieb.) - Farm Implement Machinery Rev. 89 (1963) Nr.1058. S.835. - 2 Abb. Aus: Dok.-Dienst ILT 1963 Nr.7.

Kurzinformation über Anwendung von Hydraulikmotoren Typ "GM 33" der Fa. Plessey Co. (U.R.) zum Antrieb der Vakuumpumpe, der Kühlpumpe, der Pulsatoren, der Füttervorrichtungen und des Reinigungs- und Spülsystems bei fahrbaren Melkständen. Anschluß an Traktorzapfwelle, Leistung bis zu 2 PS. 6210b.

A n o n y m. Miele-Melkmaschine "Export" - DLG-Prüfbericht. - DLG-Maschinenprüfber. Nr. 808. Gr. 11 a/46. (1961) S.1-6. - 4 Abb., 2 Tab.

Hersteller: Mielewerke GmbH, Gütersloh/Westf. - Saugmelkmaschine mit Pumpensatz "H 1" (E-Motor: Drehstrom 380 V,N0,5 kW, 1400 U/min; Rotationspumpe für 4 Melkzeuge ausreichend; Unterdruckbehälter: Inhalt 23 l, Reinigungsöffnung 116 mm Ø; federbelastetes Ventil, Membranvakuummeter, Unterdruck 331 mm Hg). Chromnickelstahl-Standardtyp-Melkeimer (Inhalt 20 l, Eimeröffnung 177,5 mm, Masse 9,90 kg) mit schlauchüberzogenem Tragbügel und einseitig offenem Traggriff. Membran-Pulsator (Pulszahl 44 Doppelschläge/min, Pulsverhältnis 50:50). Melkzeug (Masse 3,42 kg, Absperr-Klemmverschluß, veränderbares Belüftungsventil, verchromte Messing-Melkbecherhülsen, 2teilige Zitzengummis mit Schauglas). Prüfungsergebnis der Melkmaschine "Export" (DLG-Vergleichsmaschine): Melkdauer in Min. 5,15 (6,20); Maschinengemelk kg 7,07 (8,12); Nachgemelk cm^3 193 (194) und maschinelle Melkleistung kg/min 1,37 (1,31). Reinigungsmöglichkeit und Betriebssicherheit sind gut; der Pulsator arbeitet wartungsfrei. Der Unfallschutz entspricht dem derzeitigen Erfahrungsstand. Die Melkmaschine "Export" der Fa. Mielewerke GmbH, Gütersloh/Westf. wird "DLG-anerkannt". E.Kulpe. 6210b.

A n o n y m. Melkmaschine "Senior" - DLG-Prüfbericht. - DLG-Maschinenprüfber. Nr.809. Gr. 11 a/47. (1962) S.1-7. - 4 Abb., 2 Tab.

Hersteller: S.A. Christensen, Kolding/Dänemark. - Saugmelkmaschine mit Pumpensatz "SAC 2" (E-Motor: Drehstrom 380 V, 0,37 kW, 1400 U/min; Kolbenpumpe für 2 Melkzeuge ausreichend; Unterdruckbehälter: Inhalt 19 l, Ablauföffnung 33 mm Ø, gewichtsbelastetes Ventil, Röhrenvakuummeter, Unterdruck 380 mm Hg). Chromnickelstahl-Standardtyp-Melkeimer (Inhalt 20 l, Eimeröffnung 188,3 mm, Masse 9,35 kg) mit doppeltem Boden, einseitig offenen Traggriff und Entleerhandgriff. Doppelkolbenpulsator (Pulszahl 40-44 Doppelschläge/min, Pulsverhältnis 50:50). Melkzeug (Masse 3,05 kg, Absperr-Hahnküken, nicht veränderbare Belüftungsöffnung, Chromnickelstahl-Melkbecherhülsen, 1teilige Zitzengummis). Prüfungsergebnis der Melkmaschine "Senior" (DLG-Vergleichsmaschine): Melkdauer in Min. 6,38 (5,88); Maschinengemelk kg 7,67 (7,56); Handnachgemelk cm^3 261 (284); maschinelle Melkleistung kg/min 1,20 (1,29). Reinigungsmöglichkeiten und Betriebssicherheit sind gut; der Pulsator benötigt eine geringe Wartung. Zusätzliche Unfallschutzvorrichtung ist erforderlich (ab 1.5.62 vom Werk berücksichtigt). - Die Melkmaschine "Senior" der Fa. S.A. Christensen Kolding/Dänemark wird "DLG-anerkannt". E.Kulpe. 6210b.

H e r t w i g, W. Elektroboiler mit Doppelmantel Typ "F 351", VEB Dämpferbau Lommatzsch - Prüfbericht Potsdam-Bornim. - Dtsch. Akad. Landwirtsch.-Wiss. Berlin, Inst. Landtechn. Potsdam-Bornim, Prüfber. Nr.270. Gr. Nr. 9 n. (1961) S. 1-8. - 2 Schemata, 1 Tab.

Der Elektroboiler mit Warmwasser-Mantel "F 351" ist zum Erwärmen des Wassers vorgesehen, das in Melkanlagen, bes. Fischgrätenmelkständen, benötigt wird. Das Gerät ist als Druckbehälter ausgebildet und kann mehrere Zapfstellen versorgen. Die Wassererwärmung erfolgt mittlbar durch Warmwasserheizung oder unmittelbar durch Elektroenergie. - Techn. Daten: Gebrauchswasserinhalt 520 l; Mantelinhalt 130 l; Begrenzung der Wassertemp. durch Regler zwischen 75 und 85 °C; Heizstufen 3, 6, 9 kW. - Prüfungsergebnisse: Mit dem Elektroboiler können über 400 l Wasser in 1 - 1,5 Std. bei Warmwasseraufheizung und in 4 - 5 Std. bei Elektroaufheizung auf durchschnittlich 70 °C erwärmt werden. Infolge der Anordnung der Heizstäbe und des Warmwassermantels wird keine gleichmäßige Erwärmung des Gebrauchswassers bis zum Boilerboden erreicht. Der Elektroboiler ist für den Einsatz in der Landwirtschaft "geeignet". F.Lüpnitz. 6210b.

B a c h, K. Die 47. Wanderausstellung der DLG in München 1962. - Kältetechnik 14 (1962) Nr. 11. S. 371-375. - 16 Abb., 2 Diagr., 4 Schemata.

Von Seiten der Kälteindustrie wurden u.a. Kühleinrichtungen für Milch- und Molkereiprodukte, Gefriermöbel für den ländlichen Haushalt sowie Kühlraumeinrichtungen für Gemüse und Obst gezeigt. - Der Alfa-Laval-Tauchkühler ist mit einer 2 m langen Verbindungsleitung an die Kältemaschine angeschlossen, die eine Leistung von 1 PS hat. Das Rührwerk wird durch einen 135-W-Motor angetrieben. Der Kühlkörper kann schon während des Melkens in die Kanne eingehängt werden, die Milch ist genügend gekühlt, wenn die nächsten 20 l ermolken sind. - Der Tauchkühler von Linde hat fest angebaute Verdampferrohrschlagen zur Erzeugung von Eisansatz. Mit diesem Gerät, dessen Kühlaggregat bis 1 PS leistet, wird das Kühlwasser für die indirekte Milchkühlung temperiert. - In der Kannenmilchkühlanlage von Linde werden die Milchkannen mit Hilfe von gelochten Berieselungsringen mit Eiswasser gekühlt. Unter dem Aufstellrost befindet sich das Eiswasserbecken, Kältemaschine und Schalteinrichtungen sind seitlich angebaut. Die Anlage kann wie eine Gefriertruhe aufgestellt werden, sie faßt 4 bzw. 6 20-l-Kannen, bei Zwischenschaltung einer Schaltuhr ist auch Nachkühlung während der Nachtzeit möglich. - Durch den Kannenmilchkühler mit gekühlter Rührwerkschlange (Lister, Lüdenscheid) wird die Milch in Bewegung gehalten und kann durch eine Belüftungseinrichtung unerwünschte Geruchstoffe abgeben. Die von Eiswasser durchflossene Rührwerkschlange wird von einer Wasserturbine angetrieben. Es genügt dafür ein Wasserdruck von 0,2 atü. - Für Obst- und Gemüselager wurde von Linde ein Klimaturm entwickelt, in den ein Verdampfer für Kältemaschinenbetrieb eingebaut ist. Der Turm ist ca. 2,2 m hoch, die Seiten sind ca. 0,9 m lang. Er wälzt gleichmäßig die Luft um, regelt ihren Feuchtegehalt und entkeimt sie mit Hilfe eines UV-Strahlers. F.Lüpnitz. 6210c.

U b b e l s, J. Het koelen van melk in dubbelwandige melktanks. Koeltijd, koelwaterverbruik, warmtedoorgangscoefficient en koelkosten. (Das Kühlen von Milch in doppelwandigen Milchtanks. Kühlzeit, Kühlwasserverbrauch, Wärmeleitungskoeffizient und Kühlkosten.) - Nederl. Melk-en Zuiveltijdschr. 16 (1962) Nr. 3. S. 185-209. - 12 Abb., 3 Tab. Zus. in Engl.

Es wurden Untersuchungen an einem 9000 l großen doppelwandigen Tank und einem gleichartigen Modelltank mit 23 l Inhalt durchgeführt. Kühlwasser von 11 °C oder von 2 °C wurde von unten eingeleitet und floß oben ab. Die Berechnungen von Kühlzeit, Kühlwasserverbrauch, Wärmedurchgangskoeff. und Kühlkosten haben wegen der auftretenden Konvektionserscheinungen im Kühlmantel nur für die Versuchstanks Gültigkeit. J.K.Hinrichsen. 6210c.

W ä l z h o l z, G. und L a n g, R. Bericht über die technische Begutachtung der Kühleinrichtung "Milchprämie" System Lübbert, zur Kühlung von Milch auf dem Bauernhof. - Kieler milchwirtsch. Forsch.-Ber. 14 (1962) Nr. 6. S. 477-484.

Es handelt sich um eine Einrichtung, in der die Milch in Kannen (bis zu fünf 20-l-Kannen) gekühlt wird. 6210c.

A n o n y m. Milchkühlgerät Typ "S 8" Modell 1962 für acht 20-l-Kannen - DLG-Prüfbericht. - DLG-Maschinenprüfber. Nr.842. Gr. 11 c/10. (1962) S. 1-5.

Hersteller: Steding & Co., Hannover-Isernhagen. 6210c.

A n o n y m. Zur Zeit zugelassene Reinigungs- und Desinfektionsmittel für die Milchwirtschaft. - Dtsch. Milchwirtsch. 10 (1963) Nr. 3. S. 82. 6210c.

H a p p, H.: Münster. Die Milchanfuhr zur Molkerei in Tankwagen. - Tierzüchter 14 (1962) Nr. 17. S. 633-634. 6210f.

E l r o d, J.C. and R u s s e l l, J.R. Manufacturing-grade milk production in the Piedmont of Georgia. Athens: Univ. of Georgia. 1962. (34 S.) 8° = Bulletin Georgia-agricultural-experiment-station university N.S. 94 (SR 2734, 94)

K o l á ř, Karel u.a. Zařízení dojíren. (Die Einrichtung von Melkanlagen.) Praha: Státní zeměd. naklad. 1963. (211 S.) 8°. (1963 A 605)

P o l i t i e k, R.D. en R o o y, J. de. Namelken met de hand of met de melkmachine. Zeist: Inst. voor Veeteeltkundig onderzoek "Schoonoord". 1962. (23 S.) 4° = Institut voor Veeteeltkundig Onderzoek "Schoonoord". Rapport. Nr. 38. (SR 2812, 38)

G ü n t h e r, Manfred. Beitrag zur Eutergesundheit bei der maschinellen Milchgewinnung unter besonderer Berücksichtigung des Gelben Galtes. Diss. Vet. med. Fak., Leipzig. 1962. (84 S.) 4°. (Diss. 8480)

VII. HAUSWIRTSCHAFT EINSCHLIESSLICH GEMEINSCHAFTLICHE WIRTSCHAFTS-EINRICHTUNGEN

A. ALLGEMEINES

W o l f, Egon; Hannover. Entwicklungstendenzen bei neuzeitlichen Küchengeräten. - Elektro-Anz., Ausg. Handel Installationstechn. 6 (1963) Nr. 5. S. 19-22. - 13 Abb.

Beim Elektroherd umfaßt die Standardausrüstung beim 3-Stellen-Herd eine 145-mm- und zwei 180-mm-Platten, beim 4-Stellen-Herd je zwei 145-mm- und 180-mm-Platten. Durch die Automatenplatte in Verbindung mit einer Zeitschaltuhr läßt sich der Kochvorgang voll automatisieren. Da der Mikrowellenherd nicht alle Zubereitungsarten ermöglicht, wird er den herkömmlichen Elektroherd kaum verdrängen. - Bei Kühlschränken wird der Magnetbandverschluß den etwas unhandlichen Hebelverschluß allmählich ablösen, die Abtauautomatik wird bald zur selbstverständlichen Ausrüstung gehören. Mit Gefriertruhen sollte sich eine Temp. von mindestens ca. - 30 °C erzielen lassen, um ein schnelles Durchfrieren der Lebensmittel zu erreichen (Gefriergeschwindigkeit über 0,3 cm/h). - In Geschirrspülmaschinen kann die Bewegung des Wassers durch feststehende oder bewegliche Düsen oder durch Hochschleudern des im unteren Teil des Spülraumes stehenden Wassers erfolgen.

L.Machler. 7005.

B. VERSORGUNSEINRICHTUNGEN

B a l t z e r, Klaus. Wasserbedarf und Wasserversorgung. - Landmaschinen-Markt 42 (1963) Nr. 2. S. 49-50. 52.

Vorschläge zur techn. Lösung der Probleme der Wasserversorgung. Grundlage jeder Planung von Wasserversorgungs- und Warmwasserbereitungseinrichtungen muß die Ermittlung des Bedarfes sein. Es werden Richtzahlen angegeben. - Um das Wasser für alle notwendigen Zwecke und an allen Plätzen entnehmen zu können, ist eine Druckwasserleitung erforderlich. Ein Hauswasserwerk wird nicht nur bei Einzelanlagen, sondern auch bei ungenügenden Druckverhältnissen in der zentralen Versorgung benötigt. Die Pumpenleistung hat sich nach der erforderlichen Saughöhe zu richten. Der Druckkessel soll 1/6 - 1/10 der stündlichen Förderleistung der Pumpe aufnehmen können. - Bes. Wert ist auf eine genügende Zahl von Zapfstellen zu legen.

L.Machler. 7111.

H e r h a h n, Albert; Wuppertal. Elektrodenheizung. - Elektro-Techn. 45 (1963) Nr. 11. S. 193-195. - 7 Abb., 2 Schemata, 1 Tab.

Die Wassererwärmung mit Hilfe elektrischer Energie geschieht zumeist indirekt über feste Leiter, die die beim Stromdurchgang entstehende Wärme durch Leitung an das Wasser abgeben. Diese Leiter sind dem Verschleiß unterworfen. Bei der Elektrodenheizung (mit Wechselstrom) wird das Wasser selbst als Leiter benutzt. Das Verfahren zeichnet sich gegenüber der direkten Wassererwärmung durch geringeren techn. Aufwand, fehlenden Verschleiß und besseren Wirkungsgrad aus (95 - 98 %). - Als Anwendungsbeispiele werden Anlagen zur Dampferzeugung, Heißwasserbereiter und ein fahrbares vollautomatisches Dampfstrahlreinigungsgerät für Fahrzeuge und Maschinen beschrieben.

L.Machler. 7111.

D i n g e l d e i n, Ursula. Heizung und Warmwasserbereitung im Landhaushalt. - Landmaschinen-Markt 42 (1963) Nr. 2. S. 46-48. - 4 Abb.
Bericht über geeignete Anlagen und Brennstoffe. - Die Kachelofenluftheizung ist nur dann in der Anschaffung wesentlich billiger als eine Warmwasserheizung, wenn der Einsatzofen im Erdgeschoß aufgestellt werden kann und die Räume zentral zueinander liegen. Eine Kombination von Kachelofenluftheizung und Warmwasserbereitung ist zwar techn. möglich, hat sich jedoch in der Praxis nicht bewährt. - Ein Heizungsherd bietet den Vorteil, daß er nicht nur zum Heizen und Warmwasserbereiten, sondern auch zum Kochen verwendet werden kann. Bei einer Kesselleistung von 20000 kcal/h werden in Heizungsherden ca. 40 dz Koks und Kohlen und zusätzlich ca. 4,5 rm Holz je Jahr verbraucht.

L.Machler. 7130.

C. VORBEREITUNG UND ZUBEREITUNG DER NAHRUNG EINSCHLIESSLICH REINIGUNG DER KÜCHENGERÄTE

W i l l i a m s, P.D.L. Microwave ovens. Their economic use, justification and basic design requirements. (Mikrowellenherde; ökonomischer Nutzen, Brauchbarkeit und Grundbedarf.) - Electr. Rev. 172 (1963) Nr. 12. S. 479-bis 480.
Mikrowellenherde werden als Zusatzherde zu konventionellen Herden empfohlen. Sie sind besl geeignet zum Auftauen von Tiefkühlkost, zum Wiedererhitzen von vorgekochten Speisen und zum Kochen von rohen gefrorenen oder gekühlten Nahrungsmitteln. Die Frequenz liegt in England bei 2450 Mc/s, dagegen wird in Amerika die Frequenz von 915 Mc/s bevorzugt. Die Möglichkeiten der Wirkungsregulation und der Wirkungsanzeige werden beschrieben. Abschließend werden die Fragen der Sicherheit erörtert. Da erst ab 10 kV die Emission von γ-Strahlen beginnt, wird unterhalb dieser Grenze gearbeitet.

U.Bergner. 7205.

E. WASCHEN UND KLEIDERPFLEGE

A n o n y m. Home laundry appliances. (Geräte für die Hauswäsche.) - Electr. Rev. 172 (1963) Nr. 7. S. (3)-(4). (7)-(8). (11)-(12). 7405.

F. REINIGUNG UND PFLEGE DER RÄUME

S c h m i d t - A r a n d, M. Fußbodenpflege - gewußt wie. - Mitt. dtsch. Landwirtsch.-Ges. 78 (1963) Nr. 12. Reich der Landfrau S. 91-92. 7505.

H. HAUSWIRTSCHAFT/AUSSTELLUNGEN, TAGUNGEN, VORFÜHRUNGEN, REISEN, ÜBERSICHTEN

A n o n y m. Beursnieuws. (Ausstellungsneuigkeiten.) - Landbouwmechanisatie 14 (1963) Nr. 5. S. 439-443.- 9 Abb.
Bericht über die Haushaltsausstellung in Amsterdam und die Frühjahrsmesse in Utrecht 1963. Als Neuigkeiten werden u.a. herausgestellt: 1) Wäschetrockner der DRU-fabrieken, Ulft, für 4 kg Waschgut. Die angesaugte Luft wird vor dem Erwärmen gefiltert. Die Schaltautomatik ermöglicht Nachtstrombetrieb. Die Stellfläche beträgt nur 45 x 45 cm. 2) Tiefgefrierschrank

"T 70" von Elektrolux mit 225 l Inhalt. In einem Spezialfach für das schnelle Gefrieren frischer Lebensmittel können ca. 10 - 12 kg/24 Std. eingefroren werden. 3) Geschirrspülautomat von Bauknecht, ein Tischgerät mit Wasserenthärtungsanlage. 4) Kühltasche "Eski" von Bauknecht für den Einkauf von Tiefkühlkost und für Camping. L.Machler. 7705.

H e r r m a n n, Josef. Lehrbuch der Vorratspflege. - Haltbarmachen, Frischhalten und Lagern von Lebens- und Futtermitteln. Berlin: Dtsch. Landwirtschaftsverl. 1963. (XVIII, 988 S.) 8°. (1963 A 691)

C o l l i e r, Kurt. Leitfaden der Überwachung von Lebensmitteln tierischer Herkunft. Berlin; Hamburg: Parey. 1962. (241 S.) 8°. (1963 A [illegible]26)

IX. GARTENBAU

EINSCHLIESSLICH OBST- UND WEINBAU

A. ALLGEMEINES

A n o n y m. Hess. Lehr- und Forschungsanstalt für Wein-, Obst- und Gartenbau Geisenheim (Rheingau). Bericht für das Rechnungsjahr 1960. - Hess. Lehr- u. Forsch.-Anst. Wein-, Obst- u. Gartenbau Geisenheim (Rheingau), Ber. 1960 (hrsg. 1961) S.1-105.

Nach einem Bericht über Verwaltung und Lehrtätigkeit folgen die Berichte der einzelnen Institute, u.a. aus dem Inst. für Bodenkunde und Pflanzenernährung (Gegenseitige Beeinflussung der Anionen, Boden- und Blattanalysen beim Apfel, Einfluß der Bodenbearbeitung auf die Struktur gärtnerischer Böden); Inst. für Technik (Maschinen- und Geräteprüfung: Düngerstreuer, Pflanzmaschinen); Inst. für Weinbau und Kellerwirtschaft (u.a. Düngungs-, Standweiten- und Erziehungsversuche); Inst. für Obstbau (Schnittversuche); Inst. für Gemüsebau (Anbautechnik bei Tomaten, Vorkultivierung in Multitöpfen, Einzelkornaussaat bei verschiedenen Gemüsearten, Düngung und Unkrautbekämpfung). U.Neumann. 9020.

E. GARTENBAUTECHNIK/MESS- UND PRÜFWESEN

F o r d, Harry W.; Lake Alfred, Fl., Citrus Exp. Stat. A hand instrument for estimating height and width of citrus trees. (Ein Handgerät zur Bestimmung der Höhe und Breite von Zitrusbäumen.) - Proc. Amer. Soc. horticult. Sci. 76 (1960) S.245-247. - 3 Abb., 2 Lit.

Bei dem neu entwickelten Handmeßgerät handelt es sich um einen Visierwinkel, der sowohl für die Höhenmessung als auch für die Breitenfeststellung von Bäumen jeder Art in Betracht kommt. Das Gerät baut auf dem Prinzip proportionaler Dreiecke auf. Die Meßgenauigkeit ist für den praktischen Bedarf ausreichend. Zur Ablesung der beiden Werte sind pro Baum 15-12 sec notwendig; der Fehler beträgt 6-8 in. (15,2-20,3 cm) bei einem Abstand von 26-28 ft. (7,9-8,5 m) vom Baum. Das handliche Gerät wird beim Wechsel von der Höhenmessung zur Seitenmessung um 90° gekippt. An einer Skaleneinteilung können die Daten unmittelbar abgelesen werden. W.Blasse. 9210.

J a n i c k, Jules; Lafayette, Ind., Purdue Univ., Agric. Exp. Stat. The measurement of fruit size in strawberry. (Messung der Fruchtgröße von Erdbeeren.) - Proc. Amer. Soc. horticult. Sci. 76 (1960) S.343-348. - 1 Abb., 5 Diagr., 2 Tab., 2 Lit.

Zur Ermittlung der Beziehungen zwischen Fruchtgewicht, Fruchtzahl, spezifischem Gewicht und Frucht-Dmr. wurden Längen-, Breiten- und Dickenmessungen am Erntegut der Sorten 'Earlidawn' und 'Pocahontas' während mehrerer Reifeperioden durchgeführt. Zur Messung fand eine schublehrenartige Vorrichtung aus Plexiglas Verwendung. Sie gestattet mit einer Einstellung die Ermittlung der Fruchtdimensionen an Hand eines eingravierten Zahlen- und Netzsystems. Zwischen Fruchtgewicht und Fruchtzahl besteht erwartungsgemäß bei den einzelnen Sorten eine enge positive Korrelation. Nach den vorgenommenen Untersuchungen läßt sich die Fruchtzahl über das Fruchtgewicht mit genügend grosser Genauigkeit ermitteln. W.Blasse. 9215.

F. GARTENBAU/ENERGIE, KRAFTMASCHINEN UND SCHLEPPER

W e l e c z k a, Josef; Bonn. Die Elektrizität im Gartenbau. - Landtechnik 17 (1962) Nr.12. S.429-430. 432. - 4 Abb.
Die elektrische Bodenheizung wird heute mittels Heizkabel mit Netzspannung oder Blankdrähten bzw. Maschendrahtgeflecht mit Kleinspannungen bis 42 V durchgeführt. Für den Zweck der Bodenheizung sollten die Kabel nicht mit mehr als 12-15 W/m belastet werden. Im Frühbeetkasten braucht man etwa 100 bis 150 W/m^2, im Gewächshaus 50 bis 70 W/m^2, auf den Gewächshaustischen nur 40 bis 50 W/m^2. Zur Maschendrahtheizung wird neuerdings ein kunststoffüberzogenes Geflecht verwendet. - Lichtstärken von 5 bis 40 W/m^2 genügen als Zusatzbelichtung schon, um bestimmte Kulturen zur Blüte zu bringen. Die assimilatorische Belichtung erfordert jedoch einen höheren Aufwand an Energie. Es sind Leistungen zwischen 100 bis 300 W/m^2 notwendig. - Elektrisch dämpfen wird man bei kleinen Erdmengen. Der Energiebedarf liegt bei 40 bis 50 kWh/m^3 Erde. - Nahezu alle Steuervorgänge und die gesamte Regeltechnik im Gartenbau basieren auf elektrischer Energie. Jeder elektrifizierte Betrieb sollte deshalb unbedingt ein Notstromaggregat besitzen. E.Krusekopf. 9255.

V a n ě k, Vlastimil; Úhřetice. T-4 K-10 - nový významný pomocník zahradníka. ("T-4 K-10" - neue bedeutende Maschine für den Gartenbau.) - Ovocnářství a Zelinářství 10 (1962) Nr.12. S.356-357. - 3 Abb.
Eine neue Maschine für Gartenbauzwecke stellt der Vierrad-Kleinschlepper "T-4 K-10" mit einem Dieselmotor von 10 PS dar. Beide Achsen sind als Triebachsen mit Differentialsperre ausgeführt, Vorder- und Hinterteil des Schleppers sind untereinander gelenkig verbunden. Der Schlepper besitzt eine hintere Zapfwelle mit hydraulisch betätigtem Rahmen zum Geräteanbau. Die Höchstlänge der Maschine beträgt. 256 cm, die Spurweite ist von 70-100 cm stufenlos verstellbar, Bodenfreiheit 29 cm, Masse 810 kg. Das Getriebe hat 4 Vorwärtsgänge von 2,1 bis 15 km/h und 4 Rückwärtsgänge von 1,6 bis 11,5 km/h. Als Zubehör werden ein Einachsanhänger mit 800 kg Tragfähigkeit, eine Messerfräse mit 100 cm Arbeitsbreite und ein einschariger Drehpflug mitgeliefert. In Entwicklung stehen eine dreireihige Hackmaschine, Ackerwalze, Spritze und Geräteträger in ähnlicher Ausführung wie "RS 09". J.Rybicka. 9265c.

G. GARTENBAU/TRANSPORT UND FÖRDERUNG

K r i j g s m a n, H.K.; Wageningen, Inst. voor Tuinbouwtechn. De keuze van het transportmiddel. (Die Wahl der Transportmittel.) - Meded. Directeur Tuinbouw /'s-Gravenhage/ 26 (1963) Nr.2. S.76-81. - 4 Abb.
Es wird empfohlen, die notwendige Kapazität für den innerbetrieblichen Transport mit Hilfe von Arbeitsanalysen zu ermitteln, in denen u.a. berücksichtigt werden müssen: Anzahl der notwendigen Be- und Entladegänge, Verwendung von Wagen als "Lagerraum", Anzahl der benötigten AK. - Einsatzbereich sowie Vor- und Nachteile folgender Transportmittel werden erörtert: Handkarren, Wagen, Paletten, Hublader, Verladerampen, Schmalspurbahnen, Rollenbahnen, Förderbänder. - Zusammenfassend wird festgestellt, daß die Tendenz besteht, vom Wagen- zum Paletten-Transport überzugehen, da dadurch der Arbeitsaufwand für den Transport verringert und Lagerräume max. ausgenutzt werden können. L.Machler. 9310a.

G e r m e r e n, P. van. Zelflossende aanhangwagen. (Selbstabladender Anhänger.) - Vakbl. Bloemisterij 17 (1962) Nr.12. S.193. - 5 Abb.
Die Fa. Cook, Assen, hat eine erste Serie Einachsanhänger mit Kippvorrichtung für Einachsschlepper ab 5 PS gebaut. Der Anhänger ist auch für Vierradtraktoren geeignet. Die Spurbreite beträgt 1,15 m. Die Ladeplattform ist auf Rollenbahnen seitlich verschieb- und kippbar. Zahnräder oder Hydraulikzylinder sind an dem Kippmechanismus nicht vorhanden; zum Entladen wird von Hand eine Sperrvorrichtung gelöst und die Plattform leicht zur Seite geschoben, nachdem die Seitenwand an der Entleerungsseite geöffnet wurde. Das Entladen von Stalldung, Kompost, Sand usw. dauert 5-10 sec. Die Ladepritsche hat ein Innenmaß von 1,20 x 2,10 m mit 30 cm hohen Seitenwänden. Die Tragfähigkeit des Anhängers beträgt 1 t.

A.Lauenstein. 9310f.

A n o n y m. Het stapelbord in de praktijk. (Palette in der Praxis.) - Fruitteelt 52 (1962) Nr.47. S.1344-1345. - 4 Abb.
Aufbauend auf den in einem arrondierten 26 ha-Obstbaubetrieb gesammelten Erfahrungen wird der Einsatz von Paletten im Obstbau positiv beurteilt. Als wichtig wird herausgestellt, daß die beladenen Paletten so lange wie möglich als Einheit behandelt werden. Der Schlepper mit Hecklift fährt jede beladene Palette direkt in die betriebliche Aufbereitungs-Station; es wird kein Umladen auf Tieflader in der Anlage vorgenommen. Ein Schlepper kann das Erntegut von 45 Pflückern bewältigen, da im vorliegenden Fall die weiteste Entfernung von der Anlage zur Station 400 m beträgt. An der Aufbereitungsstation setzt der Schlepper die Palette ab, die von hier aus von Hubstaplern übernommen und weitertransportiert wird. An der Sortiermaschine werden die Einzelkisten entleert und die fertig sortierte Ware sofort wieder auf Paletten gesetzt. Der weitere Transport zur Veiling erfolgt per LKW. Die Hubvorrichtung, am Heck des Schleppers angeordnet, wird als zweckmäßiger als eine Fronthubvorrichtung angesehen. Die Gabellänge muß der Palettentiefe entsprechen, um volle Standsicherheit beim Transport zu gewährleisten. Ein Seil sichert den Kistenstapel beim Schleppertransport.

W.Blasse. 9310h.

H o r á n s z k y, Z.; Budapest, Forsch.-Inst. für Weinbau. Mechanisierung der Transportarbeiten in Weinbergen. - Int. Z. Landwirtsch. /Sofia/Berlin/ 1962 Nr.6. S.76-79. - 6 Abb., 3 Tab.
Zur Rationalisierung der Transportarbeiten im Weinbau wurde eine transportable Hängebahn entwickelt. Die Stützen für das Drahtseil lassen sich teleskopartig verlängern. Die Aufhängung der Seilbahnwagen erfolgt durch 4 Seilrollen, 2 obere und 2 untere, wobei die unteren an das Drahtseil angepreßt werden. An den Seilbahnwagen ist das Zugseil befestigt. Die Wagen sind für Schüttguttransport vorgesehen, es wurden aber auch Vorrichtungen für den Transport von Pfählen, Körben u. dergl. entwickelt. Eine automatische Entleerungsvorrichtung kann am Seilbahnende angebracht werden. Bei Entfernungen von 400 bis 600 m sind Seilwinden mit erhöhter Seiltrommeldrehzahl und Bremsvorrichtungen notwendig. Der Aufbau von 200 m Seilbahn ist mit 4 AK in 3 bis 4 Std. möglich. Mit einer 400-m-Bahn können bei einer

Nutzlast von 3 dt täglich 100 dt befördert werden. W.Blasse. 9320b.

H. GARTENARBEITEN - AUSSCHLIESSLICH ERNTE

V o g e l, G.; Großbeeren, Inst. für Gemüsebau. Der Einsatz der Technik zur Verbesserung der Fruchtbarkeit des Bodens. - Dtsch. Gartenbau 10 (1963) Nr. 2. S.42-45. - 5 Abb., 1 Tab., 4 Lit.

Durch sachgemäßen Einsatz der Technik wird auch zur Verbesserung der Bodenfruchtbarkeit beigetragen. Bewässerung: Bei Verwendung halbstationärer Bewässerungsanlagen kann der Arbeitsaufwand gegenüber voll beweglichen Anlagen um 60 bis 85 % gesenkt werden (selbstfahrende Regnerflügel, Rohrtransportwagen). Bei nicht geschlossenen Gemüsebeständen sollen nur Schwach- oder Mittelstarkregner Verwendung finden. - Mineraldüngerstreuer: Der Breitstreuer D 344 wurde mit einer Reihenstreuvorrichtung erprobt, so daß die Mineraldüngung auch bei solchen Kulturen erfolgen kann, bei denen bisher Schwierigkeiten bestanden. - Bodenheizung im Freiland ist mit Industrieabwärme von 25° bis 50 °C erfolgversprechend. Durch Einsatz von Folienzelten aus Polyäthylen kann eine Ernteverfrühung um ca. 14 Tage erzielt werden.

W.Blasse. 9405a.

B a r t h o l o m a y, G.; Dresden-Tolkewitz. VEG (B) Baumschule. Möglichkeiten der Mechanisierung bei der Anzucht von Stauden. - Dtsch. Gartenbau 10 (1963) Nr.3. S.75-77. - 5 Abb., 3 Lit.

Vf. berichtet über durchgeführte Mechanisierungsmaßnahmen in der Kompostwirtschaft, Erdaufbereitung, bei der Bodenbearbeitung, Jungpflanzenanzucht, Pflanzung und Pflege der Staudenkulturen. Erfolgreich eingesetzt wurden der "RS 09" mit Hublader "T 150", der große Reißer "R 125" und der Kompostreißer "R 48 G", der Hackrahmen "P 320" mit Markierrolle, das Anbau-Sprüh- und Stäubegerät "S 293" am "RS 09" u.a. Die einzelnen Arbeitsgänge werden beschrieben und einige Probleme zur weiteren Entwicklung aufgezeigt.

R.Höhn. 9405c.

A n o n y m. Mechanisierung im Obstbau. - Potsdam-Bornim, Inst. Landtechn. Dtsch. Akad. Landwirtsch.-Wiss. Berlin Plan-Nr.: 1701 23 h-2-20. Abschlußber. (31/5.1963)

Für die mechanisierte Durchführung der Bodenpflegearbeiten in den Baumreihen wurden Funktionsprinzipien festgelegt, danach 5 Versuchsgeräte gebaut und in der Praxis folgende Untersuchungen durchgeführt: Funktion der Geräte, Anschlagkraft am Baum, Größe der unbearbeiteten Fläche jeweils in Abhängigkeit von der Arbeitsgeschwindigkeit. - Für die ungarische Kalibriermaschine "Unifruct" wurden folgende Versuchsmuster als Zusatzgeräte gebaut und in praktischem Einsatz untersucht: 1. Kistenkippvorrichtung, 2. Verleseband, 3. Abfüllvorrichtung. Dabei wurden folgende Ergebnisse erzielt: Kistenkippvorrichtung: Der Vorteil einer mechanischen Kistenkippvorrichtung wirkt sich bei Kleinkisten (40 x 60 cm) nicht aus, wenn eine männliche AK allein von Hand kippen kann. Verleseband: Durch das Verleseband wird auch ohne die Zusatzeinrichtungen eine Steigerung der Arbeitsproduktivität von etwa 30 % erreicht. Abfüllvorrichtung: Die Untersuchungen konnten noch nicht abgeschlossen werden. 9405d.

Š a m a e v, G. (Schamajew, G.) Mechanizacija rabot v sadovodstve. (Mechanisierung der Arbeiten im Obstbau.) - Technika v sel'skom chozjajstve, Moskva 23 (1963) Nr.1. S.12-17. - 9 Abb. Aus: Dok.-Dienst ILT 1963 Nr.3.
Vf. gibt einen Überblick über derzeitige Mechanisierungsmittel für sämtliche Arbeiten im Obstbau, wie Aussaat, Bodenbearbeitung, Düngung, Pflege, Schädlingsbekämpfung und Transport des Erntegutes. Technische Daten und Verwendungszweck, einige Leistungskennziffern und konstruktive Merkmale einiger Maschinen werden mitgeteilt. 9405d.

R o l i n, P. Les travaux du sol dans les cultures fruitières. (Die Bodenpflege im Obstbau.) - Fruit belge 28 (1960) Nr.226. S.81-89. - 5 Abb.
In den Obstanlagen von Namurois und Hainaut sind folgende Methoden der Bodenpflege gebräuchlich: 1. Mulchen. 2. ständige Bodenbearbeitung. 3. Gründüngung. 4. chemische Unkrautbekämpfung. In Heckenanlagen läßt man die Gasse ab Juli natürlich begrünen oder macht Gründungseinsaaten. Bis dahin wird die Bodenbearbeitung mit Scheibenegge und Grubber durchgeführt. Zum Umbruch der Gründüngung benutzt man den Pflug. Die chemische Unkrautbekämpfung setzt sich durch. U.Neumann. 9405d.

A n o n y m. Wirtschaftlichkeit im Weinbau unter Anwendung neuzeitlicher Technik. - Dresden-Pillnitz, Inst. Obst- und Zierpflanzenbau Dtsch. Akad. Landwirtsch.-Wiss. Berlin Plan-Nr.: 1701 14 h/2-04/6. 81 S. Abschlußber. (22/4.1963).
Der Weinbau in der DDR wird vorwiegend in Steillagen, also unter außerordentlich ungünstigen arbeitstechnischen Bedingungen betrieben. Für die zukünftige Erhaltung und Förderung des Weinbaues ist die Mechanisierung und Rationalisierung mit dem Ziel der Steigerung der Arbeitsproduktivität das Hauptproblem. Die vorliegende Arbeit untersucht die Voraussetzungen für die Anwendung der Technik und beschreibt die zur Zeit möglichen Arbeitsverfahren und deren arbeitswirtschaftliche Kennwerte. Ein Teil der in der Landwirtschaft verwendeten Maschinen und Geräte zur Bodenbearbeitung und Schädlingsbekämpfung ist auch zum Einsatz im Weinbau geeignet. Gründüngung, Bodenbearbeitung und chemische Unkrautbekämpfung sind als arbeitsparende Maßnahmen in die allgemeine Bodenpflege einzubeziehen. Der Lastentransport im Weinbau kann durch einen zweckmäßigen Wegebau, durch den Einsatz von Seilzugkarren und Seilzugbahnen erleichtert und wirtschaftlich gestaltet werden.
9405e.

P f a f f, Franz; Oppenheim/Rh., Landes- Lehr- und Versuchsanst. für Wein- und Gartenbau. Selbsthilfe in der Weinbautechnik. - Dtsch. Weinbau 18 (1963) Nr.7. Techn. im Weinbau S. 27-33. - 34 Abb.
Es wird eine stärkere Mechanisierung im Weinbau gefordert. Notwendig ist eine zweckmäßige Koordinierung der vorhandenen Maschinen und Geräte und die vielseitige Verwendung einer Maschine. Als Schwerpunkte bei der Selbsthilfe im Weinbau werden Stockroden, Erdbewegungen, Rebholzbeseitigung, Schädlingsbekämpfung, Lesearbeiten und Traubentransport angeführt und die entsprechenden Maschinen und Geräte sowie die Technik bei diesen Arbeiten beschrieben.
R.Höhn. 9405e.

W i t t e, Karl; Wesseling bei Köln. Die künstliche Beregnung im Garten-, Obst- und Weinbau. - Landtechnik 17 (1962) Nr.12. S.453-455. - 1 Abb., 2 Diagr.

Für die Freilandberegnung kommen heute ausschließlich kleine Drehstrahlregner mit 4-5 mm Düsen-Dmr. in Betracht. Zur Bodenanfeuchtung werden die Regner im Abstand von 21 mal 24 m und zur Frostschutzberegnung im Abstand von 18 mal 24 m aufgestellt. Die mittlere Regendichte beträgt dabei 3,5 und 2,5 mm. Für die Regengabe von 30 mm beträgt die Betriebszeit je nach Düsengröße 8-12 Std., wofür die Nachtstunden genutzt werden sollten. Für beregnungsempfindliche Kulturen wie Tomaten hat sich die Tropfenbewässerung bewährt. Diese läßt sich mit Schlauchleitungen bis 50 m bei 2,4 atü Druck mit dem düsenlosen MÜCO-Tropfenschlauch durchführen. E.Krusekopf. 9410db.

M a p p e s, Franz; Weihenstephan. Die Bodenbearbeitung im Gartenbau aus technischer Sicht. - Landtechnik 17 (1962) Nr.12. S.436-438. - 5 Abb.

Die Pflugfurche im Herbst mit dem Ziel der langsamen Vertiefung der Krume ist die Grundlage der Bodenbearbeitung. Jede weitere Bearbeitung sollte nur in Form des Krümelns erfolgen. Die Bodenfräse zerkleinert alle größeren Krümel und erweist sich auf leichten und trockenen Böden als nachteilig. Bei schweren und humosen Böden hat die Fräse eine große Bedeutung. Sie wird jedoch langsam ersetzt durch Hackfräsen und sogenannte Krümler, das sind langsam rotierende Bodenbearbeitungsgeräte, die den Boden nicht so fein zerkleinern. Große Krümler am Vierradschlepper sollten seitlich verstellbar arbeiten, so daß das Feld ohne Radspur zur Bestellung bereitliegt. Die Einbringung von Humusdüngern sollte nur noch flach mit dem Krümler oder der Fräse erfolgen. Die Vereinheitlichung der Reihenentfernungen ermöglicht die maschinelle Hackarbeit, die mit langsam rotierenden Hackwerkzeugen erfolgt. In der Beetkultur setzt sich der Geräteträger immer mehr durch. Die Beetbreite ist gleich der Spurbreite des Geräteträgers, auf den sämtliche Arbeiten abgestellt sind. E.Krusekopf. 9415a.

L o e w e l, Ernst Ludwig; Jork. Über die Bodenbehandlung in Obstanlagen. - Landtechnik 17 (1962) Nr.12. S.439-441. - 5 Abb.

Die Geräte zur Bodenbearbeitung müssen bis an die Stämme heranreichen und deshalb entspr. seitlich ausgelegt werden, um unter den Baumkronen arbeiten zu können. In Frage kommt nur eine flache, wurzelschonende Bearbeitung. Der Pflug wird durch die Scheibenegge ersetzt. Die Krümelung der gewendeten oberen Bodenschicht erfolgt mit der Vibrationsegge. Die Spatenkrümler schaffen ebenfalls eine gute Krümelung, lassen sich jedoch nur hinten am Schlepper anbauen. Die Rotationshacke krümelt schweren, scholligen Boden, wickelt aber leicht bei langen Leguminosenstengeln oder Grasnarbe. Zur Bearbeitung eines schmalen Streifens rechts und links der Baumreihen eignet sich der "Kwikmulder" der dänischen Fa. Dethlefsen in Birkeröd, der durch verschieden weite Seitenauslage allen gebräuchlichen Reihenentfernungen angepaßt werden kann. Der Anschluß erfolgt vor dem Schlepper mit Antrieb von der vorderen Zapfwelle. - In Beerenobstquartieren werden vorwiegend Motorhacken mit stufenlosem Getriebe eingesetzt. E.Krusekopf. 9415a.

B e c k e r, Ewald. Schlepperpflüge für die Weinbergsarbeit. - Landmaschinen-Markt 41 (1962) Nr.18. S.1078. 1080-1081. - 6 Abb., 1 Skizze, 3 Lit.
Schleppergezogene Weinbergspflüge können in Hanglagen bis zu 25 % Neigung eingesetzt werden. Am besten geeignet sind Anbaupflüge, da die Länge des Aggregates gering ist und dadurch beim Wenden das Beschädigen der Weinstöcke vermieden wird. Als günstig erwies sich das senkrechte Ausheben der Pflüge. Beschrieben werden die wichtigsten Teile des Weinbergpfluges. Im Sommer werden Gänsefuß- und Grubberschare verwendet. Im Ausland sind viele Scheibenpflüge im Einsatz. R.Höhn. 9415d.

W e g e n a a r, C. und G r o e n, J. De hakfrees - eenvoudige bediening. (Die Hackfräse - einfache Bedienung.) - Vakbl. Bloemisterij 17 (1962) Nr. 22. S.387. - 1 Abb.
Der Einradschlepper "Type 333" ist mit einem 167-cm^3-Viertakt-Benzinmotor ausgerüstet. Die Lenkholme sind höhen- und seitenverstellbar um 70 °. Motor und Arbeitswerkzeuge werden über Bowdenzüge von den Lenkholmen aus bedient. Nach Werkangaben hat der Motor 4 PS bei 3600 U/min. Gestartet wird mit einer Anreißleine. Die Gesamtlänge beträgt 1,55 m, die Breite 0,59 m, die Höhe 0,90 m und die Masse 100 kg. Die Geschwindigkeiten betragen vorwärts 0,9; 1,3 und 2,2 km/h und 1 km/h im Rückwärtsgang. Die Handhabung ist einfach, auch zwischen schmalen Reihen ist eine sichere Bedienung möglich. Die Fräse kann mit und ohne Radantrieb gefahren werden. Die Leistung beträgt z.B. bei 55 cm Reihenentfernung 0,1 ha/h. Zwischen engeren.Reihen ist die Leistung geringer. Folgende Fräsbreiten sind mit Schutzhaben einstellbar: 18, 25, 31, 47 und 54 cm, ohne Schutzhauben zusätzlich 67 und 92 cm. Die Fräse wird hinsichtlich Konstruktion, Bedienbarkeit, Arbeitsleistung und -qualität sowie Haltbarkeit und Unterhaltung vom Inst. für Techn. im Gartenbau gut beurteilt. A.Lauenstein. 9415f.

A n o n y m. Wischegge löst Kultivator ab. Einsatz der Wischegge bringt große Vorteile bei der Saatbettvorbereitung.- Dtsch. Gärtnerpost 15 (1963) Nr.20. S.4. 9415g.

M o i s e e v, P. (Moissejew, P.) Mechanizacija vyvozki i vnesenija v počvu peregnoja. (Mechanisierung des Transports und der Einbringung von Kompost.) - Technika v sel'skom chozjajstve, Moskva 22 (1962) Nr.12. S.11-13. - 3 Schemata. Aus: Dok.-Dienst ILT 1963 Nr.1.
Vf. geht auf 3 Kompostlademethoden ein: 1. Einsatz von zwei Bulldozern mit Holz-Ladegerüst. 2. Zwei Bulldozer mit Traktorschlitten. 3. Zwei Bulldozer mit Metallblechen. Die Technologie der Ausbreitung und Einbringung von Humus in den Boden unter Verwendung des Anbau-Kultivators "KON-2,8" werden beschrieben und Leistungswerte sowie Ergebnisse von Zeitmessungen mitgeteilt. 9420d.

B a u m a n n, E. und V o g e l, G.; Großbeeren, Inst. für Gemüsebau. Kompostbereitung aus Stadt- und Industrieabfällen in der ČSSR. - Dtsch. Gartenbau 10 (1963) Nr.2. S.37. - 2 Abb.
In der ČSSR werden jährlich 1/2 Mio t Kompost industriell hergestellt. Das modernste Werk bei Brünn lieferte 1962 75 000 t Kompost. Nach Endausbau soll die Kapazität 100 000 t betragen. Ausgangsmaterial sind Klärschlamm, Stadtmüll, Lignit (minderwertige Bestandteile der Kohle), Scheideschlamm, Niedermoortorf, Abfälle aus Konservenbetrieben und Textilbetrieben, Flug-

asche u.a. Die Zufuhr fester Stoffe zum Verarbeitungsbetrieb erfolgt per Bahn, bei Klärschlamm durch eine Druckleitung. Das Auf- und Umsetzen des Kompostes erfolgt maschinell in 8,5 m breiten Becken; die Rottedauer beträgt 25 Tage. Alle Arbeitsgänge sind mechanisiert. Für das Endprodukt werden garantiert: 50 % H_2O und 18 % organische Masse, ferner der Reaktionsgrad und der Nährstoffgehalt. Die Kosten betragen 17 DM/t (1 t = 1,15 m^3).

W.Blasse. 9425cd.

B a u m a n n, E. und V o g e l, G.; Großbeeren, Inst. für Gemüsebau der Dtsch. Akad. der Landwirtsch.-Wiss. zu Berlin. Einsatz technischer Hilfsmittel bei der industriellen Kompostbereitung in der CSSR. - Dtsch. Agrartechn. 13 (1963) Nr.3. S.132-133. - 4 Abb.

Das Werk zur industriellen Kompostbereitung in Brno, das eine Jahreskapazität von 75 000 t hat, wird beschrieben. Zu beiden Seiten einer Gleisanlage befinden sich je 3 130 m lange und 8,5 m breite betonierte Becken, deren Boden drainiert wurde. Das Ausgangsmaterial zur Kompostbereitung besteht aus 50 % Faulschlamm, der 91,3 % Wasser, 4,3 % org. Masse und 4,4 % Asche enthält. Daneben wird noch trockener Schlamm verwendet, der 60-70 % Wasser enthält. Weitere Bestandteile sind: sortierter Stadtmüll, Lignit, Scheideschlamm aus Zuckerfabriken, Niedermoortorf u.a. Abfälle aus Fabriken. Die Waggons werden mit einer Förderbrücke in die den Gleisen am nächsten gelegenen Becken entladen. Die Haufen werden 3,2 m hoch. Zwischen die festen Ausgangsstoffe wird maschinell Klärschlamm gespritzt. Eine Umsetzmaschine mischt das Material und versetzt 80 m^3/h in das 2. Becken. Nach etwa 25 Tagen, wenn eine Temp. von 50 °C in der Miete erreicht ist, ist die Kompostierung beendet, und das Material wird bei Abtransport mit der Bahn zurück ins erste Becken umgesetzt, beim Transport mit LKW ins äußere Becken. Die angegebene Jahresleistung wird mit 58 AK, davon 49 Produktionsarbeitern erreicht.

Ch.Förtsch. 9425cd.

K o p ř i v a, Adolf; Hrušovany n. Jevišovkou, Státní Statek. Mechanizace těžby a kompostování rybničního bahna. (Mechanisierung der Gewinnung und Kompostierung von Teichschlamm.) - Mechanizace Zemědělství 12 (1962) Nr.9. S.263-266. - 9 Abb.

Auf dem Staatsgut Hrušovany wurde als Ausgangsmasse für die Kompostierung Teichschlamm benützt. Zur Gewinnung lagen folgende Mechanisierungsmittel vor: Bagger "E 302", Kettenschlepper "DT-54" mit Räumlöffel, Autokran "HSC 4" und die erforderliche Anzahl LKW. Mit dem Bagger wurde inmitten des Teiches ein Graben zur Entwässerung ausgegraben, mit Hilfe des Räumlöffels wurden Zufahrtwege hergerichtet. Der Weg über den Teich wurde aus Straßenfertigteilen ausgeführt. Für den Bagger wurden Matten aus dicken Stangen hergestellt, von denen aus der Schlamm durch Tieflöffel gefördert und unmittelbar in die LKW aufgeladen wurde. Da das Fördergut stark naß und schwierig aufzuladen und auszuschütten ist, wurde die Schaufel durch eine Stahlplatte verlängert. Durch eine zweckmäßige Arbeitsorganisation wird ein kontinuierlicher Arbeitsablauf gewährleistet. Das Beschicken des Wagens "T 111" dauert 4 1/2 bis 7 Min., die Tagesleistung in einer verlängerten Schicht bewegt sich um 400 m^3 Fördergut. Wichtig ist die Aufrechterhaltung der Befahrbarkeit der Fahrbahn. Zum Umladen der Bauplatten dienen der Autokran oder der

Lader " T 172". Der Schlamm wird so abgeladen, daß noch weitere Massen beigefügt werden können, die Behandlung wird mittels des Räumlöffels am "DT-54" durchgeführt, zur Kompostierung dient der Schlepper-Kompostumsetzer. Reife Komposte werden wiederum mit dem Bagger "E 302" aufgeladen.

J.Rybička. 9425ce.

S t o f f e r t, G.; Hannover, TH, Inst. für Gärtnerische Betriebslehre und Marktforsch. Untersuchungen über das Umtopfen vom 3,5-cm-Multitopf in den 8-cm-Tontopf. Dtsch. Gartenbauwirtsch. 10 (1962) Nr.3. S.49-53. - 8 Abb., 2 Tab., 3 Lit.

Gegenübergestellt werden 4 Arbeitsverfahren beim Umtopfen von Hibiscuspflanzen von 3,5-cm-Multitopfplatten in 8-cm-Tontöpfe: 1. Übliche Arbeitsweise am Verpflanztisch mit Erde heranschaffen, Topf mit Erde füllen, Pflanze eintopfen, Abstellen der Tontöpfe auf Stellage. - 2. Leere Töpfe in Kisten stellen, durch Herüberziehen der Erde mit einem Brett Töpfe füllen, Löcher mit Multitopf-Lochern in die mit Erde gefüllten Töpfe stanzen, Pflanzen eintopfen, Abstellen auf Stellage. - 3. Wie 2., die eingetopften Pflanzen bleiben in den Transportkisten. - 4. Leere Töpfe auf Stellage stellen, mit Erde füllen wie bei 2. Die zwischen die Töpfe fallende Erde dient als Einfütterungssubstrat. Der Arbeitszeitbedarf beim Umtopfen von 1000 Hibiscus beträgt bei 1. 158 Min. (100 %), bei 2. 161,20 Min. (102 %), bei 3. 95,90 Min. (61 %) und bei 4. 104,60 Min. (66 %).

R.Höhn. 9430f.

H o r n, H.-H. und K a i s e r, H. Pflanzmaschine Pfl 5 A/Kfl 4 - Prüfbericht Potsdam-Bornim. - Dtsch. Akad. Landwirtsch.-Wiss. Berlin, Inst. Landtechn. Potsdam-Bornim, Prüfber. Nr.253. Gr.Nr.5 b.(1960) S.1-6. - 1 Abb., 3 Tab.

Hersteller: Fa. Manhardt, Landmaschinenbau KG., Wutha/Thür. - Die Pflanzmaschine ist zum Anbau an die Dreipunkthydraulik von Schleppern mit 18-30 PS Motorleistung vorgesehen, kann aber auch als Anhängemaschine eingesetzt werden. Sie besteht aus einem einachsigen Fahrgestell mit luftbereiften Rädern, an das je nach Verwendungszweck Einzelaggregate zum Auspflanzen von pikierten und getopften Pflanzen, zum Rübenstecken und zum Kartoffellegen angebracht werden können. Auf dem Fahrgestell befindet sich eine Plattform zum Transport von Pflanzgut. - Prüfungsergebnisse: Die Arbeitsleistung in t_{GA} betrug im Durchschnitt 0,13 ha/h. Tiefe und Abstand der Pflanzen wurden eingehalten, die Pflanzen standen senkrecht und wurden genügend fest angedrückt. Der Zugkraftbedarf der Maschine mit 4 Pflanzaggregaten beträgt 300-420 kp. Die Pflanzmaschine ist für den Einsatz in Landwirtsch. und Gartenbau "gut geeignet".

M.Lüpnitz. 9435e.

P r e z e n t, A. (Present, A.) Gidrobur - na posadke ovoščej. (Locher zum Setzen von Gemüsepflanzen.) - Kartofel' i ovošči, Moskva 7 (1962) Nr.2. S. 7-8. - 2 Abb., 1 Tab.

Zur Versorgung der Bewohner von Woronesh mit Gemüse und Kartoffeln wurden im Jahre 1960 4 spezialisierte Sowchosen organisiert, die für das Pflanzen von Gemüse Hydro-Pflanzlochgeräte verwenden. Ein solches Gerät besteht aus Duraluminiumrohren, die in 3 Spitzen auslaufen. Der Hydrolocher wiegt 2,4 kg. Die Spitzen stellen einen Stahlkegel dar, der sich aus zwei Teilen zusammensetzt, die miteinander durch 3 Rippen verschweißt sind. In dem spitz zulaufenden Teil des Kegels sind 1 mittlere und 6 seitliche Öffnungen von

2 mm Dmr. angebracht. Vier solcher Hydro-Pflanzlochgeräte werden mit dem Traktor "MTZ-5L" eingesetzt. Das benötigte Wasser wird aus dem Behälter eines Spritzgerätes zugeführt. Die Arbeitsgeschwindigkeit beträgt 2 km/h. Ein solches Aggregat wird einschließl. Traktorist von 18-19 AK bedient, die Tagesleistung beträgt 3,5-4 ha pro Tag. Bei mechanischem Setzen wachsen die Pflanzen zu 97 % an. Außerdem erübrigt sich durch Anwendung der Hydrolocher das Angießen der Pflanzen nach dem Setzen. Beim Setzen mit Hydrolocher beträgt der Arbeitsaufwand je ha 8,4 AK/Tage und bei manuellem Setzen 38,5 AK/Tage. E.Kahn. 9435e.

A n o n y m. Orchard cultivator from Vicon. (Obstgarten-Kultivator von Vicon.) - Agric. Machinery J. 17 (1963) Nr.3. S.37. - 1 Abb. Aus: Dok.-Dienst ILT 1963 Nr.4.

Ein neues Gerät der Fa. Vicon Agricultural Machinery Ltd. für die Bearbeitung des Bodens in den Baumreihen wird kurz beschrieben. Merkmale: von 6 Grubberzinken sind 3 an einem Schwenkarm montiert. Der Zinkensatz wird hydraul. zurückgeschwenkt, sobald ein vorn angebrachter Fühler mit einem Baum in Berührung kommt. Techn. Daten: Standard-Zinken 50,8 mm und Spezial-Hackmesser 203,2 mm breit; in Arbeitsbreiten von 1016, 2032 und 2235 mm lieferbar. 9445d.

H ü b n e r, Richard; Bad Kreuznach. Die Bodenbearbeitung im Weinbau bei Flach- und Steillagen. - Landtechnik 17 (1962) Nr.12. S.442. 444-445. - 4 Abb., 1 Tab., 4 Lit.

Der Einsatzbereich von Ein- und Zweiachsschleppern ohne Zusatzausrüstung geht bis zu 15 % Fallinienneigung, Kettenschlepper können 25-35 % Hangneigung in Fallinie bearbeiten und Schlepper mit Vierradantrieb etwa 20 %. Am Steilhang mit über 35 % Hangneigung kommt als Zugkraft nur noch die Seilwinde in Frage. Geräte mit aufgebautem Motorwindenaggregat oder Seilwinden mit angebauter Fernbedienungsanlage erlauben die Einmannarbeit. Die Gassen der Rebanlagen müssen für die maschinelle Bearbeitung mindestens 1,5 m breit sein. Voraussetzung für die motorisierte Bodenbearbeitung ist, daß die Rebanlage in Fallinie gezeilt ist. Bedingt durch das talseitige Abrutschen der Triebräder wird das Arbeiten in Schichtlinie ab etwa 6 % Neigung unwirtschaftlich. Im Frühjahr wird der Boden mit einem Grubber bearbeitet, danach wird abgepflügt. Dazu gibt es Stockräumgeräte, die mit selbsttätig ausweichenden Werkzeugen versehen sind. Im Sommer wird mit Gänsefuß - messern, Drehhacken und Rotorkrümlern gearbeitet. Im Herbst wird wieder angepflügt. Vor einer Neupflanzung wird die Fläche rigolt.
E.Krusekopf. 9445e.

Poradnik ogrodniczy. (Ratgeber für den Gartenbau.) 4., verb. u. vervollst. Aufl. Warszawa: Panstw. wyd. rolnicze i leśne. 1962. (597 S.) 8°. (1962 A 1701).

Literatur über die Mechanisierung im Obstbau. Hrsg.: Inst. f. Landmaschinen- u. Traktorenbau. Dok.-Stelle. Leipzig W 31, Am Lausner Weg. (Lit.-Nr.: 3/63. Titelanzahl: 19 m. Annotationen. Ber.-Zeit: 1954-1961.)

I. FRÜHBEETE UND GEWÄCHSHÄUSER

S h a d b o l t, C.A., M c C o y, O.D. und W h i t i n g, F.L. Riverside, Univ. of California, Citrus Res. Center; Agric. Exp. Stat. The microclimate of plastic shelters used for vegetable production. (Das Mikroklima unter Folienzelten für die Gemüseproduktion. - Hilgardia /Berkeley, Calif./ 32 (1962) Nr.4. S.251-266. - 8 Diagr., 2 Tab., 5 Lit.

Im Winter 1960 und 61 wurden Temperaturmessungen in Folienzelten verschiedener Größe (Grundfläche 1, 2, 3, 4 sq.ft.,/9,3, 18,6, 27,9, 37,1 dm^2/, Höhe 0, 13, 17, 21 in. /0, 33,0, 43,2, 53,3 cm/) auf ebener Fläche und in Folienzelten (Breite 22 und 11 in. /55,9 und 27,9 cm/, Höhe 8-9 und 11-12 in. /20,3 bis 22,9 und 27,9-30,5 cm) auf einem Südhang mit 15° Neigung durchgeführt. In jedem Zelt wurde mit 13-16 Thermoelementen die Lufttemp. 1 in. (2,5 cm) über dem Erdboden, 1 in. (2,5 cm) unter der Spitze und in der Mitte des Zeltes und mit 3-7 Thermoelementen die Bodentemp. in 1 in. (2,5 cm) Tiefe gemessen. Die Messungen wurden bei feuchtem und trockenem Boden durchgeführt. Es wurde perforierte und glatte Folie sowie zum Mulchen helle und dunkle Folie verwendet. Die Perforation zeigte nur einen geringen Einfluß auf die Temp. Am Boden waren die Tagestemp. nur wenig niedriger. Zum Zwecke der Lüftung wurde die Folie an der Südseite 1 in.(2,5 cm) gehoben. Dadurch wurden die Lufttemperaturen nachts um 1-3° F (0,56-1,67 °C) und am Tage in der Nähe der Öffnung bis zu 18° F (10 °C) gesenkt. Die Bodentemp. waren am Rande der Zelte niedriger als in der Mitte. Die Lufttemp. zeigten am Tage Differenzen bis zu 17,8 °F (9,9 °C). Sie waren um so höher, je größer die bedeckte Fläche war. Unter den schmalen Zelten waren die Boden- und Lufttemp. vor allem in den frühen Morgenstunden einige Grade niedriger als unter den breiten. Beim Mulchen mit heller Folie waren die Bodentemp. am Tage um 12 °F (6,7 °C) höher als unter schwarzer Folie. Die Minimumtemp. waren unter beiden Folien 6-7 °F (3,3-3,9 °C) höher als über unbedecktem Boden. Ch.Förtsch. 9505.

V o g e l, G.; Großbeeren, Inst. für Gemüsebau der Dtsch. Akad. der Landwirtsch.-Wiss zu Berlin. Die Anwendung von Plastfolien im Gemüsebau sozialistischer Länder Europas. II. - Int. Z. Landwirtsch. /Sofia/Berlin/ 1962 Nr.6. S.87-95. - 11 Abb., 3 Tab., 7 Lit. 1.Mitt. vgl. LZ. Abt. I 9 (1963) Nr.8. S.1117.

Für Foliengewächshäuser sind 2 Entwicklungsrichtungen kennzeichnend: Runddach und Satteldach. Für Gewächshäuser und Frühbeete weist die z.Zt. vorhandene Plastfolie noch eine zu geringe Haltbarkeit auf. Durch Innenbespannung von kältegefährdeten Gewächshausteilen (Seiten- und Giebelwände) mit Folie können 10 % der Brennstoffe für Heizungszwecke gespart werden. Gealterte Folie empfiehlt sich zur Bedeckung von Böden und Komposthaufen, die gedämpft werden müssen. Im Gemüsebau unter Glas und teilweise im Freiland können Polyäthylenschläuche zur Verteilung vorgewärmter Luft oder Wasser mit niedrigen Wärmegraden (Industrieabwässer) verwendet werden. Die Schläuche sind zu diesen Zwecken perforiert. Ob das Mulchen mit Folien wirtschaftlich ist, bedarf noch der Nachprüfung. Zusammenfassend wird festgestellt, daß der Plastfolienverwendung künftig vermehrte Bedeutung im Gemüsebau zukommt. W.Blasse. 9510bg.

K n e i p p, Otfried. Kunststoffe im Gartenbau. - Landtechnik 17 (1962) Nr 12. S.446-448. - 4 Abb.

Kunststoffe sind leicht, handlich und korrosionsfest, deshalb nimmt ihr

Einsatz im Gartenbau stark zu. 84 aus Kunststoff gefertigte "Multitopfplatten 70" wiegen nur 10 kg, während die entspr. Zahl Tontöpfe der gleichen Größe fast 300 kg schwer sind. Schwache Folien von 0,03 bis 0,05 mm werden zur Wärmeisolierung in Gewächshäusern angebracht, zur Bedeckung von Stecklingen und Anlage von Staubeeten verwendet. Zur Verpackung sind diese Folien universell einsetzbar. Die schwarze Folie wird als Bodenbedeckung bei Topfpflanzen, Erdbeer- und Gemüsekulturen verwendet. Im Großbetrieb legt ein Spezialgerät an einem Schlepper diese Folie aus. Kunststofftöpfe und Pikierkisten zeichnen sich durch gute Haltbarkeit aus. Kunststoffschläuche und -rohre werden als Wasserleitungen und zur Bodenbeheizung verwendet. Kunststoffgewächshäuser befinden sich im Versuchsstadium.

E.Krusekopf. 9510bg.

B u f t o n, L.P., R i c h a r d s o n, P. und P h i l l i p s o n, A. Potter insulated frame. (Potter-Frühbeetfenster. - N.I.A.E. Test.) - Nat. Inst. agric. Engng., Rep. on Test Nr327 (1962) S.1-9. - 1 Abb., 3 Diagr., 1 Schemata, 2 Tab.

Es wird ein neu entwickeltes Frühbeetfenster einem herkömmlichen holländischen Fenstertyp vergleichsweise gegenübergestellt. Der Testtyp hat eine Länge von 58 in., eine Breite von 30,5 in. und ist mit 8 Scheiben von 15 x 12 3/4 in. ausgestattet. Der jahreszeitliche Verlauf der Luft- und Bodentemp. in verschiedenen Bodentypen wurde kontinuierlich gemessen und ausgewertet. Die Unterschiede, die zwischen beiden Fenstertypen auftreten, sind gering und wirken sich nur im Temperaturverlauf der Eckenbereiche aus. Beim Testfenster wurde eine etwas höhere Bodentemperatur und ein etwas gleichmäßigerer Temperaturverlauf nachgewiesen. Die Lichtdurchlässigkeit des neuen Typs ist etwas geringer als die des holländischen Vergleichsmusters.

W.Blasse. 9515.

K i l i m n i k, E. (Kilimnik, Je.) Mechanizacija rabot v parnikach. (Mechanisierung der Arbeiten in Frühbeeten.) - Kartofel' i ovošči, Moskva 7 (1962) Nr.2. S.9-11. - 1 Abb., 2 Zeichn.

In einer Abteilung des Sowchos "Mossowjet" müssen 40 000 - 45 000 m^3 Stadtmüll zur Kompostierung umgesetzt werden. Hierbei wird der Bagger "Kovrovec" eingesetzt. Um das Fassungsvermögen des serienmäßigen Greifers zu erhöhen, wurden 5 Zähne an der rechten und 4 Zähne an der linken Seite angeschweißt. Während sich der Bagger längs der gestapelten Komposthaufen bewegt, wird der Kompost umgesetzt. Der gleiche Bagger wird auch für die Beschickung der Frühbeete benutzt. Für das Beschicken von 1000 Fenstern werden dabei 27 AK-Tage (bei manueller Beschickung 100 AK-Tage) benötigt. Der Transport der Erde erfolgt mit dem Geräteträger, der mit einem Kippaufbau versehen ist. Mit dem gleichen Bagger werden auch Packung und Erde aus den Frühbeeten entfernt, auf Kipper verladen und zum Lagerplatz gebracht. Für das Ausheben von 1000 Frühbeetfenstern werden 2 AK-Tage (manuell 133 AK-Tage) benötigt. Der Gesamtaufwand für 1000 Fensterrahmen beträgt bei der beschriebenen Mechanisierung 48 AK-Tage und manuell 416 AK-Tage.

E.Kahn. 9515.

S p e k, J.C. De lipskas. Een solide combinatie van staal en aluminium. (Das "Lips-Gewächshaus". Eine gediegene Kombination von Stahl und Aluminium.) Vakbl. Bloemisterij 17 (1962) Nr.40. S.738-739. - 8 Abb.
Eine vielbesuchte Sehenswürdigkeit auf der Wéhaté-Ausstellung 1962 war das von der Fa. Lips eingeführte Aluminiumgewächshaus. Es ist nach dem belgischen System "Deforche" gebaut. Rinnen, First und Sprossen bestehen aus Aluminium. Der tragende Teil besteht aus Stahl, an dem die Aluminiumkonstruktionsteile aufgehängt sind. Die Verglasung erfolgt kittlos, die Abdichtung ist gut. Zwischen Aluminiumrinne und Stahlkonstruktionsteilen wird ein Kunststoffstreifen geschoben, um Kontaktkorrosionen zu verhindern. Die Hausbreite beträgt 6,40 m. A.Lauenstein. 9520.

H a n a n, Joe J.; Cornell Univ., Dep. of Floricult. Winter ventilation of greenhouses. (Die Winterlüftung in Gewächshäusern.) - New York State Flower Growers, Bull. Nr. 202. (1963) S.3-4. - 2 Abb.
Zur Belüftung von Foliengewächshäusern wurden Polyäthylenrohre verwendet. Zwei Rohre mit 18 in (45,7 cm) Dmr. wurden in einem 36 x 75 ft. (11,0 x 22, 86 m) großen Haus installiert. Es wurde ein Ventilator mit 24 in. (61,0 cm) Dmr. verwendet. Die Rohre wurden in der ganzen Länge durch Draht gehalten. In die Rohre wurden Löcher mit einem Dmr. von 2 in. (5,1 cm) gebohrt. Die eintretende Kaltluft ist gegen das Dach gerichtet, wo sie sich mit der aufsteigenden Warmluft mischt, bevor sie die Pflanzen berührt. Krümmungen der Rohre bis zu 30 ° können ohne Behinderung der Luftströmung vorgenommen werden. Die Luft wird gleichmäßig im Gewächshaus verteilt, ohne daß kalte Luftströmungen auftreten wie bei der Dachlüftung. Ch.Förtsch. 9530.

K i n g, E. Thermodynamik von Kühlwänden in Theorie und Praxis. - Gartenbauwissenschaft 27(9) (1962) Nr.4. S.483-494. - 2 Abb.
Vf. nahm an Tagen mit Temp. über 25 °C Messungen der vertikalen und horizontalen Temperatur- und Feuchteverteilung und des Gewebetemperaturverlaufes in Hausmitte vor. Weiterhin wurden thermodynamische Untersuchungen an der Kühlwand in einem leeren Gewächshaus vorgenommen. An der Kühlmatte längs der gesamten Längsseite des Gewächshauses (5,67 m^2) wurden folgende durchschnittliche Werte gemessen: Luftgeschwindigkeit 0,89 m/s, Wasserabfluß 211 l/m^2KF.h, verdunstete Wassermenge 10,4 bis 13,5 l/m^2KF.h Die Wassertemp. sank beim Durchlauf um 1,0 bis 1,7 °C.-Die Vorgänge in einer Kühlmatte werden beschrieben. Weiterhin werden Formeln zur Bestimmung der Kühlwirkung erläutert. - Die Kühlwirkung selbst nimmt mit sinkender Feuchte und steigender Temp. der Außenluft zu. Abnehmende Wassertemperaturen des Kühlwassers steigern die Kühlwirkung eindeutig. Der Kühleffekt ist umgekehrt proportional der durchströmenden Luftmenge (max. bei 0,287 m/s Luftgeschwindigkeit). Aus diesen Gründen ist bei entspr. langen Kühlstrecken eine Vergrößerung der Kühlfläche günstiger zu beurteilen als die vergleichsweise aufwendigere Erhöhung der Luftförderleistung. Es wurde rechnerisch ein mittlerer Wärmeumsatz am Boden von 300 kcal/m^2·h bei der stärksten Sonneneinstrahlung ermittelt. In der bodennahen Luftschicht herrscht nahezu Isothermie. - An Hand der gegebenen Tab. kann für jeden Ort die Leistungsfähigkeit der Mattenkühlung abgegrenzt werden. Die Kühlstrecke darf 30-40 m nicht übersteigen. Dabei sind die Beete im Gewächshaus quer zur Kühlstromrichtung anzulegen. Das Verhältnis Kühlfläche zur Grundfläche sollte 1:20 betragen. Ch.Förtsch. 9531.

P č e l k i n, Ju. und Č u p r i n a, V. (Ptscholkin, Ju. und Tschuprina, W.) Rassadnaja teplica s iskusstvennym osveščeniem. (Gewächshaus für Jungpflanzenanzucht unter künstlichem Licht.) - Kartofel' i ovošči, Moskva 7 (1962) Nr.12. S.45-47. - 1 Abb., 1 Tab., 2 Zeichn.

Jahrelange Erfahrungen der Saporoshjer Filiale des Unions-Inst. für die Elektrifizier. der Landwirtschaft haben ergeben, daß die Selbstkosten der Gemüseproduktion aus Jungpflanzen, die unter zusätzlicher künstlicher Beleuchtung angezogen wurden, um 30-50 % niedriger liegen als ohne Zusatzbeleuchtung. In vielen Fällen ist es sogar günstiger, die Pflanzen völlig bei Kunstlicht in lichtundurchlässig gedeckten Häusern anzuziehen. Bei ausschließlich künstlicher Beleuchtung von Gurken und Tomaten mit Leuchtstoffröhren ist eine spez. Leistung von 250-300 W/m^2 bei 12-18 Belichtungsstunden je Tag am günstigsten. Von der Filiale wurde ein Anzuchthaus von 17 m Länge, 4 m Breite und 2 m Höhe gebaut. Die Pflanzen sind in ihm zu beiden Seiten eines mittleren Ganges auf Gestellen in 2 übereinander liegenden Flächen angeordnet. Über jeder Fläche hängt an einer Laufschiene je ein Wagen von 1,2 m Länge und 1 m Breite, der die Leuchtstoffröhren trägt. Die Wagen beleuchten 12 Std. lang die Pflanzen auf einer Seite des Hauses und werden dann für die nächsten 12 Std. auf die andere Seite gefahren. Je Gemüsepflanze werden 2,25 kWh verbraucht. W.Balkin. 9535.

F ö r t s c h, Ch.; Berlin. Das Aufstellen einer exakten Wärmebilanz - eine Voraussetzung für die optimale Temperaturhomogenität in Mehrzweckgewächshäusern. - Dtsch. Gartenbau 9 (1962) Nr.10. S.264-265. 268-270. - 33 Lit.

Mit der Einführung der Luftheizung in Gewächshäusern wurde das Problem der optimalen Temperaturhomogenität aktuell, da eine Mindesttemperaturdifferenz nicht unterschritten werden darf. Deshalb muß durch eine exakte Berechnung des Wärmebedarfs eine maximale Dimension der Lufterhitzer und damit die optimale Gestaltung der Lufttemperatur in allen Höhen des MZG erreicht werden. An Hand einer 6000 m^2 großen Gewächshausfläche werden verschiedene Wärmebedarfsberechnungen durchgeführt und auf fragliche Werte hingewiesen. Der durchschnittliche k-Wert liegt zwischen 6,5 und 7,6 kcal/h m^2 °C. Es folgen Hinweise zur Verringerung des Wärmebedarfes. R.Höhn. 9545a.

R e n a r d, Walter. Gewächshäuser und deren Heizung. - Landtechnik 17 (1962) Nr.12. S.423-425. - 4 Abb.

Die Großserienproduktion von genormten Typenhäusern wird allgemein angestrebt. Die Gewächshäuser sollen für alle gärtnerischen Kulturen gleich gut geeignet sein, daher müssen sie freitragend ausgeführt werden und einen Dachneigungswinkel von etwa 30 ° besitzen. Einzelhäuser werden in Ost-West-Richtung aufgestellt. Bei den Lüftungen fordert man das Anheben der Dachlüftung über die Horizontale und bei der Stehwandlüftung das Ausstellen bis in die Dachneigung. Der Weg führt zur vollautomatischen Betätigung der Lüftung. Die feuerverzinkte Konstruktion hat sich weitgehend durchgesetzt. Die Scheibenmaße sind auf 60 x 200 cm und 73 x 143 cm genormt. Außerdem wird noch die Scheibengröße 73 x 160 cm verwendet. Glasfaserverstärkte Polyesterplatten in Wellform sind erstmalig in Großgewächshäusern verwendet worden, deren Unterkonstruktion aus kunststoffbeschichteten Stahlträgern besteht. - Die Warmwasserheizung herrscht weiterhin vor. Man ergänzt sie durch den

Einbau zusätzlicher Lufterhitzer, die an das Warmwassernetz angeschlossen sind und zugleich eine leichte Luftbewegung im Gewächshaus schaffen. Eine zusätzliche Bodenheizung unter Verwendung von Kunststoffrohren, die mit Mischwasser von etwa 30 °C gespeist werden, hat sich bewährt. Die Mischventile mit Steuerung durch die Außentemp. sollten in keiner Heizanlage fehlen. E.Krusekopf. 9545a.

A n o n y m. Die Beheizung von Gewächshäusern mit Warmluft. - Rhein. Mschr. Gemüse-, Obst- u. Gartenbau 50 (1962) Nr. 7. S.206-208. Nr.8. S.236-237. Nr.9. S.267-269. - 5 Abb., 8 Tab.

Die Raumtemperatur kann bei Konvektorenheizung über Raumthermostaten entweder so gesteuert werden, daß die vor der Heizfläche angeordneten Ventilatoren ein- oder ausgeschaltet werden, oder so, daß bei weiterlaufenden Ventilatoren die zu dem Luftheizgerät gehörende Pumpe geschaltet wird. Die letztgenannte Art der Regelung wird aus pflanzenbaulichen Gründen für zweckmäßiger gehalten. An der tiefsten Stelle der Rohrleitung ist die Anbringung eines Schlammfängers vorgesehen, damit keine Schmutzteile in die Pumpe gelangen. Die Lufterhitzer haben eine Größe von nur 0,85 x 0,85 x 0,37 m. Bei Wärmeleistungen von 70 000 - 80 000 kcal/h muß in diesem Raum eine große Heizfläche angeordnet werden. Der dadurch sehr große Widerstand muß mit einer Pumpe überwunden werden. Für die Beheizung von Gewächshäusern sind für unterschiedliche Leistungsforderungen 12 Gerätetypen vorhanden. In Tab. werden die Installationskosten und die Betriebskosten für einen "Modellbetrieb" ausgewiesen. Sie zeigen deutlich, daß die Beheizung mit Lufterhitzern billiger ist, und auch die Anlagekosten sind niedriger. Die Angaben sind bezogen auf mittlere Temperaturdifferenzen, die bei etwa 20 °C liegen. A.Lauenstein. 9545b.

K r a h n s t ö v e r, K., K ä m p f n e r, K. und R i c h t e r, W.; Rostock, Univ., Inst. für Acker- und Pflanzenbau, Abt. Gemüsebau; Borna, "GPG des Friedens". Erfahrungen der "GPG des Friedens", Borna, mit der Umluftheizung. - Dtsch. Gartenbau 9 (1962) Nr.10. S.270-273. - 3 Abb., 2 Diagr., 2 Tab., 12 Lit.

Die seit Dez. 1961 gesammelten Erfahrungen mit der Umluftheizung im WV-Projekt mit 0,6 ha Glasfläche werden erläutert. Beton-Umluftrohre mit einer lichten Weite von 600 mm wurden in 40 cm Tiefe verlegt. Je Haus steht nur 1 Lufterhitzer, Größe 4, mit 7000 m^3/h Luftleistung und 70 000 kcal/h. Die Heizkapazität ist zu gering, da der maximale Anschlußwert von 2,25 Gcal/h nur bis zu 50 % erreicht wird. Die Temperaturdifferenz von 11,9 Grad ist zu hoch und pflanzenbaulich nicht vertretbar. Die Bodentemp. zeigen den gleichen Verlauf wie die Lufttemp. und werden als günstig für den Anbau von frühen Hausgurken bezeichnet. Nicht nachteilig zu bewerten sind die Luftgeschwindigkeiten. Es folgt eine ökonomische Beurteilung der Heizung. Vff. raten von dieser Luftheizung ab, da Ertragseinbußen zu erwarten sind. R.Höhn. 9545b.

B u r g h a r d t, Paul. Kombinierte Heizung verbessert Gewächshausklima. - Dtsch. Gärtnerpost 15 (1963) Nr.10. S.4. 6. - 5 Abb., 5 Lit.

Aus den Erfahrungen der Heizperiode 1961/62 und 1962/63 und den durchgeführten Temperaturmessungen in den Gewächshäusern der LPG "1. Mai", Berlin-

Wartenberg, sowie aus wärmetechn. Bilanzierungen leitet Vf. folgendes ab: Zur Beheizung der Mehrzweckgewächshäuser vom Typ 0/55 mit 4 m Schiffbreite und der 12-m-Häuser sind Wandlufterhitzer mit zwangloser Luftführung geeignet. Die Temperaturverteilung ist im 12-m-Haus günstiger als im Typ 0/55. Für die Mehrzahl gärtnerischer Kulturen genügen für 600 m^2 in beiden Haustypen 4 Wandlufterhitzer der Größe III (5000 m^3/h, 50 000 kcal/h). Für die Gurkenkultur wird die zusätzliche Erwärmung von Boden und bodennahen Luftschichten mittels Fußrohrheizung gefordert. Damit kann gleichzeitig die Temperaturdifferenz innerhalb des Hauses von 3-4 ° auf 1-2 °C gesenkt werden. Die Fußrohrheizung soll bei 48 m Hauslänge aus 6 Strängen von je 7 verzinkten Schnellkupplungs-Regenrohren bestehen. Auf die Bodenerwärmung mittels Dampf über Drainageröhren einschl. Bodendämpfung und Unterflurbewässerung soll verzichtet werden. Die Vorteile einer Kombination von Wandlufterhitzern und Fußrohrheizung werden dargelegt. Die Deckenluftheizung hat sich bisher nicht bewährt. H.Erfurth. 9545b.

W e l e c z k a, J.; Bonn, Landwirtschaftskammer Rheinland. Bodenheizungen mit Kunststoffrohren. - Dtsch. Gartenbauwirtsch. 11 (1963) Nr.1. S.1-3. - 5 Abb.

Das Kunststoffrohr ersetzt das Stahlrohr bei der Bodenheizung vollauf, es hat gegenüber diesem den Vorteil der Billigkeit, der leichten Verlegbarkeit und der Beständigkeit gegen Bodensäuren und Düngemittel. PÄ- und PVC-Rohre sollten bei Verwendung zu Bodenheizzwecken nicht über 60 °C erhitzt werden, da ihre Festigkeit temperaturabhängig ist. Wegen hoher Wärmedehnung wird bei einem Verlegen unmittelbar unter der Bodenoberfläche ein leichtes Anspannen im kalten Zustand und evtl. ein Befestigen mit Krampen angeraten. Eine Wärmeleistung von 40-80 kcal/m^2·h ist für eine Bodenheizungsanlage ausreichend. Es genügt, wenn die Wassertemp. im Rohr 10 °C mehr beträgt als die gewünschte Bodentemp. An einem Beispiel aus der Praxis wird die Berechnung des Wärmebedarfs, der umzuwälzenden Wassermenge und des erforderlichen Pumpendruckes erläutert. Die Temperaturregelung des Heizwassers erfolgt entweder mit einem handverstellbaren Mischhahn oder automatisch über einen Bodenthermostaten. Als Anschlußmöglichkeiten werden einfache Preßmessing-Verschraubungsstücke, mit Ventilen kombinierte Verbindungsstücke sowie vielfach im Ausland verwendete Schlauchschellen demonstriert. A.Mügge. 9545b.

K a v e n, Ernst: Wieselburg, Bundesversuchs- und Prüfungsanst. für Landwirtsch. Maschinen und Geräte. Kommen wir ohne Naturdünger im Gemüsebau unter Hochglas aus? Bodenheizung mit Kunststoffrohren - CO_2-Begasung. - Gartenbauwirtschaft /Wien/ 1963 Nr.3. S.60, 62-63. - 7 Abb.

Es wird über die Errichtung einer Bodenheizanlage im Gewächshaus mit Plastikrohren berichtet. Die Plastikrohre haben einen Dmr. von 21-35 mm und werden in 40 cm Tiefe mit einem Abstand von 40 cm verlegt. Das Gefälle zwischen Austritts- und Eintrittsstelle soll 7 cm betragen. Die Plastikrohre werden in einem Zweikreissystem beheizt, damit bei undichter Plastikrohrheizung nicht das Wasser der gesamten Heizungsanlage mit ausläuft. In einem Betongraben an der Stirnseite der Häuser wird ein Wärmeaustauscher zwischengeschaltet. Für den Betrieb der Bodenheizung werden praktische Hinweise gegeben. Da durch die Bodenheizung der Stallmist als CO_2-Lieferant in Fortfall kommt, wurden Versuche zur CO_2-Begasung durchgeführt. So konnte durch eine zusätzliche CO_2-Begasung in Nelkenhäusern der Blühbeginn um 2 Wochen vorverlegt werden und ein Mehrertrag an Blüten von 25-30 % erzielt werden.

K.Krüger. 9545b.

M c C u n e, William E. Nursery stock production with electric heat. (Baumschulische Unterlagenerzeugung mit elektrischer Wärme.) - Agric. Engng. 43 (1962) Nr.12. S.702-703. - 2 Abb., 1 Schemaskizze, 1 Tab., 3 Lit.
In 14 Frühbeetkästen 50 ft. (15,24 m) lang, 6 ft. (1,83 m) breit wurde für Vermehrungszwecke ein elektrisches Heizungssystem eingebaut. Die Erwärmung erfolgt mit einem plasteüberzogenen Heizkabel mit einem Leistungsverbrauch von 3 W/ft. (10 W/m). Für 300 sq.ft. (27,87 m^2) werden 1000 m Heizkabel benötigt. Die Steuerung des Heizungssystems erfolgt über Kontakt-Thermometer. Das Heizungskabel ist 1 in. (2,5cm) unter der Oberfläche verlegt. Mit gutem Erfolg wurde auch in heizbaren Kästen unter Folienüberdachung kultiviert. Der Energieverbrauch konnte dadurch wesentlich reduziert werden. Die Vorteile der elektrischen Beheizung bestehen in einer Verkürzung der Kulturdauer, der besseren Bewurzelung von Ziergehölzen, dem höheren Anteil an bewurzelten Stecklingen und in der allgemein besseren Entwicklung des Vermehrungsmaterials. Schäden an den Stecklingen wurden nur bei ungenügender Belüftung der Kästen beobachtet. Der Energieverbrauch liegt bei 120 kWh/1000 bewurzelten Stecklingen.

W.Blasse. 9545b.

S t e i n, Josef; Hannover. Steuerung des Gewächshausklimas. - Landtechnik 17 (1962) Nr.12. S.426. 428-429. - 8 Lit.
Um die Lichtausbeute möglichst zu erhöhen, werden die Gewächshäuser mit steilerem Dachneigungswinkel, größeren Scheiben und schattenarmer Tragkonstruktion gebaut. Die Beschattung der Häuser kann innen und außen erfolgen. Bei Innenbeschattung kommt jedoch die Sonnenwärme in das Haus und muß durch Lüften abgeführt werden. Das Schattengewebe besteht aus einem synthetischen Nerottan-Gewebe. Bei der Außenbeschattung ersetzt man die Latten-Jalousien durch das synthetische Saran-Gewebe. Die Regelung der Beschattung ist nur im Auf-Zu-Betrieb möglich. Ein Photowiderstand schließt bei einer vorgegebenen Lichtstärke einen Stromkreis, wodurch über ein Verzögerungsrelais ein Getriebemotor, eine Pumpe oder ein Magnetventil betätigt werden. Photoperiodische Effekte erreicht man wirtschaftlich mit Glühlampen, während sich zur Steigerung der Assimilation Quecksilber-HD-Lampen mit Leuchtstoff bewähren. Ein neues Verfahren der Dauerbelichtung durch periodische Blitz-Beleuchtung wird untersucht. Bei der Temperaturregelung arbeitet man heute mit der einfachen Zweipunkt-Regelung, wobei ein witterungsabhängiges Mischventil am Kessel eine Vorregelung durchführt. Die Betätigung der Lüftungsklappen wird zunehmend von motorisch betriebenen Winden oder Gestängen mit E-Motoren, pneumatischen und hydraulischen Kraftanlagen übernommen, die Arbeitsimpulse von einem Raumthermostaten erhalten. Bei größeren Gewächshäusern sind elektrische Motorwinden wirtschaftlich. Die Regelung der rel. Luftfeuchtigkeit im Gewächshaus ist noch weitgehend ungelöst.

E.Krusekopf. 9545f.

V o g e l, G., F r e u d e n b e r g, F. und P a n n i e r, F.; Großbeeren, Inst. für Gemüsebau der Dtsch. Akad. der Landwirtsch.-Wiss. zu Berlin; Halle, VEB Energieversorg. Ergebnisse zur Freilandbodenheizung mit Abwärme im VEB Kraftwerk Zschornewitz. - Dtsch. Agrartechn. 13 (1963) Nr.3. S.133-135. - 5 Abb., 3 Tab., 3 Lit.

Kühlwasser mit einer Temperatur von 25-35 °C wurde zur Freilandbodenheizung in ausgedienten Kesselsiederohren, die vor der Verlegung mit Preolith behandelt wurden, verwendet. Die Rohre mit lichten Weiten von 80 und 85 mm wurden 400 mm tief im Abstand von 900 mm verlegt. Für die Zu- und Rücklaufleitung wurden Rohre von 200 mm lichter Weite verlegt. Die Rohre wurden zu je 6 über Verteilungsstücke mit Schieber angeschlossen, um mit Wasser unterschiedlicher Strömungsgeschwindigkeit beschickt werden zu können. Zur Klärung des Einflusses der Luftverschmutzung (200-250 t Flugasche tägl. im Umkreis von 2 km, 0,45-0,60 cm^3 SO_2/m^3 Luft) wurde mit und ohne Folienzeltbedeckung gearbeitet. Die Lichtmenge unter der Folie wurde zwar um 10-30 % gemindert, trotzdem konnten die Ernte um 4 Wochen vorverlegt und günstige Ergebnisse erzielt werden. Ein Anbau ohne Folienbedeckung kann bei derartig starker Luftverschmutzung nicht durchgeführt werden. Die Polyäthylenfolie von 0,10 mm Dicke konnte 3-4 mal verwendet werden und hat damit eine genügende Haltbarkeit bewiesen. Über den Verschmutzungsgrad der Rohre wurden alle 6 Wochen Untersuchungen durchgeführt. Bei den verschiedenen Strömungsgeschwindigkeiten des Wassers (0,05, 0,5 und 1,1 m/s) konnten keine nennenswerten Schmutzablagerungen festgestellt werden. Ch.Förtsch. 9545g.

L a t e n k o, B. Ustanovka dlja avtomatičeskogo pitanija rastenij. (Anlage für die automatische Zuführung der Nährlösung zu den Pflanzen.) - Kartofel' i ovošči, Moskva 7 (1962) Nr.11. S.33-35. - 2 Schemata.

Vom Ukrain. Projektierungsbüro für Landwirtsch. wurde ein Gewächshaus von 1000 m^2 für Kieskultur entwickelt, das mit einer automatischen Zuführung der Nährlösung ausgestattet wurde. Zu diesem Zweck wird in die Anlage ein Verteilerventil eingebaut, das von einem Elektromotor angetrieben wird und die Nährlösung von einem Becken in das andere überleitet. Die Montage dieser Vorrichtung ist so einfach, daß sie mit den AK des Betriebes vorgenommen werden kann. E.Kahn. 9550.

A n o n y m. Entsalztes Meerwasser für Bewässerung und Treibhäuser. - Wasser u. Nahr. 8 (1963) Nr.1. S.41-42. - 2 Abb. 9550.

Evaluation of plastic films in horticulture. Delft: 1962. (27 S.) 4°. (1963 B 70)

Literatur über die Verwendung von Plastfolien im Gartenbau. Hrsg.: Inst. f. Landmaschinen- u. Traktorenbau. Dok.-Stelle. Leipzig W. 31, Am Lausner Weg. Lit.-Nr.: 2/63. Titelanzahl: 54 m. Annotationen. Ber.-Zeit: 1956-1962.

K. GARTENBAU/ERNTE

K o l o m i e c, A.A. (Kolomijez, A.A.); Gebiet Moskau, Forsch.-Inst. für Gemüsewirtsch. O mechanizacii uborki ovoščnych kul'tur. (Mechanisierung der Gemüseernte.) - Vestnik sel'skochozjajstvennoj nauki, Moskva 7 (1962) Nr.9. S.91-95. - 3 Tab. Zus. in Engl., Franz., Dtsch.

Vf. berichtet über Forschungsergebnisse und Konstruktionsarbeiten auf dem Gebiete der Gemüseernte in den letzten 10-12 Jahren. Für die Rübenernte wurde eine Reihe von Vollerntemaschinen entwickelt, deren Arbeit jedoch nicht befriedigt. Die Maschinen, die die Rüben am Kraut aus dem Boden ziehen, lassen bis zu 10 % im Boden, schneiden nur von 30-50 % der Rüben das Kraut vorschriftsmäßig ab und verursachen Verluste von 5-10 % und Beschädigungen von 5-20 %. In den Sammelbehälter gelangen nur 15 % Rüben, aber 85 % Erde. Kohl wurde bis heute von Hand geerntet. Verschiedene seit 1934 entwickelte Kohlerntemaschinen arbeiteten unbefriedigend. Vf. bespricht die an eine solche Maschine zu stellenden Anforderungen. Zwiebeln können mit einer Reihe vorhandener Geräte untergraben werden, die weitere Arbeit erfolgt jedoch von Hand. 1959-1960 wurde vom Unions-Forsch.-Inst. für Landmaschinenbau eine Zwiebelerntemaschine entwickelt, die noch verbessert werden muß. Die Tomatenernte muß in 2 Stufen durchgeführt werden. Für die Ernte von reifen Tomaten müssen die bereits vorhandenen Wagen verwendet werden, auf denen die von Hand erntenden Arbeiter sitzen, und für die darauffolgende Ernte der grünen Tomaten ist eine Vollerntemaschine zu entwickeln.

W.Balkin. 9555b.

P e t r o v, G.D. und D i d e n k o, N.F. (Petrow, G.D. und Didenko, N.F.); Moskau, Unions-Forsch.-Inst. für Landmaschinenbau. Mechanizacija uborki ovoščej v SŠA. (Die Mechanisierung der Gemüseernte in den USA.) - Traktory i sel'chozmašiny, Moskva 32 (1962) Nr.12. S.38-40. - 2 Abb., 3 Schemata, 1 Zeichn. Aus: Dok.-Dienst ILT 1963 Nr.1.

Vff. geben einen Überblick über Technologie und Einsatz verschiedener Maschinen für die Mechanisierung der Ernte von Zwiebeln, Möhren und Rettich. Einige Leistungsmerkmale werden genannt. Weiterhin werden auch die Tomatenernte und die Krauternte maschinell durchgeführt. 9555b.

M a c G i l l i v r a y, John H. und Z a h a r a, Mike; Davis, Univ. of California, Dep. of Vegetable Crops. The most economical length of picking row for hand harvest. (Über die ökonomisch günstigste Reihenlänge bei der Handernte.) - Proc. Amer. Soc. horticult. Sci. 76 (1960) S.710-716. - 1 Diagr., 1 Schema, 3 Tab., 4 Lit.

Durch theoretische und praktische Versuche sollte die arbeitswirtschaftlich vorteilhafteste Reihenlänge bei der manuellen Ernte von Gemüse ermittelt werden. Es wurde festgestellt, daß mit zunehmender Reihenlänge der Aufwand zum Heraustragen des Erntegutes steigt. Desgleichen bedingen kleine Pflückbehälter einen Mehraufwand an Laufzeit. Bei kurzen Reihen zwischen den Erntewegen ist der unproduktive Transportanteil am niedrigsten, doch wird auch der Gesamtertrag der Fläche herabgesetzt. Nach den vorliegenden Berechnungen liegt die wirtschaftliche Reihenlänge bei 165 ft.(50,3 m). Die mathematischen Grundlagen für derartige Berechnungen werden erläutert und in drei Formeln gefaßt.

W.Blasse. 9555b.

L o r e t i, F. I progressi della meccanizzazione nelle raccolta in frutticolturea. (Die Fortschritte der Mechanisierung der Obsternte.) - Machine & Motori agric. 20 (1962) Nr.10. S.65-78. - 25 Abb. Aus: Dok.-Dienst ILT 1963 Nr.2.

Vf. beschreibt die Erntemethoden sowie die verschiedenen halbmechanischen und mechanischen Erntegeräte für Oliven, Birnen, Äpfel, Weintrauben usw. aus Italien und vor allem aus den USA. Vorteile: Schnelle Abwicklung der Erntearbeit, Verringerung der Arbeitskräfte bis 80-90 % und der Erntekosten von ca. 50 %. Als Mängel werden z.B. genannt: Beschädigung der Äste, Zweige, Früchte. Anregungen für eine weitere Verbesserung der mechanisierten Ernte werden gegeben. 9555d.

U p t m o o r, J.-H. Über die Verwendung von Palette und Großkiste im Erwerbsobstbau. - Erwerbsobstbau 4 (1962) Nr.12. S.233-236. - 4 Tab., 5 Lit.
Bei der Transportarbeitskette während der Apfelernte, angefangen vom Antransport des Leergutes in die Anlage bis zum Abtransport des sortierten Obstes zum Markt, erforderte das Palettenverfahren gegenüber dem Großkistenverfahren im arrondierten Betrieb etwa 5 %, im nicht arrondierten Betrieb etwa 20 % weniger Arbeitszeit. Die Kostenunterschiede sind geringfügig. Paletten und Steigen haben gegenüber der Großkiste den Vorteil, daß sie auch nach dem Sortiervorgang bis zur Marktbelieferung im Transportfluß bleiben können. Die Höhe der Druckschäden war von der standort- und sortenbedingten Fruchtfleischfestigkeit abhängig. Druckempfindliche Sorten hatten in Steigen weniger Druckschäden als in der Großkiste. Je tiefer die Früchte in der Großkiste liegen, um so stärker ist der Anteil beschädigter Früchte, und zwar besonders in den Kisten, die zwecks Durchlüftung einen mit Spalten versehenen Bodenbelag haben. Der Einsatz der Palette wird um so schwieriger, je kleiner die Reihenabstände sind, da bes. beim Leerguttransport die Steigen durch die Zweige vom Stapel gezogen werden. Die Großkiste hat bes. in hängigem Gelände Bedeutung. R.Schuricht. 9555d.

K u ž m i n, V. und L a s t o v e n k o, V. (Kusmin, W. und Lastowenko, W.) Opyt mechanizacii uborki ovoščej. (Erfahrungen bei der Mechanisierung der Gemüseernte.) - Kartofel' i ovošči, Moskva 7 (1962) Nr.9. S.7-8. - 2 Abb.
Vom Ukrain. Forsch.-Inst. für Kartoffel- und Gemüsebau wurden Erntekarren Typ "NPSŠ-12" als Anbaugeräte entwickelt, die bereits in den Betrieben praktisch erprobt sind und eine 2-3fache Steigerung der AP bei der Gemüseernte ermöglichen. Ferner kommt jetzt auch ein Förder- und Ladegerät zum Anbau am Schlepper "Belarus" für die Ernte von Weißkohl zum Einsatz. Es besteht aus einem Längs- und einem Querförderband, die die von vier AK geschnittenen Kohlköpfe zum nebenherfahrenden Transportmittel befördern. Durch diesen Lader wird die AP um das 3,5fache gesteigert. E.Kahn. 9560a.

A n o n y m. Der neue mechanische Sprossenkohlpflücker. - Gartenbauwirtschaft /Wien/ 1963 Nr.4. S.96. - 3 Abb.
Zur Erleichterung der Rosenkohlernte dient ein auf dem Kneifzangenprinzip beruhendes Handgerät. Bei geschlossener Zange umfassen im ersten Arbeitstakt 2 Behälter die Stammbasis der Pflanze. Durch Hochziehen der Zange werden die Rosen gebrochen. Im 3. Arbeitstakt werden die Behälter durch Öffnen der Zange entleert. Dabei stören die Blätter kaum. Das Gerät gestattet bei aufrecht-

stehender Arbeitsgrundstellung und Benutzung von dicken Handschuhen 2-3fache Pflückleistung gegenüber der konventionellen Handpflücke. Unausgewachsene Rosen an den oberen Strunkteilen können nach Wahl belassen werden. Mit diesem Gerät bei Frostwetter geerntete Rosen zeigten nach dem Auftauen eine befriedigende Qualität. Zur Sortierung wird abschließend eine Rosenkohlsortiermaschine empfohlen. H.Erfurth. 9560b.

H o r n, H.-H.; Potsdam-Bornim, Inst. für Landtechn. der Dtsch. Akad. der Landwirtsch.-Wiss. zu Berlin. Der Einsatz des Kartoffelsammelroders "E 675" zur Ernte von Spätmöhren. - Dtsch. Gartenbau 9 (1962) Nr.10. S.260-262. - 1 Abb., 2 Schemata, 5 Tab.

Es wird das alte Arbeitsverfahren bei der Ernte von Spätmöhren - Abmähen des Krautes mit der Sense oder Rübenköpfschippen, Roden der Möhren mit einreihigem Rübenrodekörper im Gespannzug und Aufladen mit Kartoffelgabel - dem neuen Ernteverfahren mit dem Kartoffelsammelroder "E 675" gegenübergestellt. In der LPG Gerbitz wurden beim ersten Verfahren 317 AKh/ha und beim zweiten 51,2 AKh/ha benötigt. Für die Möhrenernte sind am Kartoffelsammelroder "E 675" das Rodeschar durch einen Möhrenrodekörper zu ersetzen und die Krauttrennkette auszubauen oder durch eine andere Kette zu ersetzen. Die Maschine kann auf allen siebfähigen, steinfreien Böden eingesetzt werden.
R.Höhn. 9560c.

B a r n e s, Maurice. Streamlined for the carrot crop. (Rationalisierung beim Möhrenanbau.) - Pract. Power Farming 29 (1962) Nr.5. S.23. - 2 Abb.

Ein auf Gemüseanbau spezialisierter Farmer in Lincolnshire (Großbritannien) entwarf und baute aus im Betrieb vorhandenen Altmaterialien einen zapfwellengetriebenen Möhrenernter, der inzwischen zum Patent angemeldet ist und in Lizenz hergestellt werden soll. Vor der eigentlichen Ernte wird das Kraut von einem Schlegelfeldhäcksler (Massey-Ferguson) beseitigt. Anschließend erfolgt die Ernte der Möhren mit einem dem Kartoffelroder ähnelnden Gerät, bei dem ein flaches Schar die gegen mech. Beschädigungen empfindlichen Möhren durch Unterfahren aus dem Boden hebt und auf ein gummiverkleidetes Förderband leitet, dessen vibrierende Arbeitsweise bereits einen Teil der anhaftenden Erde beseitigt. Von dort gelangen die Möhren in eine große, rotierende Trommel aus gummigepolstertem Drahtgeflecht und dann über ein Querband in daneben fahrende Anhänger mit Kippvorrichtung. Das mit einer Tiefeneinstellung versehene Gerät arbeitet 12reihig und wird von 2 AK bedient. Als Endglied dieser Rationalisierungskette schuf sich der Farmer noch eine kombinierte Anlage zum Waschen, Sortieren und Abtüten.
W.Fleischmann. 9560c.

A n o n y m. Nieuwe methode voor het oogsten van gladiolenbollen. (Neue Methode beim Ernten von Gladiolenknollen.) - Loonbedrijf Land- en Tuinbouw 15 (1962) Nr.12. S.693. - 3 Abb.

Vorbedingung für die neue Erntemethode mit Hilfe eines Kartoffelsammelroders ist der Anbau der Gladiolen auf flachen Beeten in der Breite von Kartoffeldämmen. Vor der Ernte wird das Laub mit Hilfe eines Krautschlägers zerschlagen. Das Roden erfolgt mit Sammelroder mit Absackvorrichtung. Neben dem Schlepperfahrer sind 3 AK für das Verlesen erforderlich. Die Flächenleistung beträgt 0,75 ha/Tg. Bei der Ernte in Handarbeit werden für 0,75 ha/Tg. etwa 25 AK benötigt. Knollenbeschädigungen treten nicht auf. Diese Erntemethode hat weiterhin den Vorteil, daß keine Knollen im Boden bleiben.

M.Lüpnitz. 9565c.

K v å l e, Atle. Maskinell hausting av solbaer. (Maschinelles Ernten der schwarzen Johannisbeere.) - Frukt og Baer 15 (1962) S.11-16. - 5 Abb., 1 Skizze, 2 Tab.

Für das Pflücken von schwarzen Johannisbeeren wurde versuchsweise der Vibrator einer elektrischen Stichsäge verwendet (Fabrikat Lesto, Typ U.S.S.J. 65, 280 W). Anstelle des Sägeblattes wurde ein einfacher Haken verwendet, der an den Ast gehängt wird. Das Gerät hatte 1900 Schwingungen/min bei einer Amplitude von 2,6 cm. Die "geschüttelten" Beeren wurden in einer Plane am Boden aufgefangen. Mit dem Vibrator kann die Erntekapazität gegenüber dem Handpflücken um das 4-5fache erhöht werden. E.Kahn. 9570c.

D o m i n i c k jun., B.A. und S t a n t o n, B.F.; Cornell Univ., Dep. of Agric. Econ. Handling apples from tree to store. (Arbeitsverfahren bei dem Transport von Äpfeln vom Baum zum Lager.) - New York State horticult. Soc., Proc. annu. Meeting Nr.107 (1962) S.63-67. - 1 Tab.

Da jedes Umpacken von Früchten zwangsläufig zu Schäden führt, wurde ein neues Ernteverfahren erprobt. Es besteht darin, daß am Baum unmittelbar in Verkaufsbehälter geerntet wird. Dabei handelt es sich um Kartons, die 10 lb. (4,5 kg) "McIntosh"-Äpfel fassen. Abmessungen der Außenseiten 9 1/4 x 12 1/4 x 7 3/4 in. (23,5 x 31,1 x 19,7 cm). 36 derartige Kartons sind in einer Großkiste 37 x 37 x 24 in. (94,0 x 94,0 x61,0cm) unterzubringen. Der Pflükker trägt die Kartons in einer Haltevorrichtung. Schadhafte und mißgestaltete Früchte werden nicht geerntet, die Größensortierung bleibt unberücksichtigt. Bei diesem Ernteverfahren sank die Ernteleistung gegenüber dem herkömmlichen Verfahren um 20 bis 30 %. Da sich aber andere Arbeitsgänge einsparen lassen, wird dieses Ernteverfahren für frühreifendes Kernobst als weiter erprobungswürdig angesehen. W.Blasse. 9570d.

B l a n p i e d, G.D. und L u d i n g t o n, David C.; Cornell Univ. Research in bulk box handling of fresh market McIntosh apples. (Untersuchung über die Großkistenverwendung bei 'McIntosh'-Äpfeln für den Frischmarkt.) - New York State horticult. Soc., Proc. annu. Meeting Nr.107 (1962) S.218-226. - 1 Schemaskizze, 8 Tab.

Die Großkiste für den Versuch mit "McIntosh"-Äpfeln ist aus Holz gefertigt und weist die Abmessungen 43 x 47 x 20 bzw. 24 in. (109,2 x 119,4 x 50,8 bzw. 61,0 cm) auf, woraus sich ein Fassungsvermögen von 18,5 bushelsbzw. 22 bushels (672 bzw. 800 dm^3) ableitet. Nur bei Verwendung für die Lagerung von Obst sind Lüftungsschlitze erforderlich. Die Prüfungen der Fruchtbeschädigung bei unterschiedlicher Handhabung ergaben, daß "McIntosh"-Äpfel, die für den Frischmarkt bestimmt sind, durchaus in derartigen Großkisten transportiert werden können, ohne daß ein nennenswertes Anwachsen des Beschädigungsgrades erfolgt. Die Tiefe der Kiste soll 25 in. (63,5 cm) nicht überschreiten. Die Hauptbeschädigungen werden bei dem Pflücken, Transport in der Plantage und im Lagerhaus hervorgerufen. W.Blasse. 9570d.

A n o n y m. Werkstelling. (Arbeitsgerüst.) - Fruitteelt 52 (1962) Nr.31. S.979. - 2 Abb.
Das im Auftrage eines Obstbaubetriebes angefertigte Arbeitsgerüst besteht aus einer Rohrkonstruktion mit zwei höhenverstellbaren Körben für je eine Person, die außerdem etwas seitlich verstellbar sind. Das gesamte Gerüst wird an die Dreipunktaufhängung von Schleppern angebaut. Die Höhenverstellbarkeit liegt zwischen 1,25 und 1,75 m; der Abstand zwischen den Körben ist zwischen 1,25 und 3,75 m einstellbar. Die Körbe sind so mit Geländern versehen, daß die Arbeitskräfte mit beiden Händen arbeiten können. Das Arbeitsgerüst wird bei Schnitt-, Pflege- und Erntearbeiten in Höhen zwischen 2 und 4 Metern über dem Boden verwendet. Außer den beiden Arbeitskräften ist bei allen Arbeiten ein Traktorist erforderlich. Bei Erntearbeiten wird ein Anhänger mitgeführt, auf dem die Obstkisten stehen. Am Korb befindet sich ein Kistenhalter, meist wird aber in Pflückeimer gepflückt, die in die Kisten auf dem Anhänger entleert werden, ohne daß die Pflücker das Gestell verlassen müssen. Das Arbeitsgerüst kann bei Reihenabständen zwischen 3 und 5 Metern eingesetzt werden. A.Lauenstein. 9570d.

G ö h l i c h, Horst. Obsternte mit Maschinen? - Mitt. dtsch. Landwirtsch.-Ges. 77 (1962) Nr.24. S.870-873. - 4 Abb.
Der Stand der Mechanisierung der Obsternte in den USA wird dargelegt. Mechanische Schüttelgeräte oder Vibratoren finden bei der Apfel-, Birnen- und Kirschernte Verwendung. Größe und Art des Baumes bestimmen die Frequenz, um den besten Schüttelerfolg zu erzielen. 500 bis 800 Schwingungen/min und eine Schüttelamplitude von 1 bis 3 cm bewährten sich in den meisten Fällen. Neuerdings finden auch Massenkraft-Schüttler Verwendung. Man arbeitet hierbei mit unausgeglichenen, umlaufenden Massen. Ein derartiges Gerät wird von einem hydraulischen Motor angetrieben, den eine Hydraulik-Pumpe speist. Zum Auffangen und Sammeln der Früchte liegen nunmehr sehr unterschiedliche Fangvorrichtungen vor. Z.T. sind sie mit doppelschichtigen Verzögerungsbändern ausgestattet, um das Aneinanderschlagen der Früchte auf der Plane zu vermeiden. Eine Arbeitsbrigade besteht aus 3 bis 6 AK. Bei Pflaumen wurden mit 4 AK 90 Bäume/h zu 88 % abgeerntet. Es wird festgestellt, daß die maschinellen Ernteverfahren ihre Grenzen haben. Eine beschädigungsfreie Aberntung ist nur begrenzt möglich, doch dürften weitere Entwicklungen auch für die Tafelobsternte künftig Bedeutung erlangen. W.Blasse. 9570d.

L a B e l l e, R.L., M a r k w a r d t, E.D. und G u e s t, R.G.; Geneva, Food Sci. and Technol.; Ithaca, Agric. Engng. Mechanical harvesting of apples for processing. (Mechanische Ernte von Wirtschaftsäpfeln.) - New York State horticult. Soc., Proc. annu. Meeting Nr.107 (1962) S.209-213. - 1 Abb., 3 Tab.
Bei der Ernte von Äpfeln, die für die weitere Verwertung bestimmt waren, wurden Obstrüttelgeräte in Kombination mit Auffangvorrichtungen eingesetzt. Die Auffangvorrichtung hat eine Fangfläche von 26 sq.ft. (2,4 m^2) und ist mit Verzögerungsbändern ausgestattet. Die Gurtbänder sind 3 in. (7,6 cm) breit; der Schlitz zwischen 2 Bändern hat eine Breite von 2 1/2 in. (6,4 cm). Außerdem war die Fangvorrichtung mit einer Fördervorrichtung ausgestattet, mit der die Früchte in Behälter abgelegt werden konnten. - Bei Handernte hatten

3,8 %, bei Maschinenernte 21 % der Früchte Druckstellen erhalten. Im gewöhnlichen Luftlager betrug der Schädigungsgrad nach 6 Wochen bei Handernte 2,1 %, bei Maschinenernte 6,5 %, im Kaltlager nach 10 Wochen 0,8 % und 1,3 %. Zwischen den geprüften Sorten bestehen in der Eignung für das mechanische Ernteverfahren Unterschiede. "Northern Spy" erwies sich als sehr empfindlich, während "Monroe" den geringsten Schädigungsprozentsatz aufwies. "Baldwin", "Cortland" und "R.I.Greening" nahmen eine gewisse Mittelstellung ein. Schwierigkeiten ergaben sich durch zu weit überhängende und lange Fruchttriebe. Die Kronenerziehung muß mit dem Ernteverfahren in Übereinstimmung stehen. W.Blasse. 9570d.

G ö h l i c h, Horst. Pneumatische Ernte von Baumfrüchten. - Landtechn. Forsch. 13 (1963) Nr.1. S.27-28. - 1 Schemaskizze, 2 Tab., 7 Lit.
Neben mechanischen Schüttelmethoden sind auch pneumatische Erntemethoden entwickelt und erprobt worden. Experimentelle Versuche im Windkanal ergaben, daß zur wirkungsvollen Verzögerung des Fruchtfalles die Strömungsgeschwindigkeit nahezu der Fallgeschwindigkeit der Frucht in ruhender Luft entsprechen, daß die erforderliche Luftgeschwindigkeit bei größeren Früchten größer sein und daß die erforderliche Antriebsleistung 50 PS/m^2 Fläche betragen muß. Außerdem wurde ein pulsierender Luftstrom geprüft: Der Anteil der vom Baum abgelösten Früchte wird höher mit größerer Luftgeschwindigkeit und mit schnellerer Pulsfolge, mit höherer Gesamtzahl der wirkenden Impulse und mit größerem Verhältniswert von Fruchtgewicht zu Ablösungskraft. In Fällen, in denen die Früchte eines Baumes nicht gleichzeitig reifen, eignet sich die pneumatische Erntemethode gut zur selektiven Ernte der reifen Früchte. Um den freien Fall einer Frucht so weit zu verzögern, daß sie beim Auffallen keine Beschädigungen erleidet, sind für den pulsierenden Luftstrom höhere oder mindestens der Endgeschwindigkeit beim Fall gleiche Luftgeschwindigkeiten erforderlich. W.Blasse. 9570d.

V a r l a m o v, G.P. und K o m i s s a r o v, P.M. (Warlamow,G.P. und Komissarow,P.M.); Moskau, Unions-Forsch.-Inst. für Landmaschinenbau. Izyskanie sposobov mechanizirovannoj uborki sliv. (Die Ermittlung von Verfahren für die mechanisierte Pflaumenernte.) - Traktory i sel'chozmašiny, Moskva 32 (1962) Nr.8. S.30-32. - 5 Abb., 2 Diagr.
Vff. beschreiben eine an den Geräteträger "T-16" anzubauende Vorrichtung, mit der die Pflaumenbäume geschüttelt werden. Die Pflaumen fallen in eine aus aufgespannten Tüchern bestehende Auffangvorrichtung. Sie gehen ausführlich auf die Technologie der Ernte ein und behandeln den Einfluß der Schüttelfrequenz (550-650 Schw./min) und Schüttelamplitude (20-30 mm), der Höhe des Schüttelstab-Angriffes am Baumstamm, der Dauer des Schüttelns (1,5-3,1 s) sowie der Ausbildung der Baumkrone und der Verteilung der Früchte auf das Arbeitsergebnis. Die Beschädigung der Früchte betrug 5 %. Für das Abernten eines Baumes sind 2,16 - 3,42 min erforderlich. Davon werden 75 % für das Heranfahren und Einrichten verbraucht. Der Leistungsverbrauch der Vorrichtung beträgt bei Belastung 5-7 PS und bei Leerlauf 2,1-2,5 PS. Der AKh-Aufwand beträgt je Baum 0,2 AKh oder (bei 300 Bäumen/ha) 60 AKh/ha gegenüber 2,06 AKh bzw. 618 AKh/ha bei der Handernte. W.Balkin. 9570d.

A n o n y m. Mechanical picker harvests cherries best at night. (Mechanischer Pflücker erntet Kirschen am besten nachts.) - Agric. Engng. 43 (1962) Nr.9. S.531. - 1 Abb.

Durch Einsatz eines mech. Pflückers und einer Flutlichtanlage konnten die Erntearbeiten in einer Kirschenplantage in Eau Claire in Südwestmichigan während der Nacht in Rekordzeit bewältigt werden. Das hatte den Vorteil, daß die Früchte infolge der kühleren Nachttemp. frischer blieben. Der von 6 AK bediente Pflücker schafft alle 4-6 Min. einen Baum bei einer Leistung von 1 t/h. Die Hauptäste umklammernde vibrierende Arme (Zapfwellenantrieb) schütteln die Bäume, so daß die Früchte in 2 plastik-überzogene Auffangrahmen (halbmondförmig) fallen und von dort zu einem Verlese- und Verladeband rollen. W.Fleischmann. 9570d.

S t o j u š k i n, I.A. (Stojuschkin, I.A.); Dagestan. Forsch.-Inst. für Landwirtsch. Opyt mechanizirovannoj uborki vinograda. (Mechanisierte Weinernte.) - Traktory i sel'chozmašiny, Moskva 32 (1962) Nr.6. S.31-32. - 1 Abb., 3 Zeichn.

Vf. beschreibt ein Verfahren der mechanisierten Weinernte, das anstatt der vertikalen Spaliere "horizontale Spaliere" zur Voraussetzung hat. Zur Bildung der horizontalen Spaliere werden galgenförmige Ständer in Abständen von je 10 m aufgestellt und unter den horizontalen Auslegern der Ständer 6 parallele Drähte ausgespannt, an denen die Ruten entlang geführt werden. Die Trauben hängen dann unter dem horizontalen Spalier in einer horizontalen Ebene und werden dadurch abgeerntet, daß unter den Reben ein Schlepper entlang fährt, an dem in entsprechender Höhe ein den Mäh-Messerwerken ähnliches zapfwellengetriebenes Messerwerk angebaut ist. Die vom Messerwerk abgeschnittenen Trauben gleiten über eine Rutsche in einen Sammelkasten. Leistung 3 ha/7 h mit 2 AK. W.Balkin. 9575.

S h e p a r d s o n, E.S., S t u d e r, H.E., S h a u l i s, N.J. und M o y e r, J.C. Mechanical grape harvesting. Research progress and developments at Cornell. (Mechanische Traubenernte. Versuchsergebnisse und Entwicklungen in Cornell.) - Agric. Engng. 43 (1962) Nr.2. S.66-71. - 4 Abb., 2 Diagr., 5 Schemata, 9 Lit.

Es wird ein zusammenfassender Bericht über die Versuche zur Traubenernte gegeben, die an der Cornell-Universität vorgenommen wurden. - Das entwickelte Gerät arbeitet nach dem Schüttelprinzip und setzt solche Sorten voraus, bei denen sich die reifen Beeren leicht vom Stiel lösen. Bei der Reberziehung wird so verfahren, daß der gesamte Weinstock nur an einem Draht befestigt wird. Dieser Draht ist im Abstand von 18 in. (45,7 cm) an einem Querholz befestigt. Die meisten Trauben hängen in der Nähe dieses Spanndrahtes. Die Maschine versetzt den Draht in Schwingung mit einer Frequenz von 550 min^{-1} und einer Schüttelamplitude von 12 cm. Bei dieser Schwingung werden die einzelnen Beeren vom Stiel gelöst und fallen auf einen darunter befindlichen Elevator, der sie in einen Behälter fördert. Mit Hilfe eines Gebläseluftstromes werden die Beeren von Blättern und Verunreinigungen gesäubert. Mit dieser Maschine werden hauptsächlich Traubensorten geerntet, die zur Traubensaft- und Marmeladenbereitung verwendet werden. Die zu diesem Ernteverfahren vorgenommenen physikalischen Untersuchungen werden dargelegt. W.Blasse. 9575.

L. GARTENBAU/ERNTE-AUFBEREITUNG UND LAGERUNG

W i l k i n g, Eduard; Langförden/Oldbg. Rationelle Einrichtung von Aufbereitungs- und Lagerhäusern für Obst und Gemüse. - Landtechnik 17 (1962) Nr. 12. S.460-462. - 2 Abb., 2 Schemata, 2 Tab.

Lagerung und Aufbereitung werden vornehmlich von dem Transport und der eigentlichen Arbeit der Aufbereitung bestimmt. Für den Horizontaltransport werden Paletten mit Gabelhubwagen, Gabelhubstapler, Klemmkarren und Röllchenbahnen eingesetzt. Bei längeren Wegstrecken hat die Palette die größte Bedeutung. Die Röllchenbahn dient nur dem Kurzstreckenverkehr und ist arbeitsaufwendig. Bei dem Vertikaltransport hat der Elektro-Gabelhubstapler in Verbindung mit Paletten eine große Bedeutung. - Vf. geht dann auf die Obstsortiermaschinen ein. Alle Maschinen sortieren nach dem Fruchtquerdurchmesser. Die Auslauffächer sollen alle nach einer Richtung führen. Für optimal gestaltete Bauten und Räume stellt Vf. folgende Punkte vor: nur horizontaler Transport, keine Tragpfeiler, zweckmäßige Rampen, Torgröße 3 x 3 m. Die Grundfläche einer Aufbereitungshalle sollte in zwei Abstellplätze und einen Sortierplatz unterteilt sein. Der Sortierplatz muß geräumig und die Raumhöhe den verwendeten Transport- und Stapelgeräten angepaßt sein. Günstige Lichtverhältnisse sind erforderlich, die Raumtemperatur soll auf 7 bis 9 °C gehalten werden. E.Krusekopf. 9605.

R i s y, R.; Neu Fahrland, Obstbau-Bezirkskonsultationsbetr. GPG "Neuer Obstbau". Möglichkeiten der Mechanisierung des Obsttransportes und der Obstsortierung. - Obstbau /Berlin/ 3 (1963) Nr.2. S.31-32.

Der Transport von Obst wurde wie folgt vorgenommen: Die beladene Palette wird mit dem Hecklift aus der Anlage transportiert und auf dem Tieflader abgesetzt; Hubhöhe bis 1,10 m. Am Lager-und Aufbereitungshaus wird mit dem Gabelhubwagen "Typ 101" (VEB Maschinenbau "Briletta", Brielow) entladen und die Palette an die Sortiermaschine "Unifruct III" gefahren. Die Tragfähigkeit des Gabelhubwagens beträgt 1000 kg. Zum Stapeln im Lagerhaus müssen Elektro-Gabelstapler vorhanden sein, um die Lagerraumhöhe voll auszunutzen. Der vorhandene Hecklift ist noch verbesserungsbedürftig. Künftig werden auch Großkisten eingeführt, um ihre Eignung zu erproben, da die z.Zt. üblichen Transportkisten nicht befriedigen. - Zur Aberntung von Straßenobstbäumen bewährte sich der von einer SAG entwickelte Obstbaumrüttler.

W.Blasse. 9605.

W i l k i n g, E. Obstaufbereitung in Südtirol. - Rhein. Mschr. Gemüse-, Obst- u. Gartenbau 50 (1962) Nr.8. S.224-225. - 9 Abb.

Das Obstangebot aus Südtirol ist den Erfordernissen des Marktes, auch bezüglich der Aufbereitung, gut angepaßt. Auch das Lagergut wird vor dem Einlagern sortiert und kalibriert, so daß das Lager mit genau eingestuften Größenklassen beschickt wird und die Haltbarkeit nicht durch beschädigte oder minderwertige Früchte beeinträchtigt werden kann. Andererseits wird aber auf das Zusammenfallen der zwei Arbeitsspitzen (Ernte und Sortierung) hingewiesen, die zu einer guten Rationalisierung dieser Arbeitsgänge einschließlich des Transportes zwingen. Alle Transporte werden in Großgebindeeinheiten durchgeführt. Das Beschicken der Aufbereitungsanlage erfolgt mit

Kippvorrichtungen kistenweise; auch das Entleeren der Auslauffächer an der Kalibriermaschine erfolgt mechanisiert und z.T. automatisiert, die Leistungen dieser Maschinenkette sind so hoch, daß sie nur ausgelastet wird, wenn der Transport von Leergut und der Obstan- und -abtransport gut organisiert und mechanisiert werden. Auch das automatische Abfüllen in Netze und Plastikbeutel wird in großem Umfang durchgeführt. A.Lauenstein. 9605.

T r e b i n, B.; Pensa, Landwirtsch. Inst. Očistka i sortirovka luka-sevka na mašine OSM-3U. (Reinigung und Sortierung der Steckzwiebeln in der Maschine vom Typ "OSM-3U".) - Technika v sel'skom chozjajstve, Moskva 22 (1962) Nr.12. S.16-17. - 2 Schemata. Aus: Dok.-Dienst ILT 1963 Nr.1.

Durch Ansetzen eines zusätzlichen Siebkastens mit einem Sieb und mit Rücklaufboden an der Aufnahmekammer wurde die Getreidereinigungsmaschine "OSM-3U" für Zwiebelsortierung und -reinigung umgerüstet. Zwei Methoden der größenmäßigen Sortierung werden angegeben: 1) Sortierung in drei Gruppen (1-2 cm, 2-3 cm und 0,5-1 cm Dmr.); 2) Sortierung in vier Gruppen (5-10 mm, 10-15 mm, 15-25 mm und über 25 mm). Vf. beschreibt Funktionsweise und die verwendeten Siebe. Die Leistung beträgt bei der Reinigung und Sortierung von Steckzwiebeln 5-6 t/h. 9610.

B o o y, D.L. Nieuwe verpakkingen. (Neue Verpackungen.) - Fruitteelt 51 (1961) Nr.4. S.110-111. - 2 Abb.

Es werden zwei neu entwickelte Kartonverpackungen vorgestellt: 1.) eine französische Faltverpackung für Obst, deren wichtigstes Merkmal die Stapelfähigkeit ist. Ein Luftschlitz an der Längsseite gestattet die Durchlüftung des Kartoninhalts. Die Stirnseite ist mit einer Profilierung versehen, damit die einzelnen Kartons fest übereinander gestapelt werden können. 2.) Der spanische Tomatenkarton aus Wellpappe hat ein Fassungsvermögen von 6 kg. Die Früchte liegen in 105 Kammern dreischichtig übereinander. An der Stirnseite sorgen Löcher für ausreichende Durchlüftung. W.Blasse. 9620.

H o c h a r t, M.B. Emballages en bois pour fruits et légumes. (Holzverpackungen für Obst und Gemüse.) - Arboricult. fruitière /N.S./ 7 (1960) Nr.81. S.22-25.

Die Verbraucher und der Handel verlangen eine Standardisierung von Form, Größe und Qualität der Verpackung. Unter diesem Gesichtspunkt wird die Eignung einiger Verpackungsformen (Flachsteigen, Körbe, geschlossene Kisten, verlorene und wiederverwendbare Verpackungen) für die verschiedenen Produkte erörtert. U.Neumann. 9620.

S c h m i d, W.; Zug, Schweiz. Obstverband. Tafelobst in Kartonverpackung. Schweiz. Z. Obst- u. Weinbau 71 (1962) Nr.18. S.433-435. - 1 Abb.

Die neue Kartonboxe (Verlustgebinde) ist für 15 kg Nettoinhalt vorgesehen. Abmessungen außen 41 x 37 x 26 cm, innen 40 x 36 x 25 cm. Das Herstellungsmaterial ist Wellkarton, dessen Außen- und Innendecke aus widerstandsfähigem Papier, sog. "finnischem Kraftliner", besteht. Die Stirnwände sind durch Einlagen verstärkt. Der Karton ist oben offen, so daß der Inhalt gut sichtbar ist. Handgriffe sind eingestanzt. Die Boxe wird flach geliefert und im Betrieb montiert. Hierzu sind Heftapparate, Klebapparate, Schablonen sowie geschultes Fachpersonal notwendig. W.Blasse. 9620.

U p t m o o r, J.H.; Langförden, Obstversuchsanst. Vorverpackung von Obst. Obstbau /Stuttgart/ 82 (1963) Nr.5. S.102-105. - 8 Abb.

Die Vorteile der Vorverpackung von Obst in Kleinpackungen sowie die Forderungen an diese und die Aufgaben und Ziele der Vorverpackung werden erläutert. Kleinverpackungen dürfen nicht zu teuer und unhandlich sein. Mehr als 1 kg Gewicht ist für den Käufer unangenehm. Verlangt werden eine ansprechende Form, verkaufswirksames Aussehen, gute Stapelfähigkeit in den Verkaufsregalen, exakte Preisauszeichnung und genaue Gewichtsangabe und Qualitätsware. Die Vor- und Nachteile verschiedener Verpackungen, Materialkosten, Verpackung u.a. werden beschrieben. R.Höhn. 9620.

U p t m o o r, Jan-H. Die Technik der Vorverpackung von Obst. - Rhein. Mschr. Gemüse-, Obst- u. Gartenbau 51 (1963) Nr.1. S.3-5. - 6 Abb.

Fertig verpacktes Obst bekommt auf dem Markt eine immer größere Bedeutung. Damit wird auch die Frage der Rentabilität der einzelnen Verfahren immer wichtiger. Man unterscheidet das Abpacken von Hand, halbautomatisches und vollautomatisches Abpacken. Diese drei Verfahren werden in allen Einzelheiten besprochen, wobei als Verpackungsgefäße PVC-Beutel, Netze und Foodtainer Verwendung finden. Die letztgenannte Verpackungsart wird als am vorteilhaftesten empfohlen. O.Lekve. 9620.

R o u g é, B. Le format des stations fruitières et les facteurs qui le déterminent. (Die bestimmenden Faktoren für die Größe von Obstlagern.) - Genie rural 56 (1963) Nr.2. S.71-75.

Die Gesamtgröße eines Obstlagers richtet sich nach der Bearbeitungs- (Umschlags-) und nach der Lagerkapazität. Nur selten ist eine für die gesamte Bearbeitungsmenge ausreichende Lagerkapazität vorhanden, in Frankreich wird sie auf etwa 50 % geschätzt. Für die Annahme müssen der Raum, die Waagen und die Fördereinrichtungen den Spitzenbelastungen entsprechen. Der Palettenverkehr erspart teure Verladerampen und Arbeitskräfte. Als Aufbereitungsraum werden für je 1 t täglicher Kapazität etwa 20 m^2 benötigt. Der Raum soll ohne Säulen sein. In modernen Kühlräumen werden die Kisten bis zu 5,50 m Höhe gestapelt, die Bruttobelastung beträgt bis zu 1000 kg/m^2. Um verschiedene Obstsorten besser lagern zu können, wird die Unterteilung in mehrere Kühlräume vorgezogen. Zur besseren Luftzirkulation ist unter den Stapeln ein freier Raum von 50 cm zu lassen. Als Lager für das Verpackungsmaterial genügen einfache Schuppen. Für den Versand sollen die gleichen Kisten genommen werden wie für die Ernte. Um den Palettenverkehr zu erleichtern, sind ebenerdige Gebäude ohne Steigungen vorteilhaft. H.Kaiser. 9625a.

N i s e n, A.; Gembloux, Inst. Agronomique. Quelques considérations sur la conservation des fruits en fruitier ventilés. 2. (Einige Betrachtungen über die Lagerung von Obst in ventilierten Lagerhäusern. 2. Mitt.) - Fruit belge 28 (1960) Nr.226. S.90-96. - 5 Abb., 2 Tab. 1. Mitt. vgl. LZ. Abt.I 7 (1961) Nr.6. S.838.

Zur Erzielung konstanter Lagertemperaturen von 2-5 °C wird die Ventilation durch einen äußeren Thermostaten (-18 - +20 °C) und einen inneren Thermostaten (-4 - 13 °C) automatisch reguliert. Mit Hilfe dieser Einrichtung konnten "Cox" "Orange" bis Ende Febr. und "Boskoop" und "Golden Delicious" bis Anfang März gelagert werden U.Neumann. 9625b.

M a u c h, Anton; Bavendorf. Die Kühltechnik in Lagerhäusern für Obst und Gemüse. - Landtechnik 17 (1962) Nr.12. S.463-465. - 5 Abb., 3 Schemata, 1 Tab., 2 Lit.

Das Lagergut muß im Kühllager innerhalb kürzester Zeit auf die verlangte Lagertemperatur abgekühlt werden. Die relative Luftfeuchtigkeit soll im Lagerraum auf 85 - 95 % einstellbar sein. Dies wird durch Einschalten von Wasser-Sprühdüsen in den Kaltluftstrom des Raumkühlers erreicht. Zur Beseitigung der Atmungsstoffe dient die Befeuchtungseinrichtung gleichzeitig als Luftwäsche. Die Steuerorgane der Kühlanlage bestehen aus dem Thermostaten, dem Hygrostaten und einer Schaltuhr für die Luftwäsche. Die behelfsmäßige Kühlung verwendet thermostatisch gesteuerte Lüfter, die mindestens einen 15-fachen stündlichen Luftwechsel erreichen. E.Krusekopf. 9625c.

N o r d, O. Das kontinuierliche Pressen. - Dtsch. Weinbau 17 (1962) Nr.11. Techn. im Weinbau S.1-8. - 5 Abb., 1 Diagr., 2 Schemaskizzen, 5 Tab.

Durch das "Luxor"-Pressaggregat wurde das kontinuierliche Abpressen der Trauben auch unter den Verhältnissen Westdeutschlands möglich. Nach den bisherigen Versuchen traten keine Nachteile auf, die den Einsatz in Frage stellen würden. Das "Luxor"-Aggregat besteht aus drei lose zusammengeordneten Einzelteilen. 1. Traubenmühle mit Entrappvorrichtung. 2. Maischeförderer mit Vorentsaftung. 3. Doppelschneckenpresse. Jedes der drei Teile ist fahrbar und mit eigenem E-Motor ausgestattet. Das ganze Aggregat wird ohne Verschraubungen zusammengefügt. Der Platzbedarf für das kleinere Aggregat beträgt rund 3 x 9 m. Seine Arbeitsleistung wird mit 4000 kg Trauben/h angesetzt. Es wird auch ein Aggregat mit einer Stundenleistung von 8000 bis 10 000 kg angeboten. Für beide Typen werden die gleichen Mühlen und Vorentsaftertypen verwendet. Die Mühle wird durch einen 2 PS-Motor angetrieben, der Vorentsafter durch einen 2,5 PS-Motor. Hersteller des "Luxor"-Aggregates: Fa. N. Ordody, Wien. W.Blasse. 9635.

M. GARTENBAU/PFLANZENSCHUTZ

G o o s s e n, Heinz; Münster/Westf. Besonderheiten der Pflanzenschutzgerätetechnik im Garten-, Gemüse- und Obstbau. - Landtechnik 17 (1962) Nr.12. S.455-457. - 4 Abb., 2 Schemata, 5 Lit.

Vf. beschäftigt sich mit der Erddämpfung, der chemischen Bodenentseuchung, dem Beizen von Sämereien, der chemischen Unkrautbekämpfung sowie der Schädlingsbekämpfung im Obstbau. Elektrisch beheizte Erddämpfer kommen für kleine Erdmengen in Betracht. Die Bodendämpfung in Fässern ist sehr wirksam, jedoch bedingt sie einen relativ hohen Aufwand an Handarbeit. Für die chemische Bodenentseuchung sind Handinjektoren und fahrbare Injektionsgeräte mit einstellbarer Wirkstoffmenge entwickelt worden. Bei der chemischen Unkrautbekämpfung im Gemüsebau ermöglicht die Bandspritzung im Vorauflaufverfahren wie auch die Reihenspritzung bei stehenden Kulturen eine erhebliche Kostensenkung. Für eine ganzflächige Spritzung eignen sich alle Spritzgeräte. Im Obstbau gehört den vollmechanischen Spritz- und Sprühverfahren die Zukunft. Z.Zt. wird in Versuchen der Einsatz vorhandener Regenanlagen zur Schädlingsbekämpfung überprüft. Das Nebelverfahren kommt vorwiegend in größeren Baumbeständen in Frage. E.Krusekopf. 9705a.

E h r e n h a r d t, Hans und G r o s s e r, Horst-Ulrich. Neue technische Erkenntnisse bei der Schädlingsbekämpfung im Weinbau. - Landtechnik 17 (1962) Nr.12. S.458-460. - 3 Abb., 1 Tab., 5 Lit.

Das Verfahren mit der Hochdruckspritzpistole verdrängt in schwer zugänglichen Steillagen das arbeitsaufwendige Niederdruckspritzverfahren mit Spritzgestänge. In befahrbaren Lagen vollzieht sich der Übergang zur Mehrzeilenspritzung oder zum Sprühen im Einmann-Verfahren. Zwischen beiden steht das Spritz-Sprühen, das die Vorteile des reinen Spritzverfahrens mit der Arbeitsersparnis des Sprühverfahrens vereinigt. Von allen im Naßverfahren arbeitenden Geräten haben die Schlepper-Sprühgeräte die höchste Arbeitsleistung. Als ideale Bekämpfungsmaßnahme in Hang- und Flachlagen ist das Sprühverfahren im Hubschraubereinsatz anzusehen, das jedoch größere zusammenhängende Flächen erfordert. E.Krusekopf. 9705a.

M o r i e l l o, Tony; New Paltz, N.Y. How we applied "stop scald". (Wie wenden wir "stop scald" an.) - New York State horticult. Soc., Proc. annu. Meeting Nr. 107 (1962) S.112-114. - 1 Schemaskizze.

Um in Kisten befindliche Früchte mit einer "stop scald"-Lösung behandeln zu können, wurde folgende Verfahrensweise entwickelt: Die Obstkisten werden auf eine Röllchenbahn gesetzt und mit einer "stop scald"-Lösung übergossen. Diese Lösung befindet sich in einem Hochtank über der Röllchenbahn. Die überschüssige Lösung wird in einem Becken unter der Transporteinrichtung aufgefangen und wieder nach oben gepumpt. 2 AK halten die Kiste unter dem Lösungsstrahl kurzfristig an. Dieses Verfahren gliedert sich gut in den gesamten Arbeitsablauf ein. W.Blasse. 9705a.

A n o n y m. Ziektenbestrijding door de regeninstallatie. (Schädlingsbekämpfung über die Regenanlage.) - Fruitteelt 52 (1962) Nr.47. S.1348-1349. - 3 Abb.

In einem Kleinbetrieb (7 ha Obst, davon 3 ha Apfelertragsanlage) wurden gute Resultate bei der Verregnung von Pflanzenschutzmitteln mit einer Perrot-Anlage erzielt. Die konzentrierte Präparatlösung wird in einem Gefäß angesetzt und in 4-5 Min. in die Druckleitung eingesaugt. Um eine ausreichende Verteilung der Mittel auf den Bäumen zu gewährleisten, wurde die Präparatmenge so berechnet, daß der Regner 4 Umdrehungen macht und dabei die Bekämpfungsmittel ausbringt. Nach 4 Umläufen wird die Anlage abgeschaltet. Da sich dann noch Präparatflüssigkeit in der Leitung befindet und mit Klarwasser nachgespült werden muß, wird die Regenanlage zu diesem Zweck erst dann wieder kurz eingeschaltet, wenn die Bäume abgetrocknet sind und keine Gefahr des Abwaschens mehr besteht. 1962 wurden auf diese Weise 12 Präparatverregnungen vorgenommen. Neben der Zusatzbewässerung und der Ausbringung von Pflanzenschutzmitteln fand die Anlage auch bei der Spätfrostberegnung Verwendung. Der besondere Vorteil dieses Verfahrens besteht in der Einsparung der aufwendigen Spritzarbeiten. Der Mittelverbrauch liegt gegenüber dem herkömmlichen Spritzen höher. W.Blasse. 9705b.

B a k o s, I. Gyümölcspermetezőgépek összehasonlító üzemi kísérletei. (Vergleichende Betriebsuntersuchungen an Obstspritzgeräten.) - Jarmüvek, mezőgazdasági Gépek /Fahrzeuge, landwirtsch. Maschinen/ 9 (1962) Nr.2. S.61-65.
Aus: Ung. Agrar-Rdsch. 1963 Nr.2. 9705e.

K n o c h, Karl. Schädlingsbekämpfungsgeräte für Obst-, Garten- und Weinbau. Techn. u. Landwirtsch. 14 (1962) Nr. 19. S.452-455. - 8 Abb.

Zur Schädlingsbekämpfung im Garten-, Obst- und Weinbau stehen in erster Linie komb. Geräte zum Spritzen und Sprühen oder Sprühen und Stäuben zur Verfügung. Herstellung und Anwendung rückentragbarer, motorgetriebener Sprühgeräte haben sich stark erweitert. Daneben zeigt sich deutlich die Tendenz zum selbstfahrenden Sprühgerät. Bei den Anbau- und Aufbaugeräten (vornehmlich Spritzen) war generell eine Ausnutzung der Dreipunkt-Hydraulik festzustellen. Überwiegend werden Polyäthylen-Behälter verwendet. Ein Umbau eines tragb. Sprüh- und Stäubegerätes mit Motor zu einem selbstfahrenden Gerät wurde mit der Type "Matador" vorgestellt (Behälterinhalt 50 l bzw. 50 kg; Spurbreite 50 cm; Fahrgeschwindigkeit bei 3 Abstufungen max. 6 km/h.) Durch Einbau eines Ventiles konnte das unerwünschte Nachtropfen bei den Umschalt-Schleier-Düsen an den Blasator-Geräten unterbunden werden. Ein Aufsattelsprühgerät mit hohem Gebläseanbau soll in Rebanlagen mit 2 m Reihenentfernung eine Sprühbehandlung von gleichzeitig 4-5 Reihen ermöglichen. Hervorzuheben sind noch folgende Entwicklungen: 1) Spezial-Weinberg-Schlepper "Variomat" mit Dreizeilen-Spritzgestänge; 2) Ein Stelzengerät für den McCormick-Schlepper, wenn dieser zur Blauschimmelbekämpfung ausgerüstet mit 300 l Behälter und einseitig ausgelegtem Spritzgestänge eingesetzt werden soll; 3) "Fendt"-Geräteträger mit 600 l-Behälter und Spritzeinrichtung. Vorhandene Zapfwellenspritzen können durch nachlaufende Sprühaggregate zu vollmechanisch arbeitenden Plantagen-Sprühgeräten umgewandelt werden.

A.Jeske. 9705b.

L a t e n k o, B.V. (Latenko, B.W.) Ustanovki dlja opryskivanija rastenij v teplicach. (Anlagen für die Spritzung der Pflanzen in den Gewächshäusern.) Zaščita rastenij ot vreditelej i boleznej, Moskva 7 (1962) Nr.9. S.17-18. - 2 Abb., 1 Zeichn.

Zur Pflanzenbehandlung in Gewächshäusern wurden fahrbare, durch Elektromotore betriebene Spritzanlagen entwickelt, die beschrieben werden.

H.Decker. 9705b.

I v a n o v, V. (Iwanow, W.) Prŭskačka za malini i tjutjun, otglezdani vŭrchu naklonen teren i terasi. (Himbeer- und Tabakspritzen für Terrassen- und Hangpflanzungen.) - Rastitelna Zaštita, Sofija 10 (1962) Nr.5. S.16-19. - 4 Abb., 1 Tab.

An die Maschinen werden folgende Anforderungen gestellt: 1) der Zugwiderstand soll 50 kg nicht übersteigen, um einen Eingespannzug zu ermöglichen. 2) Die Spurweite soll je nach dem Reihenabstand der Tabak- und Himbeerpflanzungen verstellbar sein. 3) Für die Tabakpflanzen soll die Bodenfreiheit der Spritze bis 500 mm betragen. 4) Die Räder und die unteren Maschinenteile sollen die Blätter der Tabakpflanzen nicht beschädigen. 5) Es sollen Vorrichtungen zur Waagerechtstellung der Maschine an Hängen vorhanden sein. 6) Die Maschine soll schmal sein, um in den Zwischenreihen (bei den Himbeerpflanzen 400 bis 450 mm) ohne Beschädigung der Pflanzen zu fahren. 7) Sie soll mit entsprechenden Düsen zur Spritzung von Tabakjungpflanzen sowie der Tabak- und Himbeerkulturen versehen sein. - Die Maschine ist gemäß diesen Anforderungen gebaut und mit einem Universalzughaken versehen. Sie wird für Pferde- oder

Kleinschlepperzug e..gerichtet. Sie hat zwei Fahrräder mit Gummireifen. Bei schwierigen Betriebsbedingungen wird sie leicht auf drei Fahrräder umgebaut - zwei Vorderräder und ein Zusatzhinterrad. Der Spritzmittelbehälter faßt 200 l Lösung, die zur Spritzung von etwa 0,2 ha Bestandsfläche ausreicht. Die Maschine ist im Jahre 1962 in Südbulgarien erprobt worden und hat dabei gute Ergebnisse gezeigt. A.Kalojanow. 9705b.

P r e c h l e r. Pflanzenschutzgeräte im Weinbau. - Weinberg u. Keller 8 (1961) Nr.9/10. S.335-337. - 4 Abb., 10 Lit.

Im Weinbau finden tragbare Sprühgeräte, selbstfahrende Geräte und Großgeräte Verwendung. Letztere kommen nur für Weitraumkulturen in Betracht. Durch Kunststoff-Bauteile lassen sich die rückentragbaren Geräte auf ein Leergewicht von 11 kg reduzieren. Die Luftaustrittsgeschwindigkeit liegt bei 70 bis 110 m/s. Ein Teil der Gebläseluft wird in den Brühebehälter geleitet, um einen gleichmäßigen Flüssigkeitsaustritt zu erzielen. Das Gebläse wird vom Motor direkt angetrieben. Mit Mehrzeilenspritzgeräten ist vollmechanische Spritzarbeit möglich. Die Brüheverteilung erfolgt hier über verstellbare Ausleger, die für jede Reihe ein Gestänge haben, das mit Düsen bestückt ist. W.Blasse. 9705b.

B e r g e r, H.-J. Gespann-Weinbauspritze S 016. - Dtsch. Agrartechn. 13 (1963) Nr.3. S.126. - 2 Abb.

Das Gerät wird durch folgende technische Daten gekennzeichnet: Behälter 100 l mit Handrührwerk; Druckregler (1-6 kp/cm^2); 2 Einzylinder-Kolbenpumpen mit Bodenradantrieb; max. Breite 0,6 m; Pferdezug; zweiseitig ausgelegter Spritzrahmen (drehbar) mit je 4 Düsen (schwenkbar); Bedienung 1 Person. Niedrige Schwerpunktlage erlaubt ein Befahren von Hängen mit bis zu 12 $^{\circ}$ Neigung in Schichtlinie. Zusätzlich wurden eine Feldspritzeinrichtung mit 5 m Arbeitsbreite und eine Brandspritzeinrichtung zur Unkrautbekämpfung in Reihenkulturen entwickelt. Die Werkserprobung erfolgte im Weinbau (ebene Lagen), in Baumschulen und in Stangenbohnen. Gegenüber dem Einsatz von Rückenspritzen ist eine Steigerung der Arbeitsproduktivität von 100-120 % möglich. A.Jeske. 9705b.

A u d i b e r t, M., A g u l h o n, R., A m p h o u x, M., B o u t i e r, A. und L e v y, J.F. Protection anti mildiou dans le vignoble à "petit volume / hectare de liquide". (Mehltaubekämpfung im Weinbau mit "kleinen Flüssigkeitsmengen je Hektar.") - Progr. agric. viticole 158(79) (1962) Nr. 16. S.75-81. Nr.17. S.101-107. - 3 Abb., 1 Tab.

In Zusammenarbeit mit anderen Inst. hat das Versuchsinst. für Techn. im Weinbau mehrjährige Versuche zur Mehltaubekämpfung durchgeführt. Die Versuche wurden mit pneumatischen Geräten auf Portaltraktoren, gespanngezogenen mechanischen Geräten und aus der Luft mit Hubschrauber und einem Flugzeug durchgeführt. Die Versuchsmethodik wird geschildert. Bei den Varianten wurden folgende Ausbringmengen untersucht: Flugzeug = 45 l Wasser/5 kg Cuprosan, Hubschrauber = 45 l/4,8 kg, pneumatisches Gerät = 58 l/4,7 kg und mechanisches Gerät = 1076 l/5,4 kg. Die Versuche haben gezeigt, daß die chem. Mehltaubekämpfung durch Ausbringen eines Fungizides mit stark herabgesetzten Wassermengen durchgeführt werden kann. Die Gleichmäßigkeit der Verteilung und das Erreichen aller Pflanzenteile wird verbessert, wenn eine Ausbringetechnik angewendet wird, bei der die Tropfengröße zugunsten einer größeren Tropfenzahl und einer besseren Tropfenbeweglichkeit verringert wird. Die Wirksamkeit der Varianten auf den Gesundheitsgrad war unterschiedlich; am wirksamsten war offensichtlich die Behandlung mit dem pneumatischen Anbaugerät. A.Lauenstein. 9705b.

W i t t e, Karl. Der Frostschutz im Garten-, Obst-, Gemüse- und Weinbau. Landtechnik 17 (1962) Nr.12. S.451-453. - 3 Abb., 4 Lit.
Zur Geländebeheizung benutzt man Einzelöfen verschiedener Größe ohne und mit Regulierung oder Ölbrenner mit regelbarer Ölzufuhr. Die Einzelöfen verbrauchen bei Windstille etwa 0,5 bis 3 l/h Öl, bei Wind steigt der Verbrauch auf das Doppelte an. Die Ölbrenner verbrauchen 1,5 bis 3 l/h bei einem Druck von 10 atü. Je Hektar werden 150 Brenner oder 450 Stck. Einzelöfen benötigt. Zur Frostschutzberegnung werden im Abstand von 18 bis 21 m Schwachregner mit 4 bis 5 mm Düsen-Dmr. aufgestellt, wobei eine mittlere Regenhöhe von 3,5 mm/h bei 4 atü Wasserdruck am Regner erzielt wird. Durch die Geländeheizung kann eine durchschnittliche Erhöhung der Knospentemperatur um 1,2 bis 1,5 °C festgestellt werden. Dabei ist die Temperaturerhöhung zwischen den Einzelöfen ausgeglichener als zwischen den Ölbrennern. Die Schutzwirkung der Frostschutzberegnung hängt von der Regenhöhe und der für eine Strahlrohrumdrehung benötigten Zeit ab. Eine Temperaturerhöhung der Knospen bis 6 °C ist erreichbar. Bei einer Windgeschwindigkeit von 5 m/s und relativer Luftfeuchte unter 60 % ist die Schutzwirkung durch Beregnung nicht gesichert. Bei niedrigen Kulturen ist die Frostschutzberegnung wirksamer als die Geländeheizung.
E.Krusekopf. 9710a.

O. GARTENBAU/AUSSTELLUNGEN, TAGUNGEN, VORFÜHRUNGEN, REISEN, ÜBERSICHTEN

A n o n y m. Matériels nouveaux au 31e salon international de la machine agricole. (Neuheiten auf dem 31. internationalen Landmaschinensalon.) - Arboricult. fruitière /N.S./ 7 (1960) Nr.77/78. S.26-29. - 11 Abb., 1 Skizze.
In dieser Fortsetzung des Berichtes über den 31. Landmaschinensalon werden vor allem Maschinen für die Baumschulen erwähnt. Besonders herausgestellt werden Motorhacken und Einachsschlepper französischer Firmen von 2,5 - 6 PS, ein Düngerstreuer für die Einbringung von Mineraldünger bis zu 35 cm Tiefe, zwei nach unterschiedlichem Prinzip an den Bäumen ausweichende Bodenbearbeitungsgeräte und eine Rotationshacke. A.Lauenstein. 9805.

X. F O R S T W I R T S C H A F T

A. ALLGEMEINES

A n o n y m. Flygbilden i skogsbruket. (Das Luftbild in der Forstwirtschaft.) Kungl. Skogs- och Lantbruksakad. Tidskr. 101 (1962) Nr.5. S.441-467.
Seit etwa 15 Jahren hat das Flugbild in steigendem Maße in der schwedischen Forstwirtschaft Verwendung gefunden. Vom Reichsamt für Kartographie wurden im Jahre 1942 ca. 4000 Luftbilder hergestellt, gegenwärtig 20 000 Bilder jährlich. Auf Beschluß des Reichstages werden mit einem Turnus von 7 Jahren laufend Luftbildaufnahmen des gesamten Landes gemacht, aus normaler Höhe von 4500 m. Außerdem sind vor einigen Jahren in Zusammenarbeit des Reichsamtes mit der Luftwaffe Aufnahmen des ganzen Reichsgebietes aus 10 000 m Höhe hergestellt worden (Operation RAK). Die Kgl. Forst- und Landwirtschaftsakademie Schwedens hat eine Tagung in Form einer Estradendiskussion über das Thema "Das Luftbild in der Forstwirtschaft" abgehalten, an der sich außer Vertretern der Akademie Vertreter der Techn. Hochschule, des Reichsverbandes der Waldbesitzervereine (Kleinwaldwirtschaft), der Schwedischen Zellulose-AG (Forstl. Großbetriebe), des Reichsamtes für Kartographie und eine Anzahl eingeladener Fachleute beteiligten. Die Teilnehmer berichteten über den gegenwärtigen Stand der Herstellung und Verwendung von Luftbildern zu verschiedenen forstl. Zwecken und erörterten in der Diskussion die noch vorhandenen Mängel sowie die Wünsche und Hinweise der Produzenten und der Verbraucher hinsichtlich der weiteren Entwicklung auf dem für die Forstwirtschaft überaus wichtigen Gebiet der Luftbildtechnik.

A.Grönholm. 10005.

W e n k, Günter. Zur Bedeutung leistungsfähiger programmgesteuerter Rechenlocher für die Forstwirtschaft. - Wiss. Z. Techn. Univ. Dresden 11 (1962) Nr.4. S.787-789. - 2 Lit.
In neuerer Zeit werden Elektronenrechner für die maschinelle Massenberechnung bei der Holzvorratsinventur benötigt. Für diese Rechnungen genügt der Elektronenrechner "ASM 18". Die Holzvorrats- und Zuwachsinventur wurde inzwischen weiterentwickelt und läßt sich nur noch mit leistungsfähigen Rechenlochern bewältigen. Gleichzeitig ist mit der Anwendung dieser modernen Verfahren eine Einsparung an Kosten und AK verbunden. Am Beispiel einer vollautomatischen Massen- und Zuwachsberechnung aus dem Revier Markersbach des StFB Pirna wird die neue Methode der optischen Linientaxation dargestellt. Die erforderlichen Berechnungen erfolgen mit dem programmgesteuerten Rechenlocher "PRL", in deren Ergebnis die Summen der Massen, Grundflächen, Stammzahlen, Zuwüchse und Qualitätsziffern, sowie die Summen der Quadrate für die Fehlerberechnung nach den verschiedensten standörtlichen Kriterien gegliedert, ermittelt werden. Gegenüber den bisher üblichen Methoden ist eine größere Aussagefähigkeit und Wirtschaftlichkeit vorhanden. - Weitere Anwendungsmöglichkeiten moderner Rechenautomaten werden diskutiert.

M.-O.Barucha. 10005.

D a v i d e n k o, Pavel Aleksandrovič. Ėlektronnaja schema avtomatičeskogo kontrolja suški drevesiny. (Elektronenschema der automatischen Kontrolle bei der Holztrocknung.) Moskva: Goslesbumizdat. 1962. (53 S.) 8°. (1963 A 568)

H u g g a r d, E.R. and O w e n, T.H. Forest tools and instruments. (Forstliche Werkzeuge und Instrumente.) London: Black 1960. (VIII, 119 S. m. 44 Abb.) 8°. (1963 A 380)

F. FORSTWIRTSCHAFT/ENERGIE, KRAFTMASCHINEN UND SCHLEPPER

H a u s d ö r f e r und S o l d a n. Mehrschichtensystem im motorischen Fuhrpark des StFB Sonneberg. - Sozialist. Forstwirtsch. 13 (1963) Nr.3. S. 90-92. - 1 Tab.

Der wirtschaftliche Einsatz der Transportfahrzeuge im Transportprozeß wird im wesentlichen bestimmt von dem Anteil der produktiven Arbeitszeit. Während bei der Normalschicht von 8 Std. die zweiköpfige Besatzung selten die vorgeschriebene Arbeitszeit einhält, treten häufig im Zweischichtensystem mit Doppelbesatzung Warte- bzw. Reparaturstunden auf, die die Leistung des Fahrzeuges herabmindern. Infolgedessen wurden im StFB Sonneberg das Dreiersystem im Fuhrpark entwickelt, bei dem das Fahrzeug 12 Std. täglich im Einsatz ist und nur drei Arbeitskräfte benötigt werden. Von dieser Besatzung arbeiten jeweils zwei Kollegen zwei Tage abwechselnd, während der dritte Kollege einen Tag frei hat. Dieses System hat Vorteile, insbesondere durch die Senkung der Überstunden, Einsparung einer AK und den Fortfall der Wartezeiten. Gleichzeitig konnten die Reparaturzeiten am Fahrzeug erheblich gesenkt werden, da die ständige Besatzung unmittelbar an der Erzielung einer hohen Leistung und am laufenden Einsatz interessiert ist.

M.-O.Barucha. 10225.

S t a r o d u m o v, A.M. (Starodumow, A.M.) Novyj universal'nyj agregat dlja lesochozjajstvennych rabot. (Ein neues Universalaggregat für forstwirtschaftliche Arbeiten.) - Lesnoe chozjajstvo, Moskva 15 (1962) Nr.10. S.85-87. - 1 Abb.

Vom Vf. wird das Aggregat "Buschmaster", eine Entwicklung von Thomas N. Busch aus Alabama (USA) besprochen. Das Aggregat besteht aus einer Seilwinde, einem Bulldozer, den Planierschaufeln, einem Spezialpflug zur Brandbekämpfung, einem Behälter für Wasser mit 2082 l und für flüssigen Brennstoff mit 189 l Fassungsvermögen und einem Flammenwerfer. Masse des Traktors beträgt mit Aggregaten 10 238 kg; Länge 7,6 m; Höhe 3 m und Breite 2,4 m. Bei einem Wenderadius von 5,3 m ist eine Schwenkung von 40 ° in beliebiger Richtung möglich. Es folgen Angaben über die verschiedensten Einsatzmöglichkeiten.

R.Grönholm. 10235a.

A n o n y m. Rekad lasttruck för skogen. (Ein Sattelschlepper für die Forstwirtschaft.) - Traktor J. /Stockholm/ 7 (1962) Nr.15. S.936-942. - 15 Abb.

Von der schwedischen Fa. Mo & Domsjö AB wird seit einigen Jahren mit gutem Erfolg ein praktisches Gerät für die Forstwirtschaft (Holzrücken und -bringen geprüft. Es handelt sich um einen Sattelschlepper von 28 PS, der aus einem Einachsschlepper entwickelt wurde und zunächst das Pferd in der Forstwirtschaft ersetzen sollte. Die Stämme wurden hierbei auf einen Ladebalken aufgesattelt und wie beim Gespannzug geschleift. Durch Anbau einer Ladebrükke auf Gleisketten als Triebachswagen erhielt man ein brauchbares Gerät für die genannten Zwecke. Durch eine zusätzliche Hebevorrichtung können die Stämme maschinell verladen werden, wobei die Ladefläche des aufgesattelten Anhängers höher verlegt wird, so daß sich größere Bodenfreiheit ergibt.

E.Kahn. 10235c.

H. FORSTWIRTSCHAFT/BESTANDESGRÜNDUNG UND -PFLEGE EINSCHLIESSLICH KAMPBETRIEB

K i š č e n k o, T.I., U n t, V.Ja., K o m š i l o v, N.F., G e r a s i m o v, B.S. und A b o l', P.I. (Kistschenko, T.I., Unt, W.Ja., Komschilow, N.F., Gerassimow, B.S. und Abol, P.I.) Zagotovka derev'ev s kornjami. (Roden und Aufbereiten stehender Stämme.)-Lesnaja promyšlennost', Moskva 40 (1962) Nr.10. S.13-16. - 5 Abb., 2 Tab.

Großangelegte Arbeitsversuche, bei denen stehende Stämme und Bestände von Kiefern, Birken und Fichten mechanisch gerodet wurden, ergaben, daß es am rationellsten ist, Traktoren "S-100" mit vorgesetztem Räumschar zum Werfen der Stämme und Vibrohämmer Modell "VM-3-10" (CNIIME) zur Säuberung des Wurzelstockes von der anhaftenden Erde zu benutzen. Der Vibrohammer entwickelt eine Kraft von 3 t und benötigt 0,5 - 1,4 Min., um einen Stamm von 24-52 cm Dmr. zu säubern. Die Stämme werden mit Wurzelstock auf Autos vom Typ "MAZ-501" mit Nachläufer "2-R-15" geladen und zum Holzlagerplatz gefahren, wo der Wurzelstock abgetrennt und mit einer Spaltmaschine die Hauptwurzel von den Nebenwurzeln geschieden wird. Die Wurzeln zerkleinert man mit einer Hackmaschine "DU-2". Durch die Stehendrodung wird der Jungwuchs auf der genutzten Fläche fast völlig vernichtet, doch geht die Wiederbesamung - falls für geeignete Samenträger gesorgt wird - rasch und reichlich vonstatten.

A.Mueller. 10265e.

K u r i l o, V.S. (Kurilo, W.S.) Korčevka i trelevka krupnostvol'nych derev'ev. (Das Roden und das Rücken starker Bäume.) - Lesnoe chozjajstvo, Moskva 15 (1962) Nr.10. S.60-62. - 1 Schema.

Das Stockrodegerät "D-210" ist für die Rodung von Stöcken bis zu 35 cm Dmr. geeignet. Die Stockrodegeräte "K-1-A" und "K-2-A" können zur Rodung größerer Stöcke verwendet werden. Diese Geräte haben den Nachteil, daß sie nur für die Durchführung von Rodearbeiten eingesetzt werden können. Zur Behebung dieses Mangels wurde auf der Grundlage des Traktors "S-100" ein Gerät entwickelt, das zur Stehendrodung, zum Rücken und zum Verladen starker Bäume eingesetzt werden kann. Das Gerät wird in allen Einzelheiten beschrieben. Auf Anregung des Komitees für Erfindungswesen erfolgt der Bau einer Versuchsserie dieses Gerätes.

S.Frei. 10265e.

R j a v k i n, M.N. (Rjawkin, M.N.) Povysit' uroven mechanizacii lesochozjajstvennogo proizvodstva. (Die Mechanisierung der forstwirtschaftlichen Produktion verbessern.) - Lesnoe chozjajstvo, Moskva 15 (1962) Nr.11. S. 60-61. - 6 Abb.

Vom Vf. werden an Hand von Abb. mit Angabe techn. Daten, Verbesserungen an

Bodenbearbeitungsgeräten, die im Forstnutzungsbetrieb Timirjasew (Gebiet Tomsk) eingesetzt werden, besprochen. Es wurden der Anhängepflug "PL-70", "P-5-35" und das Ästeräumgerät von Schewgunow in ihrer Konstruktion geändert. R.Grönholm. 10270a.

L e h m a n n, G. Stockrodung und Vollumbruch in den Staatlichen Forstwirtschaftsbetrieben des Bezirkes Neubrandenburg im Jahre 1963. - Sozialist. Forstwirtsch. 13 (1963) Nr.1. S.12-15.

Im Bezirk Neubrandenburg wurden in den vergangenen Jahren die umfangreichen Kahlflächen aus den Kriegsjahren aufgeforstet und überwiegend mit standortsgerechten Holzarten bepflanzt. Der Vollumbruch als Mittel einer weitgehenden Mechanisierung der Walderneuerungs- und Pflegearbeiten kam dabei jedoch nur im geringen Maße zur Anwendung. Daher ist es notwendig, die bisher üblichen Methoden der Bodenbearbeitungs- und Aufforstungsarbeiten durch neue leistungssteigernde und produktive Maßnahmen zu ersetzen. Vf. sieht in dem Vollumbruchverfahren die beste Möglichkeit zur Verbesserung der Qualität der Walderneuerungsarbeiten und beschreibt eingehend dessen Vorzüge. Insbesondere werden die Faktoren behandelt, die eine gute Organisation der Vollumbrucharbeiten und der Stockholzgewinnung garantieren, wobei den Fragen der Planung und Abrechnung der Rode- und Planierraupen sowie der Entlohnung der Raupenfahrer Beachtung geschenkt wird. M.-O.Barucha. 10270ca.

S c h l i c h t i n g, M. Vollumbruchpflug B 175 und sein Zugkraftbedarf. Sozialist. Forstwirtsch. 13 (1963) Nr.2. S.56-61. - 8 Abb., 5 Lit.

Für die Durchführung des Vollumbruches stehen der Forstwirtschaft noch nicht in ausreichendem Maße gut geeignete techn. Hilfsmittel zur Verfügung. Im VEB Bodenbearbeitungswerke Leipzig wurde die Neuentwicklung eines Vollumbruchpfluges aufgenommen, dessen techn. Eigenschaften vom Vf. dargestellt werden. Der Pflug "B 175" besitzt erhebliche Vorteile gegenüber den bisher bekannten, z.B. stabiler Rahmen, Zugschere mit Zugmaul und Stecker, luftbereifte Räder, Spornradachse mit feststellbarem Kurvengang, Parallelaushebung. Der optimale Tiefgang des Pflugkörpers beträgt 60 cm, die max. Arbeitstiefe 70 cm. Das Streichblech ist stark gewunden und besitzt eine breite Streichschiene. Der Schar ist mit einem Durchsteckmeißel versehen. - Neben der Darstellung der techn. Daten geht Vf. besonders auf die Ermittlung des Zugkraftbedarfs in Abhängigkeit vom spezifischen Bodenwiderstand ein. Gleichzeitig werden Hinweise zur Berechnung der erforderlichen Traktoren-Nennleistung gegeben. In dem abschließenden Nomogramm lassen sich Zugkraft bzw. Zugleistungsbedarf sowie die Motornennleistung des Traktors bei beliebigen Bodenverhältnissen, Arbeitstiefen und Fahrgeschwindigkeiten leicht ermitteln. M.-O.Barucha. 10270ca.

A s a n o v a, V.K. (Assanowa, W.K.); Kostroma, Forstl. Versuchsstat. des Unions-Forsch.-Inst. für Forstkult. und Mechanisier. der Forstwirtsch. Mechanizacija lesovosstanovitel'nych rabot v Kostromskoj oblasti. (Mechanisierung der Walderneuerungsarbeiten im Gebiet Kostroma.) - Lesnoe chozjajstvo, Moskva 15 (1962) Nr.10. S.57-60. - 4 Abb.

Die Forstl. Versuchsstat. Kostroma hat in den letzten Jahren Arbeiten der Walderneuerung auf ungerodeten Flächen unter Anwendung komplexer Mechanisierung und chem. Mittel durchgeführt. Vom Vf. werden Ergebnisse der angewandten Verfahren mitgeteilt: Bodenvorbereitung mittels Pflugfurchen mit dem Pflug "PKL-70"; mechanisierte Aussaat der Kiefer und Fichte mit dem Pflug "PKL-70", als Zuggerät diente der Traktor "TDT-40"; Bodenvorbereitung in Form von Pflugplaggen mit den Pflügen "PL-70", "PKB-56", "PKL-70", "PLP-135" u.a.; streifenweise Bearbeitung des Bodens mit dem Lockerer "D-210V" und Großflächenbearbeitung des Bodens. Vom Vf. werden ebenfalls Angaben der Pflanzverfahren und der Anwuchsprozent angegeben. R.Grönholm. 10270cb.

M e t t e, H.J. Standardisierung von Rohholz, Rinde und Harz. - Sozialist. Forstwirtsch. 13 (1963) Nr.2. S.40-43.
Die Überführung bzw. Umarbeitung der Sortierungsvorschriften für Rohholz -HOMA- in TGL-Form wird seit dem Erscheinen der Verordnung über die Einführung staatlicher Standards diskutiert. Vf. führt die Gründe an, die gegen und für einen Standard sprechen. Es überwiegen die positiven Faktoren. Als Gliederungsschema für die Form des Standards ist der übliche Standard-Aufbau vorgesehen, beginnend mit Begriffen, Bezeichnungen, Forderungen bis zu den Prüfbestimmungen. Die Forderungen werden in Tabellenform gefaßt. Auf die bisherige Zweiteilung der Sorten in Güte- und Gebrauchsklassen soll verzichtet werden. Da die Bezeichnung "HOMA" für den umfassenden Standard nicht aussagefähig genug erscheint, wird der Titel "TGL für Rohholz, Rinde und Harz" empfohlen. - In einem Kommuniqué über die zentrale Rohholzschausortierung in Schwerin wird darauf hingewiesen, daß durch eine exakte und fachgerechte Sortierung und Aushaltung des Rohholzes der Bedarf der Furnier- und Plattenindustrie stärker aus eigenem Aufkommen abzudecken ist, um Devisen einzusparen. M.-O.Barucha. 10285e.

F r i t z s c h, R.; Tharandt, Inst. für Forstl. Ingenieurwes. Steinsammelmaschine "Pixtone". - Sozialist. Forstwirtsch. 12 (1962) Nr.3. Beil. Techn. u. Technol. Forstwirtsch. S.8. - 1 Abb.
In verschiedenen StFB wurden Versuche mit dieser Maschine durchgeführt, wobei auf Kampflächen gute Erfolge erzielt werden konnten. Die Steinsammelmaschine wird am Schlepper angehängt und besitzt einen Motor, der rotierende Greifer antreibt, die die mit den Steinen aufgenommenen Erdklumpen zerkleinern. Es werden Steine von 3-20 cm Dmr. aufgelesen. Infolge der günstigen Arbeitsweise und der rel. hohen Leistung ist die Maschine bei Neuanlagen von Pflanzenanzuchtflächen, bes. auch im Mittelgebirge, wirtschaftlich.
M.-O.Barucha. 10290a.

D e r j a b i n, Dmitrij Ivanovič. Technologija lesovosstanovitel'nych rabot na osnove kompleksnoj mechanizacii. (Die Technologie der Walderneuerungsarbeiten auf der Grundlage der Vollmechanisierung.) Moskva: Goslesbumizdat. 1961. (41 S.) 8°. (1962 A 1191)

K o r n i e n k o, Petr Prokof'evič. Mechanizacija obrabotki počvy v lesnom chozjajstve. (Die Mechanisierung der Bodenbearbeitung in der Forstwirtschaft.) Moskva: Goslesbumizdat. 1962. (47 S.) 8°. (1962 A 1607)

L a r j u c h i n, Grigorij Artemovič. Mechanizacija posevnych rabot v lesnom chozjajstve. (Mechanisierung der Aussaat in der Waldwirtschaft.) Moskva: Goslesbumizdat. 1962. (39 S.) 8°. (1963 A 122)

Č e r v i n k o v á - J e r m a n o v á, Hana. Chemické hubení lesní buřeně. (Chemische Vertilgung von Forstunkräutern.) Praha: Státní zemědělské nakl. 1963. (149 S.) 8°. - Lesnické aktuality 8. (SR 2584,8)

I. HOLZ, RINDE, HARZ-GEWINNUNG UND TRANSPORT

I v a n o v, V.M. (Iwanow, W.M.) Ob isčislenii lesosek glavnogo pol'zovanija. (Über die Berechnung der Hauptnutzung.) - Lesnaja promyšlennost', Moskva 40 (1962) Nr.9. S.31-32. - 2 Lit.

Im Gegensatz zu den üblichen Berechnungsmethoden für die jährliche Flächen- und Massenabnutzung empfiehlt Vf. ein Formelverfahren, das außer den hiebsreifen Beständen auch die "heranreifenden" (Altersklasse IV) berücksichtigt. Durch Einführung eines Koeffizienten für den im Berechnungszeitraum hiebsreif werdenden Teil der heranreifenden Bestände soll eine Hortung von Althölzern vermieden und eine rationelle Nutzung der heranreifenden Bestände erzielt werden. Der Wert dieses Nutzungskoeffizienten muß von einem erfahrenen Taxator auf Grund des tatsächlichen Bestandeszustandes bestimmt werden. A.Mueller. 10305a.

K o l p i k o v, M.V. (Kolpikow, M.W.) Mechanizirovannye postepennye rubki v lesach I i II grupp. (Mechanisierte einzelstammweise Nutzung in den Wäldern der I. und II. Gruppe.) - Lesnoe chozjajstvo, Moskva 15 (1962) Nr.10. S.2-8. - 2 Zeichn., 2 Tab.

Vorschläge zur vollständigen Mechanisierung der Durchforstungen sowie der einzelstammweisen Nutzung in hiebsreifen Beständen. Die Arbeiten werden von einer 4 Mann starken Brigade ausgeführt, die mit einer Einmann-Benzinmotorsäge und einem Traktor "TDT-40" ausgerüstet ist. Die vorgeschlagene Technologie sichert weitestgehende Erhaltung des Unterwuchses und befreit den Werktätigen von schwerer körperlicher Arbeit. Die Arbeitsproduktivität ist nicht geringer als bei der Führung von Kahlschlägen. Auf verjüngungsfreudigen Standorten kann der Zeitraum für die Rohholzerzeugung durch dieses Verfahren um 20-40 Jahre verkürzt werden. S.Frei. 10305a.

B e r e z i n, V. und Ž e l t o v, E. (Beresin, W. und Sheltow, Je.); Zentr. Forsch.-Inst. für Mechanisier. und Energetik der Holzind. Mechanizirovannye postepenno-vyboročnye rubki. (Plenternde Forstnutzung mit Hilfe von Maschinen und Geräten.) - Lesnaja promyšlennost', Moskva 40 (1962) Nr.7. S.17-19. - 1 Schema, 3 Tab.

Versuchsweise Plenterungen in 2- und 3-stufigen Nadel- und Laubholzbeständen mit reichlichem Jungwuchs ergaben, daß die üblichen Holzaufbereitungsmaschinen und Geräte, wie Rücketraktoren "TDT-40", Motorsägen "Družba" mit Sägekette "PCU-1", pneumatische Keile und mechanische Strauchschneider, mit Erfolg verwendet werden können. Man teilt die zur Nutzung vorgesehene Fläche in 40 m breite Streifen, an deren Stirnseite die Laderampen angelegt werden. Für die stamm- und gruppenweise Beerntung der Bestände werden Brigaden aus erfahrenen, bewährten Waldarbeitern zusammengestellt. Selbst bei Entnahmen von 30 % des Vorrates sind die Schäden am verbleibenden Bestand verhältnismäßig gering. Die um etwa 15 % höheren Erntekosten werden durch die geringeren Unkosten für die Nachbesserungen aufgewogen. A.Mueller. 10305a.

S e m a k o v, A.N. (Semakow, A.N.); Archangelsk, Wiss.-Techn. Ges. der Forstind. und Forstwirtsch. Opyt brigady I. Jakovleva - vsem lesozagotoviteljam. (Die Erfahrungen der Brigade I. Jakowlew - für alle Waldarbeiter.) - Lesnaja promyšlennost', Moskva 40 (1962) Nr.12. S.2-5. - 1 Tab.

Eine Analyse der Arbeitsweise der Spitzenbrigade Jakowlew beim Holzeinschlag ergab, daß die hohe Gesamtleistung (59 m^3/h) auf die bis ins einzelne gehende Arbeitsorganisation, die volle Ausnutzung der Arbeitszeit und die sachgemäße, schonende Behandlung der Maschinen (Motorsäge "Družba", Traktor "TDT-60" und Ladekran) zurückzuführen ist. Die Ersparnis an Arbeitszeit betrug gegenüber der Norm: bei der Fällung - 45 %, beim Sammeln und Anhängen der Ladung - 69 %, bei der Rückung - 87 % und beim Verladen - 36 %. Der Brigade standen während ihres Arbeitsversuches eine Reparaturwerkstatt mit einer Reparaturbrigade und mehrere Traktoren und Motorsägen als Reserve zur Verfügung.

A.Mueller. 10305a.

Š i n e v, I. und R o ž i n, N. (Schinew, I. und Roshin, N.); Puschkino, Gebiet Moskau, Unions-Forsch.-Inst. für Forstkult. und Mechanisier. der Forstwirtsch. Preimuščestva Kostromskoj technologii. (Vorzüge des Holzeinschlagverfahrens von Kostroma.) - Lesnaja promyšlennost', Moskva 40 (1962) Nr.12. S.10-11. - 2 Tab.

Das von G. Denissow entwickelte Fällungsverfahren sieht vor, daß die Stämme in Gruppen auf Unterlagen geworfen und mit dem unteren Stammende voran von Traktoren "TDT-40" oder "TDT-60" zum Ladeplatz gerückt werden. Der Schaden, der dem Jungwuchs durch diese Art der Holzaufbereitung entsteht, ist erheblich geringer als bei dem Udmurtischen oder Skorodumer Fällungsverfahren (28 : 47 bzw. 54), bei denen die Stämme mit dem Zopfende voran gerückt werden. Leistungsvergleiche ergaben, daß bei Anwendung des Denissow-Verfahrens die Arbeitsproduktivität um 5-7 % zunimmt. Der Zeitgewinn beim Anhängen der Stämme an den Traktor beträgt 16-28 %, beim Rücken 6-14 %, beim Entasten und Sammeln der Äste 7-18 %. Die Arbeit des Sägenführers und seines Gehilfen ist jedoch schwieriger, weil sie den als Unterlage benötigten Stamm mit Sorgfalt aussuchen und mit Geschick fällen müssen (Zeitverlust 5-7 %).

A.Mueller. 10305a.

S c h ü ß l e r, W. Planung und Durchführung des neuzeitlichen Hauungsbetriebes (Verfahren und Ergebnisse aus einem Staatsforstbetrieb). - Forsttechn. Inform. 1962 Nr.12. S.97-106.

Bedingt durch den Arbeitskräftemangel und die höheren Verdienste der Waldarbeiter ist man in Westdeutschland gezwungen, die forstliche Hauptarbeit, den Hauungsbetrieb zu rationalisieren. Dabei werden vom Vf. eine Reihe von bewährten Arbeitsverfahren des Buchenhauungsbetriebes wie das baumweise und sortenweise Rücken herausgestellt. Es kommt darauf an, diese Verfahren praxisreif zu machen, um sie unter den gegebenen Bedingungen einsetzen zu können. Ein komplexer Maschineneinsatz, wie er sich dadurch ergeben wird, kann nur durch eine straffe Arbeitsvorbereitung gelenkt werden. Von den verantwortlichen Leitern muß eine solide Arbeitsplanung, die Schaffung einer günstigsten Wegedichte für die neuen techn. Anforderungen und eine straffe Arbeitsorganisation verlangt werden. Es geht nicht an, daß schwere Rückearbeiten durch AK in manueller Arbeit ausgeführt werden. Der Vf. gibt in einer eingehenden Schilderung die nach der Umstellung auf rationelle Verfahren beim Buchenholzeinschlag im Forstamt Mehrenberg entstandenen Lohn- und Werbungskosten und die erzielten Leistungen wieder. Dabei sind besonders Leistung und Kosten des Radschleppers "Unimog" von Interesse. Hier sind die Leistungen je fm/h von 2,87 (1959) auf 3,98 (1962) gestiegen bei gleichzeitigem Kostenanstieg je fm von 3,66 (1959) auf 4,35 DM (1962).

W.Jacob. 10305a.

A n o n y m. Die Versuche und Vorführungen in Königseggwald. - Waldarbeit 13 (1962) Nr.12. S.264-265.

Von schwedischen Forstwissenschaftlern und Maschinenbaufirmen wurde das System der Fällung, Bearbeitung und des Transports von Faserholz mit entspr. Maschinen vorgeführt. Zur Vorbereitung der Arbeiten wurde der Nutzungsbestand durch Rückelinien aufgeschlossen. Die Fällung erfolgte mit der Partner Einmannmotorkettensäge (techn. Daten angegeben), gleichzeitig wurde mit der Maschine die Entastung und das Einschneiden (2 m) durchgeführt. Das Schichtholz wird in 0,5 oder 1 m Stößen auf der Rückelinie aufgesetzt. Das Rücken zum Bearbeitungsplatz erfolgt durch den Bolinder-Munktell Radschlepper mit Hiab "Torgrip". Das hydrl. Hubgerät mit einer Hubleistung von 750 kp, bei 4,5 m Ausladung, Arbeitsdruck 90 atü und einer Masse von 650 kg beladet den "Livab"-Rückewagen (10 t Last). Die Entrindung des am Waldesrand abgelegten Holzes erfolgt durch die Cambioanlage Typ Korsnäs. Die Tagesleistung beträgt 250 rm Faserholz. Zur Be- und Entladung sowie zum Holztransport wurden folgende Geräte, Maschinen und Fahrzeuge eingesetzt: Hydraulischer Ladekran "Hiab 172 Elefant", "Hiab 176 Waldelefant", Scania-Vabis-LKW "LT 7550 Super" und 2 Achsanhänger Typ "2 122 FF" mit Ladebrücke der Fa. Bröderna Höglunds AB Hudiksvall.

W.Jacob. 10305a.

M a l a c h o v, I.P. (Malachow, I.P.) Razrabotka lesosek metodom "ostrych uglov". (Fällung der Stämme "im spitzen Winkel".) - Lesnaja promyšlennost', Moskva 40 (1962) Nr.11. S.20-21. - 1 Abb., 2 Zeichn.

Die Nutzung der Laub- und Nadelholzmischbestände erfolgt auf Schlagflächen von 250 x 250 m, die in 30-35 m breite Streifen unterteilt sind, in deren Mitte der 6 m breite Rückeweg verläuft. Die Stämme werden im Winkel von 30 ° zum Wege in Abfuhrrichtung geworfen, so daß ihre Kronen auf den Weg fallen. Nachdem die Wipfel mit der Motorsäge abgetrennt sind, werden die Stämme, ohne sie zu wenden, von Traktoren zum Ladeplatz gezogen. Im Winter schlägt man die Streifen nacheinander ein, im Sommer - jeden zweiten. Die vorläufig verbliebenen Schlagstreifen dienen als Feuerschutz während der warmen Jahreszeit. Durch die Fällung im spitzen Winkel zum Rückeweg bleibt 60-80 % des Jungwuchses auf der Schlagfläche erhalten.

A.Mueller. 10305ba.

V i n o g r a d o v, V.I. (Winogradow, W.I.) Taežnym rajonam - novuju technologiju. (Neues Holzaufbereitungsverfahren für Nadelwaldgebiete.) - Lesnaja promyšlennost', Moskva 40 (1962) Nr.10. S.8.

Das von A.M. Savčenko (vgl. LZ. Abt. I 9 /1963/ Nr.7. S.970.) empfohlene Holzaufbereitungsverfahren für Nadelholzbestände mit reichlichem Unterwuchs hat sich unter westsibirischen Bedingungen gut bewährt und soll in großem Stil angewendet werden. Die Stämme werden auf 50 m breiten Schlagstreifen in Gruppen so geworfen, daß ihre Kronen im Winkel von 40° auf den Rückeweg fallen. Da die Stämme sogleich entastet und gerückt werden, ist es nicht erforderlich, sie auf Unterlagen zu werfen. A.Mueller. 10305ba.

H e d l u n d, Hans. Man talar om att SCA rationaliserar. (Die Schwedische Zellulose-AG rationalisiert.) - Skogen 49 (1962) Nr.20. S.379-381. 387.
Die Schwedische Zellulose-AG (SCA) besitzt 1,4 Mill. ha produktiven Waldboden, aufgeteilt in 3 Forstbezirke und 26 Reviere. Vf. berichtet über die in den letzten Jahren durchgeführte Rationalisierung der Waldarbeiten. In der Holzabfuhr wird das Pferd durch Schlepper verdrängt; im mittl. Forstbezirk waren 1956/57 1100 Pferde und ca. 50 Schlepper eingesetzt, 1961/62 ca. 450 Pferde und 200 Schlepper; mittlere Transportstrecke für Schlepper 5,5 km, für Pferde 2,2 km. Mit Hebekran versehene Schlepper arbeiten bis zu 20 % billiger als Pferdezug. Manuell wird nur streifenweise Entrindung im Forst durchgeführt (40 %), sonst maschinelle Vollentrindung beim Werk. Im mittl. Bezirk sind 14 Entrindungsmaschinen eingesetzt, die jährlich über 5 Mill. f^3 Faserholz entrinden. Rücken mittels Raupenschlepper und Gabelgreifer hat sich bei Kahlschlägen bewährt; optimale Transportstrecke 300 m. Zum Rücken von ganzen Stämmen verwendet der Betrieb 2 USA-Radschlepper "Tree-Farmer", 2 Radschlepper "Timber-Jack" (je 3 t) und 2 sowjetische Raupenschlepper "TDT-40M"(6,5 t). Bei Fällen und Rücken von 300 000 f^3 auf eine mittl. Entfernung von 200 m betrug der Arbeitsaufwand je m^3 bei Pferdezug 0,19 Tgwk., für Schlepper mit Greifer 0,14 Tgwk. und bei Stammrücken mit "Timber-Jack" 0,12 Tgwk. Die Waldbauarbeiten sind stark mechanisiert; Düngung 12-14 Jahre vor dem Hauptabtrieb hat gute Erfolge gezeigt; jährlich werden 1000 bis 3000 ha mittels Flugzeug gedüngt. A.Grönholm. 10305ba.

L e v i c k i j, I.I. und C h u s a i n o v, F.G. (Lewizki, I.I. und Chussainow, F.G.) Opyt razrabotki lesosek na Ufimskom plate. (Holzeinschlag auf dem Plateau von Ufa.)- Lesnaja promyšlennost', Moskva 40 (1962) Nr.12. S.11-13. - 1 Tab.
In mehrstufigen Fichten-Tannen-Mischbeständen der II. und III. Bonität an den Westhängen des Ural werden die Holzeinschlagverfahren von Kostroma und Karelien sowie das Schmalschlagverfahren erprobt. Das von G.Denissow im Gebiet Kostroma eingeführte Verfahren erwies sich in waldbaulicher und arbeitstechn. Beziehung als das beste. Die Schlagfläche von 500 x 500 m Größe wird in 50 m breite Schlagstreifen unterteilt, auf denen 6 m breite Rückewege angelegt und die Stämme zu ebener Erde abgesägt werden. Die Streifen werden genutzt, indem die Stämme in Gruppen auf Unterlagen geworfen, mit dem Wipfel voran gerückt und vor dem Verladen auf natürlichen Bestandeslücken entastet werden, die keinen Jungwuchs aufweisen. Auf den Schlagstreifen bleiben etwa 65 % des Jungwuchses erhalten, obgleich keine Sonderprämien für die Schonung desselben an die Holzfäller gezahlt werden. A.Mueller. 10305ba.

L i s i č k i n, F.I. (Lissitschkin, F.I.) Technika bezopasnosti pri razrabotke burelomov. (Arbeitsschutztechnik bei der Aufbereitung von Windwurf.) - Lesnoe chozjajstvo, Moskva 15 (1962) Nr.10. S.87-89. - 3 Zeichn.
Vf. beschreibt die Arbeitsorganisation bei der Aufbereitung von Windwurf, im besonderen von einzeln hängender und gruppenweise hängender Bäume, bei Anwendung des Längs- und Querzuges. Es wird für einen Stamm von 0,5 m^3 eine Zugkraft von 2175 kg bei Längszug und 495 kg bei Querzug benötigt.
R.Grönholm. 10305ba.

K u o s m a n, V.V. und B e l o v z o r o v, L.N. (Kuosman,W.W. und Belowsorow, L.N.); Zentr. Forsch.-Inst. für Mechanisier. und Energetik der Holzind. Povysit' moščnost' benzinomotornych pil. (Die Leistung der Motorsägen ist zu erhöhen.) - Lesnaja promyšlennost' Moskva 40 (1962) Nr.10. S.4-5. - 1 Abb., 1 Diagr.

Fällungsversuche ergaben, daß die Benzinmotorsäge "Družba-60" mit Sägekette "PCU-1" und einem Motor von 3,3-3,5 PS Leistung hervorragende Schnittleistungen aufweist. In Altholzbeständen mit einem mittleren Stammdmr. von 50-60 cm arbeitet die Säge am rationellsten, wenn die Geschwindigkeit der Sägekette 7,5 m/s beträgt. Die Leistung ist - je nach der zu schneidenden Holzart - um 5-20 % höher als die der Sägekette "PC-15".

A.Mueller. 10305bc.

G o l o v i n, V. und M a ŕ j a s i n, L. (Golowin,W. und Marjassin, L.); Orjol, Verwalt. für Forstwirtsch und Waldschutz. Iz opyta mechanizacii rubok uchoda. (Erfahrungen der Mechanisierung von Pflegehieben.) - Lesnoe chozjajstvo, Moskva 15 (1962) Nr.10. S.67-68. - 2 Abb.

Zur Durchführung von Pflegehieben in Jungbeständen der I. und II. Altersklasse ist die Benzinmotorsäge "Družba" ohne Spezialvorrichtung nicht einsatzfähig. Vff. beschreiben die von den Mitarbeitern der o.g. Verwaltung in Orjol konstruierte Vorrichtung, bestehend aus 2 spezialgeformten Teilen aus 3 mm Stahl, und den Anbau an die Motorsäge. Es wird eine Steigerung der Arbeitsproduktivität um 1,5-2 mal gegenüber der manuellen Arbeit erreicht. Das Rücken des Holzes auf Pflegehieben erfolgt im Gebiet Orjol mit dem Traktor "Belarus" ("MTZ-5A"), der mit einer Winde auf Basis des Reduziergetriebes einer Ausschachtvorrichtung arbeitet. Die Leistung beträgt 18-20 m^3 in einer Schicht.

R.Grönholm. 10305bc.

N e h l s e n, E. Nietarbeit an Motorsägenketten mit dem Stihl-Rollnieter. - Waldarbeit 13 (1962) Nr.11. S.247-249.

Kettenrisse machen ein Neueinsetzen von Gliedern erforderlich. Zur Überwindung der Handarbeit bei der Ent- und Vernietung sind Nietgeräte entwickelt worden. Vom Vf. wird der von der Fa. Stihl gebaute Rollnieter beschrieben. Das Gerät besteht aus dem Ständer, der Kurbel mit Spannbacken, Spannschraube, Nietbolzen und Druckstücken. In einer genauen Anleitung werden notwendige Arbeitsverrichtungen für die Ent- und Vernietung beschrieben sowie der Zeitaufwand dargestellt.

W.Jacob. 10305bc.

A n o n y m. Motorsåg Remington Super 75 A. (Motorsäge "Remington Super 75 A".) - Statens Maskinprovninger, Medd. Nr.1614. (1962) S.1-6.

Hersteller: Remington Arms Company Inc., Bridgeport 2, Connecticut, U.S.A. Beschreibung: Einmannmotorkettensäge mit 2 Handgriffen; Fliehkraftkupplung ohne Reduktor; luftgekühlter Einzylinder-Zweitaktmotor, Treibstoff Benzin-Ölgemisch 1:16; Zylinderhubraum 80 cm^3; Schwung-Magnetzünder "Wico", Vergaser "Carter Mod. ND". Leistung: 3,5 PS an der Kurbelwelle, 2,5 PS an der Sägekette bei 6000 U/min. Kettengeschwindigkeit 15 m/s. Mittlerer Kraftstoffverbrauch 1,5 l/h. Masse 11,8 kg mit 18 in. Schiene und vollem Tank. Beurteilung: Die Säge ist handlich und betriebssicher, gut geeignet zum Fällen, Einschneiden und Entasten.

A.Grönholm. 10305bc.

P a v l o v, Ė.A. und G l o t o v, V.V. (Pawlow, E.A. und Glotow, W.W.) Metodika opredelenija techniko-ėkonomičeskoj ėffektivnosti sučkoreznych mašin. (Methode zur Bestimmung der techn.-ökonomischen Leistung der Entastungsmaschinen.) - Lesnaja promyšlennost', Moskva 40 (1962) Nr.7. S.26-27.

Für die Berechnung der Leistungsfähigkeit der Entastungsmaschinen mit Längs- und Quereingabe wurden Formeln entwickelt, die sämtliche die Leistung beeinflussenden Faktoren berücksichtigen. Berechnungen ergaben, daß Entastungsfließstrecken mit stationären Maschinen nur dann wirtschaftlich arbeiten, wenn der Vorschub bei Längseingabe mindestens 1 m/s, bei Quereingabe - 0,25 m/s beträgt. A.Mueller. 10305bd.

L i v š i c, N.V. und Š a n a u r o v, Ju.N. (Liwschiz, N.W. und Schanaurow, Ju.N.); Forsttechn. Inst. für das Uralgebiet. Pribory dlja opredelenija zagruzki oborudovanija. (Geräte zur Bestimmung der Belastung der Transporteure.) - Lesnaja promyšlennost', Moskva 40 (1962) Nr.11. S.8-9. - 1 Abb., 2 Schemata.

Die automatische Ausformung des Rundholzes kann durch 3 neukonstruierte Geräte geprüft werden. Das automatische Chronometer mißt und vermerkt auf elektromagnetischem Wege die Zahl der Einschaltungen des Zubringetransporteurs und der Ausformsäge. Mit Hilfe einer Zählvorrichtung, die über ein Reduziergetriebe mit dem Triebrad des Transporteurs verbunden ist, wird der von der Transportkette in einer bestimmten Zeit zurückgelegte Weg registriert. Stellt man außerdem die Gesamtlänge der in einer bestimmten Zeit sortierten Sägeblöcke mit Hilfe eines Tachometers mit Kontaktrad fest, läßt sich der Ausnutzungskoeffizent des Transporteurs bestimmen. A.Mueller. 10305ca.

R a c h m a n o v, S.I. (Rachmanow, S.I.) Osobennosti rasčeta sbrasyvatelej breven. (Über die Berechnung der Rundholzabwerfer.) - Lesnaja promyšlennost', Moskva 40 (1962) Nr.9. S.7-10. - 2 Schemata.

Vf. ordnet die gebräuchlichen Abwerfertypen und Antriebsformen der Sortiertransporteure nach dem Prinzip ihrer Arbeitsweise in ein System und analysiert die Bedingungen, unter denen das Abwerfen erfolgt. Auf Grund theoretischer Untersuchungen wird empfohlen, solche Abwerfer zu wählen, die durch das sich fortbewegende Rundholz und einen Anschlaghebel betätigt werden. Das Abwerferpaar ist durch eine Zugstange verbunden und bewegt sich in senkrechter Ebene. Der Anschlag ist beweglich angebracht, damit das nicht zum Abwurf bestimmte Holz ungehindert passieren kann. A.Mueller. 10305ca.

Ž i l'c o v, E.K. (Shilzow, Je.K.) Počemu ne rabotaet poluavtomatičeskaja linija. (Warum versagt die halbautomatische Fertigungsstraße?) - Lesnaja promyšlennost', Moskva 40 (1962) Nr.9. S.5.

Die halbautomatische Ausform- und Sortierstraße "VKF-KKS-3" weist zahlreiche Konstruktionsmängel auf. Die Befehlstrommel und die Rundholzabwerfer Modell "KKS-3" arbeiten nicht präzise, weil der Abstimmungsmechanismus eine Fehlkonstruktion darstellt. Die Abweichungen in der Länge betragen bei den ausgeformten Sägeblöcken ± 0,5 m und mehr. Die Elektromotoren der Kappsäge erwärmen sich infolge der notwendigen Umschaltungen (6-8 in 1 Min.) übermäßig und verursachen häufige Stillstände der Taktstraße. Durch Verlängerung der Schaltzeit der Motoren von 15 auf 45-60 %, Ersatz der starren Kupplung der Kappsäge durch eine Friktionskupplung und Verbesserung der Abwerfvorrichtung des Sortiertransporteurs können die gröbsten Mängel der halbautomatischen Fertigungsstraße beseitigt werden. A.Mueller. 10305ca.

S e r o v, B.V. und Š e c h t e r, Ja.S. (Serow, B.W. und Schechter,Ja.S.); Karel. Forsch.-Inst. der Forstind. Avtomat dlja učeta ob-emov kruglogo lesa. (Rundholz-Kubizierautomat.) - Lesnaja promyšlennost', Moskva 40 (1962) Nr.9. S.12-14. - 1 Abb., 5 Schemata.

Der Tabellen-Kubizierautomat "AK-3" ist zur Ermittlung des Massengehaltes des Rundholzes bestimmt, das auf den Sammeltransporteuren in die Gatterhalle gelangt. Der Automat mißt gleichzeitig an 4 Gattern die Dmr. von 14-60 cm in Stufen von 2 cm und die Längen von 3,5-8 m in Stufen von 0,5 m und registriert sie nach dem Prinzip des Grey-Zwillingskode. Hierzu wird ein Perforator des Telegraphenapparates "ST-35" benutzt. Die in elektrische Signale umgeformten Kode werden vom Dechiffrator an die Merk- und Zählvorrichtung "TZU" weitergegeben, welche die Angaben über Länge, Dmr. und Inhalt jedes einzelnen Rundholzes registriert und die Summe der Inhalte - für jedes Gatter getrennt - ermittelt und in Tabellenform ausweist. Durch Betätigung eines Knopfschalters kann jederzeit der Gesamt-Kubikinhalt sämtlicher eingeschnittener Sägeblöcke festgestellt werden. A.Mueller. 10305ca.

K i l j a k o v, A.M. (Kiljakow, A.M.); Forsch.-Inst. der Ind. der Nordgebiete. Differencial'noe fotorele. (Differential-Photorelais.) - Lesnaja promyšlennost', Moskva 40 (1962) Nr.10. S.5-6. - 1 Abb., 1 Schema, 2 Lit.

Der Abstand zwischen den sich auf dem Sortiertransporteur fortbewegenden Sägeblöcken kann mit Hilfe eines Differential-Photorelais Modell "SevNIIP" wesentlich verringert werden. Über einen Primärkreis, der nach Art einer Wheatstone'schen Brücke geschaltet ist und aus je 2 Photo- und Ohm'schen Widerständen besteht, wird die Schwankung der Lichtintensität in eine Stromänderung umgewandelt und über eine Elektronenröhre verstärkt. In den Anodenkreis ist ein elektromechanisches Relais eingeschaltet. Da das Tageslicht auf beide parallel geschalteten Photozellen einwirkt, hat es keinen Einfluß auf den Regelvorgang. A.Mueller. 10305ca.

B a r u c h a, M.-O. und Z i l l m a n n, G. Ergebnisse und Erfahrungen aus der bisherigen Tätigkeit der Zentralen Sozialistischen Arbeitsgemeinschaft "Holzausformungsplätze". - Sozialist. Forstwirtsch. 13 (1963) Nr.2. S.37-40. - 4 Lit.

Eine der Zentralen Sozialistischen Arbeitsgemeinschaften in der Forstwirtschaft ist die Arbeitsgemeinschaft "Holzausformungsplätze", die Ende 1960 gebildet wurde. Während ihrer bisherigen Arbeit konnten folgende Ergebnisse erzielt werden: Ausarbeitung von Empfehlungen und Hinweisen für den rationellen Aufbau und die Ausrüstung zentraler Holzausformungsplätze - Grubenholz der StFB; Gestaltung des Sonderheftes Forsttechnik III.; Ausarbeitung von Standards; Begutachtung von Projektunterlagen; Empfehlung zum Aufbau und zur Ausrüstung zentraler Holzausformungsplätze-Faserholz. - Neben der Darstellung dieser Ergebnisse wird die Entwicklung der sozialistischen Gemeinschaftsarbeit am Beispiel der Zentralen Sozialistischen Arbeitsgemeinschaft "Holzausformungsplätze" näher beschrieben. Die wesentlichsten Grundlagen für die Organisierung und Durchführung der sozialistischen Gemeinschaftsarbeit bilden die Arbeitsordnung, der jährliche Arbeitsplan und die Arbeitsvereinbarung. M.-O.Barucha. 10305ca.

G l e s s, K. Eine neue Maschine zur wirtschaftlichen Holzentrindung. - Sozialist. Forstwirtsch. 13 (1963) Nr.3. S.92-94. - 5 Abb.
Die manuelle Entrindung erfordert einen hohen Arbeitskräfteaufwand. Daher müssen die Entrindungsarbeiten mechanisiert werden. Eine der bekanntesten Konstruktionen sind die finnischen Entrindungsmaschinen der VK-Reihe: VK 10, VK 16, VK 26. Dabei handelt es sich um robuste, leistungsfähige und relativ preisgünstige Ausführungen, die auf dem Prinzip der Lochrotoren aufbauen. Vf. behandelt im wesentlichen aus dieser Modellreihe die Maschine VK 16, deren Grenzen mit 6 cm und 35 cm Dmr. des Holzes angegeben sind. Diese Maschine ist zum Entrinden von Schichtrundholz -Faserholz, Grubenholz- geeignet, die Mindestlänge des zu entrindenden Holzes muß jedoch 1,20 m betragen. Es lassen sich Nadel- und Laubhölzer entrinden, wobei der Rindenzustand unberücksichtigt bleiben kann. Ebenfalls bilden Ästigkeit, Krummschaftigkeit und Bogenwuchs des Holzes keine Hindernisse. Die Leistung wird für die stationäre Maschine mit 250-300 rm und für die fahrbare mit 136 rm in 8 Std. angegeben. - Im einzelnen wird auf die Konstruktion der Entrindungsmaschine VK 16 eingegangen, und die techn. Maße der gesamten VK-Reihe werden dargestellt. M.-O.Barucha. 10305cc.

R a s s u d o v, B.A. (Rassudow, B.A.); Karel. Zweigstelle des Forsch.-Inst. für Forstind. Rascepka stropov pri sbrose pački so ščita traktora. (Lösen der Schlepptrossen beim Abwerfen des Stammbundes von dem Rückeschild des Traktors.) - Lesnaja promyšlennost', Moskva 40 (1962) Nr.10. S.19-20. - 1 Abb., 1 Schema.
Im Schlage werden die Sortimenthölzer zum Abtransport mit Hilfe von 2 Seilsträngen auf den herabgelassenen Rückeschild des Traktors "TDT-40" gezogen. Die Würgschlingen, die um das Holz gelegt werden, sind mit Haken und Ring versehen. Am Rücken des Hakens ist eine Öse angebracht, in die der kleine Haken der Zugleine gehakt wird, die an dem Scharnierbolzen des Rückeschildes festgemacht ist. Beim Abrollen der Last von dem Rückeschild zieht die Zugleine selbsttätig den großen Haken der Würgeschlinge aus dem Ring und öffnet dadurch die Schlinge. A.Mueller. 10305 da.

G o r b a č e v s k i j, V.A. und K l y č k o v, P.D. (Gorbatschewski, W.A. und Klytschkow, P.D.); Zentr. Forsch.-Inst. für Mechanisier. und Energetik der Holzind. Prjamaja vyvozka lesa trelevočno-transportnymi mašinami. (Direktabfuhr des Holzes mit Rücke- und Transportmaschinen.) - Lesnaja promyšlennost', Moskva 40 (1962) Nr.11. S.4-7. - 2 Abb., 2 Diagr., 4 Tab., 2 Lit.
Arbeitsversuche, die während eines Jahres mit sowjetischen Maschinen, dem Traktor "TDT-60", dem LKW "MAZ-501" und dem Forstschlepper "MAZ-532", sowie dem amerikanischen Rückeschlepper "Letourneau-Westinghouse Modell C" (208 PS) durchgeführt wurden, zeigten, daß Radschlepper bei der Direktabfuhr über 4 km 1,8mal mehr leisten als Kettenschlepper und LKW (14,9:8,5 m^3/h). Der amerikanische Schlepper leistete im Durchschnitt je Schicht im Winter 64 m^3, im Sommer 59 m^3, während der Schlepper "MAZ-532" (165 PS) entspr. 42 und 47 m^3 leistete. A.Mueller. 10305da.

S t a a f, A. Låt lämpliga hjul rulla i skogen. (Zweckmäßige Räder für den Geländetransport.) - Skogen 49 (1962) Nr.14. S.290-291.
Das kleine Rad 4.00-4 (frühere Bezeichnung 12x4 in.), das geeignetste Rad für den Rückekarren mit Pferdezug, hat in den letzten Jahren dank den Be-

mühungen des Inst. für forstliche Arbeitsstudien Värmlands (VSA) bedeutende Verbesserungen erfahren (Vollgummireifen und das Nylon-verstärkte Plastegleitlager "Stellanyl"). Eine weitere Neuheit ist der von Värnamo-Gummifabrik AG. hergestellte breite Flachprofilreifen, der das Einschneiden der Räder in den Boden verringert und dadurch größere Nutzlasten ermöglicht. - Da in Schweden Raupenschlepper und Anhänger mit Raupenbändern öffentliche Landstraßen nicht befahren dürfen, hat VSA einen neuen Anhänger konstruiert, der für leistungsfähige Radschlepper mit Vierradantrieb und Rahmensteuerung (z.B. "Tree Farmer") geeignet ist. Der Anhänger hat Schlepperräder 14-30, mit Dmr. 1,5 m und Breite 0,4 m; die Tragfähigkeit eines Rades beträgt ca. 2 t, die Ladekapazität des Anhängers etwa 10 fm. Die Vorteile der großen Räder sind: große Tragfähigkeit, verringerter Rollwiderstand, leichte Überwindung von Hindernissen sowie die Möglichkeit, Landstraßen zu befahren.

A.Grönholm. 10305da.

M i e k k a l i n n a, Harry. Avverknings- och drivningsfrågor i Finland. (Holzbringungsprobleme in Finnland.) - Skogen 49 (1962) Nr. 15, S.307-308.
In der finnischen Forstwirtschaft hat sich in den letzten Jahren ein Mangel an AK bemerkbar gemacht, daher mußten neue Wege gesucht werden, die Holzbringung zu rationalisieren. Als wichtige Neuerungen können genannt werden: die Aufbereitung der gefällten Stämme in Standardlängen an Rückewegen, gesteigerter Einsatz der Motorsäge und maschinelle Entrindung. 70-80 % der Sägeblöcke werden in den Sägewerken maschinell entrindet, Faser- und Grubenholz nur 20-25 %. Die wichtigsten Errungenschaften sind auf dem Gebiet der Transporttechnik zu verzeichnen. Vor allem ist der Geländetransport von vormals 5 km auf durchschnittlich 1,5 km zurückgegangen infolge des dichteren Wegenetzes sowie der Anlage einer großen Zahl von Winterautostraßen aus gepreßtem Schnee. Ein großer Teil des Geländetransportes wird mittels Pferdezug ausgeführt: für das Umladen des Holzes zum Ferntransport auf LKW oder Schlepperzug sind rationelle Methoden entwickelt worden, z.B. 2 m-Rundholz wird auf einer Rahmenunterlage aus 20 cm-Bohlen gestapelt, unter die der LKW einen stählernen Transportrahmen schiebt und die ganze Fuhre mittels 2 Zugseilen der Winde auf seine Plattform hinaufzieht (Beladezeit 10 Min.). Das Verladen von Langholz auf LKW und Schlepper ist durch Verwendung von Hebekranen verschiedener Typen 100 %ig mechanisiert.

A.Grönholm. 10305da.

T o k o v o j, V. (Tokowoi, W.): Onega, Traktorenwerk. Trelevočnyj traktor TDT-55. (Rückeschlepper "TDT-55".) - Master lesa, Moskva 1962 Nr.10. S.15. - 1 Abb.
Vf. gibt eine techn. Beschreibung des Rücketraktors "TDT-55", der im Onegaer Traktorenwerk hergestellt wird: der Traktor ist mit einem 62 PS Motor vom Typ "SMD-14B" mit Elektrostarter der Charkower Fabrik "Serp i Molot" ausgerüstet; der Motor besitzt eine zusätzliche Wärmevorrichtung "PŽ-300", eine OTZ-NAMI Konstruktion, die ein Anlassen des Motors bei -40 ° ermöglicht; es sind außerdem Verbesserungen am Kühler, an der Hauptgetriebemuffe, am Getriebekasten, an der Bremsvorrichtung, am Fahrgestell und an der Fahrerkabine durchgeführt worden, die vom Vf. ausführlich beschrieben werden.

R.Grönholm. 10305db.

K o s j a n e n k o, L. (Kosjanenko, L.) Draglajn na baze lebedki TL - 5. (Winde "TL-5" mit Draggleine.) - Lesnaja promyšlennost', Moskva 40 (1962) Nr.11. S.18-19. - 1 Abb., 1 Schema.
Zum Beladen der Autokipper mit Sand und Kies für den Waldwegebau benutzt man eine einfache Ladevorrichtung, die aus der Winde "TL-5" mit Auslegerarm, Baggerkübel und Seil-Block-System besteht. Die Winde ruht auf Kufen, an denen der Ausleger im Winkel von 50-60 ° angebracht ist. Der gefüllte Kübel wird von der Winde mit Hilfe des Draggseiles und eines Tragseiles über eine geneigte Rampe hochgezogen, von dem Wendeseil auf den Autokipper "ZIL-585" entleert und von dem Rücktransportseil an seinen Ausgangspunkt (Sand- oder Kiesgrube, Geröllbank am Flußufer usw.) zurückgebracht. An dem Kübel sind Ösen angebracht, an denen mittels Stecker das Dragg-, Wende- und Rücktransportseil festgemacht werden. Der Deckel des Kübels trägt ein Laufrad, das sich auf dem Tragseil (dem leerlaufenden Strang des Rücktransportseiles) bewegt. Bei einem Fassungsvermögen des Kübels von 0,35 m^3 und einer Transportentfernung von 30-35 m währt ein Arbeitszyklus 1,5 Min.

A.Mueller. 10305df.

K o v r i g i n, A.I. (Kowrigin, A.I.); Wolga-Kama, Zweigstelle des Zentr. Forsch.-Inst. für Flößereiwes. zu Leningrad. Modernizacija reversa lebedki LM - 47. (Verbesserung der Umschaltung der Winde Modell "LM-47".) - Lesnaja promyšlennost', Moskva 40 (1962) Nr.9. S.10-12. - 2 Schemata, 1 Tab.
Die Rücketraktoren "S-80" sind mit 1-Trommel-Winden "LM-47" ausgerüstet, die durch ein Schaltgetriebe mit der Zapfwelle des Motors verbunden sind. Die Dimensionen der Zahnräder sind zu gering gewählt, das Getriebe ist überbelastet und nutzt sich vorzeitig ab. Es wurde ein prinzipiell neues Getriebe konstruiert, das Übersetzungsverhältnis geändert, wobei eine Anzahl Teile des alten Getriebes benutzt werden konnten. Im Vorwärtsgang beträgt das neue Übersetzungsverhältnis 1,0, die Geschwindigkeit der Trommel 0,5 m/s, im Rückwärtsgang entspr. 0,63 und 0,8 m/s. A.Mueller 10305df.

R e d'k i n, A. (Redkin, A.): Irkutsk, Zweigstelle des Zentr. Forsch.-Inst. für Mechanisier. und Energetik der Holzind. Sdvoennyj kabel'-kran. (Doppelter Seilkran.) - Lesnaja promyšlennost', Moskva 40 (1962) Nr.10. S.7-8. - 1 Abb., 1 Schema.
Das Seil-Block-System ist an 4 stationären, 16,5 m hohen Masten so aufgehängt, daß die Last sowohl in der Längs- als auch in der Querrichtung schwebend fortbewegt werden kann. Zum Antrieb der Zugseile dient eine 3-Trommel-Winde "L-43", die an der Stirnseite der Krananlage aufgestellt ist. Die Last wird an den von 2 Laufwagen gehaltenen Tragbalken gehängt, an dem außer dem Traghaken auch ein Wendehaken angebracht ist. Der Kran dient zum Beladen und Entladen von Güterwagen, wobei er eine Leistung von entspr. 108 und 122 m^3/Schicht erreicht. Er hat eine Tragfähigkeit von 3,5 t und wird von 5 AK bedient. A.Mueller. 10305dg.

D r e s s l e r, Mirko; Křtiny, VS. Co nového ve vývoji vyklizovacích lanovek "VLu4". (Neues über die Entwicklung der Rückeseilbahnen "VLu4".) - Lesnická Práce 41 (1962) Nr.11. S.489-493. - 5 Abb., 2 Tab.
Die Räumungsseilbahnen sind für zahlreiche Forstbetriebe zu einem unumgänglich notwendigen Holzrückemittel geworden. In der letzten Zeit widmete man seine Aufmerksamkeit vor allem den Antriebsaggregaten. Für die Räumungsseil-

bahnen stehen derzeit drei Haspeltypen zur Verfügung. Typ " INSU 10" wird auf Kleinschlepper " T4-K-10L " montiert. Diese Winde eignet sich für die Seilbahnen " VLu " und " VLn ", evtl. auch für "VLa". Sie kommt besonders für solche Betriebe in Betracht, wo die Holztransporte sowohl bergauf als auch bergab stattfinden. Typ "JNSU 20" wird auf Schlittenfahrgestell montiert und vom Schlepper "Z 3011" gezogen. Die Winde kann in einigen Augenblicken abmontiert werden. Sie ist für die Alternative "VLn" evt. "VLr" geeignet. Der letzte Typ, nämlich die Schlittenwinde "JNS 10", läßt sich auch auf sehr schwer zugängliche Standorte bringen. Er ist mit einer Luftbremse ausgerüstet und bes. zum Antrieb der Seilbahn "VLu" und "VLs" bestimmt. Die Seilbahn "VLi4" wird in einer solchen Ausführung geliefert, daß sie als "VLu" oder "VLn" aufgestellt werden kann. Außerdem kann man diese Seilbahn nach einer geringfügigen Modifikation auch in ebenem Gelände (Alternative "VLr") oder zur Lastenbeförderung in senkrechter Lage (Alternative "VLs") aufstellen. F.Kopřiva. 10305dg.

S c h l a g h a m e r s k ý, Adolf; Brno, VŠZ, Lesnická Fak. Příspěvek k řešení výpočtu napětí lan pevně kotvených na obou koncích. (Beitrag zur Berechnung der Spannung von beiderseitig fest verankerten Seilen.) - Lesnický časopis 8 (1962) Nr.6. S.456-473. - 11 Abb., 1 Tab., 12 Lit.

Um die günstigste und sicherste Ausführung von Waldseilbahnen bestimmen zu können, muß man die Beanspruchung kennen, der die Bestandteile der Seilbahn ausgesetzt sind. Die Arbeit befaßt sich mit dem Messen der Beanspruchung des Tragseils durch Zug. Die erhöhte Spannung im Seil, die durch die Belastung entsteht, bestimmt die max. Tragfähigkeit desselben. Die Formeln für die Spannungsbestimmung sind kompliziert und in der Praxis schwer anwendbar. Für normale Berechnungen wird eine vereinfachte Gleichung angeführt. Um die Berechnung nach dieser vereinfachten Gleichung zu beschleunigen und zu erleichtern, wurden eine entspr. eingeordnete Tab. sowie ein Nomogramm aufgestellt, die in der Praxis als Behelf bei der Ausführung einfacher Seilbahnprojekte dienen sollen. Die in der Tab. und im Nomogramm angeführten Größen lassen sich interpolieren. Die Anwendung wird an Hand praktischer Beispiele erklärt. F.Kopřiva. 10305dg.

K o r o b o v, G.B. und M a m r y k i n, K.I. (Korobow, G.B. und Mamrykin, K.I.); Zentr. Forsch.-Inst. für Mechanisier. und Energetik der Holzind. Mechaničeskij ukladčik korot'ja v kassety. (Mechanischer Schichtholzeinleger.) - Lesnaja promyšlennost', Moskva 40 (1962) Nr.7. S.6-7. - 2 Abb., 2 Schemata, 1 Lit.

Die Einlegevorrichtung "KU-2" besteht aus der Rollenbahn, dem Kettentransporteur mit Kassetten, der Kippvorrichtung nebst Anschlagplatte und dem Schaltstand. Das ausgeformte Schichtholz gelangt auf einem Transportband zu der Rollenbahn, die mit pneumatischer Kippvorrichtung und Rollenantrieb versehen ist. Die Rollen bilden 2 Führungsrinnen, in denen das Schichtholz in die Kassetten abrollt. Kassetten und Anschlagplatte werden auf pneumatischem Wege so gekantet, daß sie die gleiche Neigung wie der Rollengang aufweisen. Ein Hubstapler vom Typ "4004" hebt die gefüllten Kassetten vom Kettentransporteur und verlädt sie in Güterwagen. Die Leistung des von 1 Mechaniker gesteuerten Einlegers beträgt 130-400 m^3/Schicht. Das Füllen einer Kassette (1 m^3) währt 35 Sek. A.Mueller. 10305ea.

S a l i ň š, Z. (Salinsch, S.); Lett. Landwirtsch. Akad., Forsttechn. Fak. Pogruzka korotkomernych sortimentov i drov pri rubkach promežutočnogo pol'zovanija. (Die Verladung von kurzen Sortimenten und von Brennholz bei der Durchführung von Pflegehieben.) - Lesnoe chozjajstvo, Moskva 15 (1962) Nr. 10. S.63-66. - 5 Zeichn., 1 Tab.

Beschreibung von Geräten und Maschinen, die in der Lettischen SSR zur Verladung des bei Pflegehieben anfallenden Schichtholzes eingesetzt werden. Die Bestückung der LKW mit einem Kran und einer Doppeltrommelseilwinde ermöglicht eine wesentliche Steigerung der Arbeitsproduktivität. Der Aufbau hydraul. Greifer auf Selbstlader-LKW hat sich ebenfalls ausgezeichnet bewährt. Beim Bündelholztransport sind Bündel von 2000 x 1350 x 1325 mm am günstigsten. Die Herstellung der Bündel hat bereits beim Einsetzen des Schichtholzes zu erfolgen. S.Frei. 10310ea.

P a t r i k e e v, A. (Patrikejew, A.) Korot'e gruzit kontejner. (Kurzholzbeladen mit Hilfe des Behälters.) - Master lesa, Moskva 6 (1962) Nr.8. S.11. - 1 Abb.

Im Forstnutzungsbetrieb Telmansk (Tatarische ASSR) werden jährlich 90 000 m^3 Kurzholz mit Hilfe des im Betrieb entwickelten Behälters (Continers) in offene Eisenbahnwaggons "MPS" verladen. Der Behälter ist eine Schweißkonstruktion aus Winkeleisen 100 x 100 mm. Die Maße des Behälters betragen 2700 x 700 x 2100 mm. Der Boden besteht aus Stahlseilen, die gleichzeitig Lastträger sind. Die Entladung erfolgt automatisch durch Öffnen des Seilschlosses. Ein Umstapeln des Holzes im Waggon ist nicht mehr erforderlich. Es wird eine Steigerung der Arbeitsproduktivität um 2,8mal erreicht.

R.Grönholm. 10310ea.

M i l o v, S.G. (Milow, S.G.); Zentr. Forsch.-Inst. für Mechan. Holzbearb. Krany ili lebedki? (Kräne oder Winden?) - Lesnaja promyšlennost', Moskva 40 (1962) Nr.10. S.18-19. - 1 Lit.

Zum Verladen von Sägeblöcken ist sowohl die 6-t-Winde "L-43", die eine Leistung von 55 m^3/AK aufweist, als auch die ferngesteuerte Doppelwinde "L-59" zu empfehlen, welche beim Stapeln von Floßbunden Leistungen von 2 x 420 m^3 erreicht. Zum Ar-Land-Ziehen der Floßbunde von 20-25 m^3 Inhalt werden Winden vom Typ "L-39" bevorzugt. Winden haben den Nachteil, daß sie viel Drahtseil benötigen, das verhältnismäßig rasch abgenutzt wird; auch sind Betriebsunfälle häufig. Kräne hingegen erfordern zu ihrer Herstellung große Mengen Metall. Ein erheblicher Teil (20 %) ihrer Nutzleistung geht dadurch verloren, daß ein Greifer oder Träger angehängt werden muß. A.Mueller. 10310ea.

R e d'k i n, A. und B a r y k o v, M. (Redkin, A. und Barykow, M.); Irkutsk, Zweigstelle des Zentr. Forsch.-Inst. für Mechanisier. und Energetik der Holzind. Pogruzka kruglogo lesa kranami KKU-7,5. (Rundholzverladen mit dem Kran "KKU-7,5".) - Lesnaja promyšlennost', Moskva 40 (1962) Nr.12. S.28-29. - 1 Diagr., 1 Tab.

Arbeitsversuche ergaben, daß es am rationellsten ist, mit dem Kran Modell "KKU-7,5" das Rundholz in kleinen Partien von 3-5m^3 Inhalt zu verladen, obgleich hierbei die Tragfähigkeit des Kranes nur zur Hälfte ausgenutzt wird. Sind die Rundholzbunde größer (6-9 m^3), treten durch das Wenden und Ausgleichen der Bunde erhebliche Zeitverluste ein. Bei einem durchschnittlichen Festgehalt der Bunde von 2,5 m^3 betrug die Leistung des Kranes im Mittel 28,6 m^3/h (23-42 m^3/h). A.Mueller. 10310eo.

S l a b i n a, B.N. und P a r c h o m e n k o, V.N. (Slabina, B.N. und Parchomenko, W.N.); Worochtjan, Holzkombinat, Trust Stanislawles. Trosovaja razgruzočnaja ustanovka. (Entladen des Rundholzes durch Seilzug.) - Lesnaja promyšlennost', Moskva 40 (1962) Nr.12. S.29. - 1 Schema.

Der mechanisierte Ausformplatz besteht aus dem Entladegleis, der Ausformrampe mit Seil-Block-System und Winde "TL-3" sowie der Sortierstrecke. Rings um die Rampe läuft das Seil der Winde, dessen Zug- und Leerstrang durch eingeflochtene Seilpaare verbunden sind, in denen sich Ösen zum Anhängen der Last befinden. Die an der Entladefront der Ausformrampe eintreffenden Wagenladungen werden mit den freien Enden eines Seilpaares (das nahe der Sortierstrecke verankert ist) umwunden, an die Ösen der Verbindungsstränge gehakt und auf die Rampe gezogen. Wird die Winde umgeschaltet, zieht sie die Verbindungsstränge in ihre Ausgangsstellung zurück. Wird die Winde von einem Elektromotor von 20 kW Leistung angetrieben, kann man 3-4 Waldbahn-Doppelwagen gleichzeitig entladen. Die Anlage wird von dem Windenführer und 1 Gehilfen bedient. Das Entladen eines Doppelwagens dauert 2-3 Min. A.Mueller. 10310ed.

V a s i l'e v, P.V. und M i n c, L.E. (Wassiljew, P.W. und Minz, L.Je.) Rol' matematičeskich metodov v racional'noj organizacii lesopotreblenija. (Welche Rolle spielen die mathematischen Methoden bei der rationellen Organisation der Holztransporte.) - Lesnaja promyšlennost', Moskva 40 (1962) Nr.10. S.27-30. - 6 Tab., 2 Lit.

Durch eine mathematische Bearbeitung der in 29 Bezirken der SU vorzunehmenden Holztransporte, mit Hilfe von Elektronenrechenmaschinen wurde erreicht, daß die Versandentfernungen um 10 %, die Frachtkosten um 13 % verringert wurden. Es zeigte sich, daß die mathematische Analyse auch für die Regelung des Transportes einzelner Holzsortimente und Fertigwaren im zwischen- und innerbezirklichen Warenverkehr mit Erfolg angewendet werden kann. Die Ersparnis an Zeit, Arbeitsaufwand und Kosten ist durch die Anwendung der mathematischen Methoden sehr beträchtlich, doch stehen z.Zt. noch zu wenig hochqualifizierte Fachkräfte zur Verfügung. A.Mueller. 10310fa.

K r j u č k o v, V.K. (Krjutschkow, W.K.) Mašina LM-7 v Kosinskom lespromchoze. (Ladeauto "LM-7" im Forstindustriebetrieb Kosino.) - Lesnaja promyšlennost', Moskva 40 (1962) Nr.7. S.9-10.

Das Ladegerät "LM-7" besteht aus einem Holztransportauto "ZIL-151" oder "ZIL-157", das mit Ladewinde, Fernsteuerung, Schutzgestänge und Seil-Blocksystem ausgerüstet ist. Das Langholz wird in Partien (Treckerladungen) auf den Langholzwagen gezogen, wobei für 1 m^3 im Durchschnitt 2,5 Min. benötigt werden. Die Leistung des Aggregates beträgt 60-70 m^3/Schicht, d.s. 125 % der Norm. A.Mueller. 10310fb.

U r i n, Ja.; Staatl. Inst. für die Projektier. von Forstmaschinen. Smelee vnedrjat' agregatnye avtomašiny. (Verwendet die Automobilaggregate "LM-7" und "LM-9".) - Lesnaja promyšlennost', Moskva 40 (1962) Nr.7. S.10-12. - 4 Schemata, 1 Lit.

Die Aggregate "LM-7" und "LM-9" auf der Grundlage eines Autos "ZIL-151" oder "ZIL-157" bzw. "MAZ-501" dienen zum Laden und Abfahren von Langholz. Mit Hilfe der ferngesteuerten 2-Trommel-Winde (Zugkraft 6 t) und zweier Flaschenzüge werden die von dem Rücketraktor herangeschleppten Stammbunde

(2,5-6 m^3) auf den Langholzwagen gezogen. Das Laden von 15 m^3 währt etwa 22 Min. Auf dem Hauptlagerplatz eingetroffen, wird die Ladung mittels Seilzug abgezogen und gestapelt. Die Aggregate werden vom Fahrer und 2 Ladearbeitern bedient. A.Mueller. 10310fb.

L i v a n o v, A.P. und B u r l a k, A.P. (Liwanow, A.P. und Burlak, A.P.); Zentr. Forsch.-Inst. für Mechanisier. und Energetik der Holzind. Poezdnaja vyvozka korotkomernogo lesa po gornym dorogam. (Lastzug für den Schichtholztransport im Gebirge.) - Lesnaja promyšlennost', Moskva 40 (1962) Nr.12. S.20-21. - 1 Abb.

Für die Schichtholzabfuhr auf Gebirgsstraßen eignet sich der schwere LKW "MAZ-502", an den 2 einachsige Sattelhänger vom Typ "1-PP-10,5 t" oder "1-PP-12 t" gehängt werden. Arbeitsversuche zeigten, daß der LKW auch unter schwierigen Verhältnissen zuverlässig arbeitet und rel. wenig Treibstoff verbraucht (0,106 $1/m^3$). Die durchschnittliche techn. Geschwindigkeit beträgt 27,7 km/h, die Ladung - 12 m^3. Das Entladen des LKW mit einem Kran "K-32" währt 20-35 Min. A.Mueller. 10310fb.

L e k s a u, I.N. (Lexau, I.N.); Zentr. Forsch.-Inst. für Mechanisier. und Energetik der Holzind. Lesovoznyj avtopoezd. (Lastzug zum Langholztransport.) - Lesnaja promyšlennost', Moskva 40 (1962) Nr.12. S.18-20. - 2 Abb., 1 Diagr., 1 Schema, 1 Tab.

Der Lastzug "CNIIMĖ" besteht aus dem dreiachsigen Sattelschlepper "ZIL-157 LS", dem Anhänger "2-PP-9" und dem Nachläufer "2-R-5". Der Anhänger setzt sich aus dem doppelachsigen Fahrgestell, dem Rahmen, den Ausgleichshebeln und dem Stützbalken zusammen. Der Rahmen stützt sich mit seinem vorderen abgeschrägten Ende auf den Sattel des Autos. Seine 3 Querstreben dienen zur Befestigung des Kupplungsbolzens, des Drehschemelbolzens und der Kreuzketten, welche den Anhänger mit dem Nachläufer verbinden. Der mittlere Teil des Rahmens ruht auf der Welle der Ausgleichshebel, das hintere Ende des Rahmens trägt ein Scharnier zur Aufnahme der Deichsel, eine Querstange zum Stützen der Last und eine Zugstange, die den Rahmen mit dem hinteren Radpaar verbindet, solange der Lastzug beladen wird. Der Lastzug hat eine Tragfähigkeit von 14 t und erreicht eine Fahrgeschwindigkeit von 25 km/h.
A.Mueller. 10310fb.

G i n z b u r g, Zinovij Borisovič. Ėlektričeskie seti i osveščenie na lesozagotovkach. (Elektrische Netze und Beleuchtung der Waldaufbereitungsplätze.) Moskva: Goslesbumizdat. 1962. (202 S.) 8°. (1963 A 404)

K. FORSTWIRTSCHAFT/SCHÄDLINGSBEKÄMPFUNG

A l l e n, M.G.; London, Shell Chem. Co. Ltd. Aerial application of selective herbicides in forestry. (Die Anwendung selektiver Herbizide mit Flugzeugen in der Forstwirtschaft.) - Agric. Aviation /The Hague/ 4 (1962) Nr. 3. S.94-99. - 3 Abb. Zus. in Franz., Dtsch.

Die Beseitigung unerwünschten Pflanzenwuchses auf Aufforstungsflächen erfordert, bes. wenn es sich um größere Flächen handelt, große Aufwendungen. Auch der Einsatz von Herbiziden mit Bodengeräten ist langwierig und teuer. Die Anwendung von Herbiziden (2,4-D, 2,4.5-T oder Kombinationen aus diesen) mit

Hubschraubern ist im Vergleich zur Handarbeit bis 6mal billiger. Von den bei Versuchen und praktischen Arbeiten eingesetzten Hubschraubertypen erwies sich der "Bell 47G" als der günstigste. Die Beladung des Hubschraubers erfolgt von Tankwagen aus, in denen die Spritzflüssigkeit auch gemischt wird. Über die im Tankwagen befindliche Beladepumpe dauert eine Beladung 45 Sek. Um die Abdrift in Grenzen zu halten, soll nicht höher als 1 m geflogen werden. Aus dem gleichen Grunde wird vorgeschlagen, Invertemulsionen einzusetzen. Die Herbizide schädigen die gepflanzten Koniferen nicht, wenn sie nach Beendigung des Austriebs und der Ausbildung der Knospen (August-Oktober) angewendet werden. R.Angermann. 10350a.

A n o n y m. Das Nebelgerät APG-1. - Int. Z. Landwirtsch. /Sofia/Berlin/ 1962 Nr.6. S.86.
"APG-1" ist ein Kondensations-Nebelgerät. Im praktischen Einsatz wird es auf eine Ladefläche eines beliebigen Transportmittels gesetzt und zur Schädlingsbekämpfung in Ställen, im Obstbau und Forst verwendet. Folgende Angaben wurden gemacht: Behälterinhalt 235 l; Ausbringmenge 1,9-2,1 l/min; Kraftstoffverbrauch 7,5-8 l/h; Leermasse 75 kg; Arbeitsbreite 100 m; 1 Bedienungsperson; Leistung 40 ha/Schicht. In einer Kammer des Gerätes wird Kraftstoff verbrannt. Die Verbrennungsgase treten mit hoher Geschwindigkeit aus einer Düse aus und reißen die Nebellösung mit, die unter Druck aus dem Mittelbehälter zugeführt wird. Das verdampfende Mittel kondensiert nach Austritt aus der Düse an der Luft und bildet Nebel. A.Jeske. 10350a.

T r o p i n, Igor Vasil'evič. Aviachimičeskaja zaščita lesa. (Aviochemischer Forstschutz.) Moskva: Izd. sel'skoch. lit., žurnalov i plak. 1962. (236 S.) 8°. (1963 A 218)

M.FORSTLICHES BAUWESEN

S c h ö n a u e r, H. Straßenhobel für die Wegerhaltung. - Allg. Forstztg. /Wien/ 74 (1963) Nr.1/2. S.12.
Moderne Baumethoden für Straßendecken gestatten eine weitgehend mechanisierte Wegeunterhaltung. Das Idealgerät, der Motorgrader, wird bei Unterhaltungsarbeiten geringen Umfanges und Ausmaßes zweckmäßig durch kleinere Geräte ersetzt. Die Fa. Gerhard Lackner, Braunau/Inn (OÖ) stellt einen Anhänge-Straßenhobel mit einem Zugkraftbedarf von ca. 30 PS her. Das unter einem auf Hochdruckreifen rollenden, stabilen Rahmen aufgehängte 2 m lange Planierschild läßt sich beidseitig schräg stellen und während der Fahrt mittels Schraubenspindeln heben und senken. Eine Querneigung bis zu 7 % ist einstellbar. Der große Radstand (3,80 m) und eine durch Ballast auf 2,5 t steigerbare Eigenmasse gewährleisten einen sehr guten Planiereffekt, insbesondere bei Arbeiten der laufenden Unterhaltung. Die Anschaffung des Gerätes wird speziell für Wegegenossenschaften empfohlen. J.Peters. 10455.

Š a l a e v, S.A. (Schalajew, S.A.) Gustota seti lesovoznych dorog. (Dichte des Waldwegenetzes.) - Lesnaja promyšlennost', Moskva 40 (1962) Nr.11. S. 13-18. - 2 Diagr., 1 Zeichn.

Der Zusammenschluß von Forstwirtschaft und Forstnutzung in der SU machte es nötig, anstelle der zeitweilig benutzten Holzabfuhrwege Straßen zu bauen, die sowohl dem Holztransport als auch der Bestandespflege und dem Forstschutz dienen. Bei der Planung des neu anzulegenden Wegenetzes sind die Baukosten, der Arbeitsaufwand, die Boden- und Bestandesverhältnisse, der verwendete Fahrzeugtyp usw. zu berücksichtigen. Überschlägliche Berechnungen ergeben, daß eine durchschnittliche Dichte des Wegenetzes von 10-15 lfd.m/ha und ein Abstand von 1 km zwischen den Wegen anzustreben ist. Diese Dichte entspricht etwa der des schwedischen Waldwegenetzes (10 m/ha). A.Mueller. 10465.

P o g o d i n, A.I. und S i l i č e v, A.I. (Pogodin,A.I. und Silitschew,A.I.) Georgievskaja avtomobil'naja doroga. (Die Georgische Autostraße.) - Lesnaja promyšlennost', Moskva 40 (1962) Nr.9. S.23. - 1 Tab.

Da die Georgische Straße durch Sumpfgelände führt, wurde der 6-8 m breite Straßenkörper im Winter auf einer Bohlenunterlage aus angefahrenem Material gebaut, wobei Bagger "Ė-505", Planierschlepper "S-100" und Autokipper "ZIL-585" zum Einsatz kamen. In die aufgeschüttete 20 cm starke Kiesdecke wurden mit Automobilkränen "LAZ-690" zwei Zeilen Eisenbetonplatten gebettet. Die Kosten der Erdbewegungen (8100 m^3) betrugen 4700 Rbl., der Herstellung der Eisenbetonplatten - 12 000 Rbl., die sonstigen Aufwendugen - 12 400 Rbl./km. Bei einem Holzeinschlag von 200 000 m^3 jährlich betragen die Transportkosten 0,122 Rbl. je m^3/km. A.Mueller. 10465.

K l a n č i k, Jaromir; Praha, Vývoj. Prac. Śtaveb Závod. Les. Hosp. Nové směry při zpevňování lesních cest. (Neue Richtungen in der Festigung der Waldwege.) - Studijní Inform, Lesnictví 1962 Nr.4. S.2-36. - 6 Tab.,138 Lit.

Diese Tendenzen lassen sich nur bei gleichzeitiger Überprüfung der Wirtschaftlichkeit realisieren. In der ČSSR bildet der Generalplan des Waldtransportnetzes den Ausgangspunkt für eine weitere Lösung dieser Frage. Der Grundsatz, daß ein modernes Waldwegenetz tief in die Bestände vordringen soll, darf nicht übersehen werden . Der Verfestigung von Waldwegen ist Aufmerksamkeit zu widmen. In bestimmten begründeten Fällen kann die Verfestigung auch unterdimensioniert sein. Eine bes. Aufmerksamkeit muß man den stabilisierten Fahrbahnen widmen, da diese Methode eine max. Ausnützung der Mechanisierung ermöglicht. Aus Spargründen wird bei schmalen Einbahnstraßen empfohlen, sich nur mit sog. Gleisverfestigung zu begnügen, die aus zwei Parallelbändern besteht. Eine besondere Aufmerksamkeit ist der Abschleifschicht zu widmen. Die Staubfreiheit und Undurchlässigkeit wird am besten durch die' Bitumen- und Betonschicht garantiert. E.Kopřiva. 10465.

G l a d k o v, K.N. (Gladkow,K.N.) Uprostit' ustrojstvo dorog. (Vereinfachter Wegebau.) - Lesnaja promyšlennost', Moskva 40 (1962) Nr.7. S.22-1 Lit.

Um die Straßenbaukosten zu senken, empfiehlt Vf. die Breite der Holzabfuhrstraßen von 8 auf 3 m und die Höhe der Kiesschüttung von 1 auf 0,75 m zu verringern. In diesem Fall kann der Verkehr nur einspurig vonstatten gehen und sind Ausweichstellen in bestimmten Abständen in Sichtweite anzulegen. Auch kann der Verkehr in Staffeln, die telefonisch gelenkt werden, erfolgen. A.Mueller. 10465a.

G a v r i l o v, I. und B l i n o v, O. (Gawrilow, I. und Blinow, O.); Zentr. Forsch.-Inst. für Mechanisier. und Energetik der Holzind. Stroit' deševo i nadežno. (Wegebau - billig und gründlich.) Lesnaja promyšlennost', Moskva 40 (1962) Nr.7. S.23-24. - 1 Tab.

Die neuen Straßenbauvorschriften sehen für die Holzabfuhrstraßen - je nach dem Umfang der Transporte - Breiten von 8-11 m vor, damit ein Verkehr in beiden Richtungen ohne Geschwindigkeitsverluste möglich ist. Straßen mit geringem Transportvolumen (unter 100 000 fm), Nebenwege und Rückewege dürfen 3,5-4,5 m breit angelegt werden. Die wirksamsten Mittel zur Senkung der Straßenbaukosten bestehen im Einsatz geschulter Baubrigaden, die mit leistungsfähigen Maschinen ausgerüstet sind, und in der Verwendung geeigneter Baustoffe, wie Kies in verschiedener Korngröße, organische und anorganische Bindemittel. Die Kostenersparnis beträgt unter diesen Umständen 20-30 %.

A.Mueller. 10465a.

D o r o c h o v, B.A. und I c i k o v, G.B. (Dorochow, B.A. und Izikow, G.B.); Zentr. Forsch.-Inst. für Mechanisier. und Energetik der Holzind. Puti ulučšenija stroitel'stva avtomobilnych dorog. (Verbesserungen im Straßenbau.) - Lesnaja promyšlennost', Moskva 40 (1962) Nr.7. S.24-25.

Da in zunehmendem Maße für den Holztransport schwere Autos vom Typ "MAZ", "JaAz" und "ZIL" verwendet werden, die 30, 40 und 60 km/h zurücklegen, müssen die Straßenkurven einen Radius von mindestens 400 m haben, während die Steigungen 20-30 %, ausnahmsweise 40 % betragen dürfen. Falls kein Kies zum Bau der Straßendecke vorhanden ist, wird das örtliche Material durch Zusätze von Splitt, Bitumen, synthetischen Harzen, Teer, Pech, Zement oder Kalk befestigt. Gleise aus Betonplatten sind der hohen Kosten wegen nur für Straßen mit einer Lastenbewegung von über 100 000 fm zu empfehlen. Neben- und Rückewege befestigt man durch abwechselnde Lagen von Ästen und Erde. A.Mueller 10465a.

P a v l o v, F.A. und S a v e l'e v, Ė.N. (Pawlow, F.A. und Saweljew, E.N.); Forsch.-Inst. der Ind. der Nordgebiete. Snegouplotnjajuščaja mašina. (Maschine zum Verdichten des Schnees.) - Lesnaja promyšlennost', Moskva 40 (1962) Nr.10. S.25-26. - 1 Abb., 1 Schema.

Das Versuchsmodell "SevNIIP" besteht aus dem gefederten Fahrgestell und den arbeitenden Organen: 2 Fräsen, deren Messerkränze den Schnee lockern und vermengen (300-420 U/min), der Erwärmungsanlage zum Tauen des vermengten Schnees und dem Vibroverdichter. Der von einer Pumpe in die Heizkammer gepreßte Treibstoff wird entzündet; die aus 6 Düsen tretenden Stichflammen treffen auf den von den Fräsen aufgewirbelten Schnee. Die hinter der Heizanlage angeordnete Vibroanlage besteht aus der 1500 kg schweren Verdichterplatte, die von einem System von Exzentern in Schwingungen versetzt wird. Die Schwingungszahl beträgt 3900/min, die Amplitude 2-3 mm. Sämtliche arbeitenden Organe werden von einem Motor vom Typ "U2D6" (150 PS) angetrieben. Der Schnee erlangt in einem Arbeitsgang eine Dichte von etwa 0,8 g/cm³. Bei einer Außentemp. von -10 ° und darunter wird die Straßendecke bes. dicht und abnutzungsfest.

A.Mueller. 10465a.

K o z l o v, A.I. und G r e c h o v, G.F. (Koslow, A.I. und Grechow, G.F.); Leningrad, Forsttechn. Kirow-Akad. Opyt raboty dorožno-podgotovitel'nych brigad. (Arbeitsversuche der Wegebau- und Wegeunterhaltungsbrigaden.) - Lesnaja promyšlennost', Moskva 40 (1962) Nr.10. S.24-25. - 1 Schema, 1 Tab.

Die Holzabfuhrstraßen und Verladerampen werden von ständigen Wegebaubrigaden gebaut und instand gehalten, die mit 1 Traktor "TDT-40" und 1-2 Motorsägen "Družba" ausgerüstet sind. Nachdem die Straßentrasse aufgehauen und geräumt ist, wird der 3,5-4 m breite Straßenkörper 50-75 cm hoch in Querrichtung mit Reisig belegt und mit den Ketten des Traktors festgewalzt. Auf das 20-25 cm dicke Reisigpolster wird eine 15-35 cm dicke dränierende Sand- oder Kiesschicht geschüttet und mit einer Schleppe planiert, die aus 4 zusammengefügten Balken besteht. Das vorsorglich in Haufen gesetzte Reisig wird mit Hilfe der Winde auf den Rückeschild des Traktors gezogen, während Sand und Kies von einem Bulldozer Modell "D-271" auf die Autokipper oder LKW aus einem Bunker abgeworfen werden. Die Kosten der mit Reisig befestigten Straße betragen nur 1/5 der Kosten einer Straße mit hölzernen Fahrgleisen. A.Mueller. 10465a.

S e r g e e v, P. und G r j a z i n, A. (Sergejew, P. und Grjasin, A.); Forsttechn. Inst. für das Wolgagebiet. Opyt stroitel'stva dorog so stabilizirovannym pokrytiem. (Straßen mit stabilisierter Decke.) - Lesnaja promyšlennost', Moskva 40 (1962) Nr.9. S.24-25. - 2 Schemata, 3 Tab.

Eine hohe Abnutzungsfestigkeit der Straße wurde, obwohl kein Kies zur Verfügung stand, durch Stabilisieren der Straßendecke erzielt. Die obere Schicht des Körpers, bestehend aus 67 % sandigen und 33 % staubfeinen tonigen Bestandteilen, wurde in einer Tiefe von 15-20 cm abgetragen und mit Hilfe von einer Mischmaschine mehrfach zerkleinert und gemischt. Das gewonnene Material vermengte man in einer Goudroniermaschine "D-251" mit Bitumen Marke "B-4" im Verhältnis 100:8. Ein Autograder breitete die Masse auf dem Straßenkörper aus. Ihm folgte eine 10 t-Motorwalze "D-365". Anstelle des Goudronators kann ein Mischer Modell "D-370" nebst Lademaschine "D-415" verwendet werden. A.Mueller. 10465e.

K o p ř i v a, Václav. Lesne cesty a ich údržba. Príručka pre lesných robotníkov. (Waldwege und deren Instandhaltung.) Bratislava: Slov. vyd. pôdohosp. lit. 1963. (116 S.) 8° - Príručka pre lesných robotníkov 10. (SR 3073,10)

XI. SCHÄDLINGSBEKÄMPFUNG

B. CHEMISCHE SCHÄDLINGSBEKÄMPFUNG

A p p e n z e l l e r, F. Les journées phytosanitaires de Grignon. (Die Pflanzenschutztage von Grignon.) - Agric. prat. 126 (1962) Nr. 9. S. 385-388.

Vf. beschreibt die zum Abschluß der Pflanzenschutztage vorgeführten Boden- und Flugzeuggeräte und Geräte für die Ausbringung flüssiger Düngemittel. Die einfachste Pflanzenschutzmethode - das Stäuben - kann durch Verbesserung der Mittel und Geräte neuen Aufschwung bekommen. Größere Spritzgeräte haben Behälter aus galvanisiertem Blech, das manchmal innen mit Plasten überzogen ist. Zunehmend werden Plaste oder Mischungen von Glasfaser und Plasten verwendet. Sprühgeräte werden vorwiegend im Obst- und Weinbau eingesetzt. Die Geräte können häufig durch Umtausch der Behälter auch zum Stäuben verwendet werden. Zur speziellen Bekämpfung von Nematoden, hauptsächlich in Gemüsekulturen, dient ein Gerät, mit welchem die Mittel in den Boden eingebracht werden. Die Verteilung flüssiger Düngemittel erfordert größeren Korrosionsschutz. Plaste und nichtrostende Stähle finden hierzu breite Anwendung.

H.Kaiser. 11105.

L e i b, E. Betriebswirtschaftliche Fortschritte in der Landwirtschaft. - Gesunde Pflanzen 15 (1963) Nr. 4. S. 64-67. - 1 Abb., 1 Tab.

Die Verwendung von Pflanzenschutzgeräten für Gespann- oder Schlepperzug ist betriebswirtschaftlich gesehen von der Betriebsgröße abhängig. In den Betriebsgrößen bis 100 ha LN überwiegt der Einsatz im Lohnverfahren oder auf genossenschaftlicher Ebene. Der überbetriebliche Gemeinschaftsbesitz spielt bes. in Betrieben mit 7,5 - 50 ha LN eine Rolle. Über eigene Maschinen, die ausschließlich im eigenen Betrieb eingesetzt werden, verfügen in stärkerem Maße Wirtschaften <50 ha bzw. >2 ha. Betriebe, in denen Gespann- oder Schleppergeräte in Form der Nachbarschaftshilfe verwendet werden, sind in allen Größengruppen nur in geringer Anzahl vorhanden. Somit hat sich die Erkenntnis einer notwendigen betrieblichen Entlastung bei der Durchführung praktischer Pflanzenschutzmaßnahmen schon weitgehend durchgesetzt.

A.Jeske. 11105.

J e s k e, A. Anerkannte Pflanzenschutzgeräte. - Nachrichtenbl. dtsch. Pflanzenschutzdienst /Berlin/ /N.F./ 17(43) (1963) Nr. 2. S. 25-36.

Es werden die in den Jahren 1959-1961 amtlich geprüften und anerkannten Pflanzenschutzgeräte besprochen: Großsprühgerät "S 050/1"; Hochdruckspritze "S 050/2"; Feldspritze "S 050/3"; Sprühblaser und Feldspritz- und-stäubeeinrichtung "S 872/2"; Hopfenspritze "S 091"; Beizautomat "K 618"; Nebelgerät "HKN 58" mit Zusatznebelgerät für Hanglagen; Raumnebelgerät "HKN 2"; Mehrzweckgeräte "S 136" und "S 137"; Schlauchspritzeinrichtung zum "S 293/4" bzw. "S 050" und Spritzbalken für die chem. Entkrautung zum "S 293/4". Besprochen werden: Techn. Daten; Aufbau und Funktion; Anwendungsmöglichkeiten; Einsatzbereich; Versuchsergebnisse und Leistungen. A.Jeske. 11105.

S a n n i k o v, G.P. (Sannikow, G.P.); Inst. für Hydrotechn. und Meliorat. der Nordgebiete. Kustarnikovyj opryskivatel' OND-100. (Spritzgerät "OND-100".) - Zaščita rastenij ot vreditelej i boleznej, Moskva 7 (1962) Nr. 10. S. 15. - 1 Abb.

Das Gerät besteht aus einer Tauchkolbenpumpe, 3 Flüssigkeitsbehältern von insgesamt 1550 l Inhalt, den eigentlichen Spritzvorrichtungen und einem Rahmen. Es ist für den Aufbau an den Schlepper "DT-55" vorgesehen. Die Pumpe wird von der Zapfwelle angetrieben. Für das Spritzen von Sträuchern bis 3 m Höhe wird ein horizontales Rohr verwendet und für höhere Sträucher ein aus 3 Teilen mit getrennter Flüssigkeitszuführung bestehendes vertikales Rohr. Für das Spritzen von dichtem, niedrigem Gesträuch und einzelnen Sträuchern ist ein Spritzrohr mit 4 Düsen vorhanden, das vom Schlepperführer gerichtet wird. Die Behälter werden in 8 - 10 Min. gefüllt. Flüssigkeitsverbrauch 1500 - 3000 l/ha, Leistung 4 - 6 ha in 6 Std. W.Balkin. 11115.

Š e r u d a, S.D. und S t e g a j l o, I.V. (Scheruda, S.D. und Stegailo, I.W.); Lwow, Volkswirtschaftsrat, Staatl. Entwurfsbüro. Modernizirovannyj opryskivatel' OSŠ-15A. (Modernisiertes Spritzgerät "OSŠ-15A".) - Zaščita rastenij ot vreditelej i boleznej, Moskva 7 (1962) Nr. 11. S. 21-22. - 1 Abb., 1 Zeichn.

Das Anbau-Spritzgerät "OSŠ-15A" ist eine Weiterentwicklung des Anbau-Spritzgerätes "OSŠ-15" und hat nicht mehr dessen Mängel. Es besteht aus einer Pumpe sowie einem Flüssigkeitsbehälter und besitzt zur wahlweisen Benutzung eine Spritzstange von 15 m Länge sowie 2 Handspritzen mit je 3 Düsen. Behälter und Pumpe werden auf den Längsholmen des Geräteträgers befestigt, und die Spritzstange ist am Geräteträgerheck angebracht und mit 2 Laufrädern und Spanndrähten abgestützt. Die Teile des Gerätes sind so leicht gehalten, daß sie von 2 Arbeitern angebaut werden können. Die Pumpe wird von der Zapfwelle angetrieben. Die Pumpenventile bestehen aus Kapron. Behälterinhalt 750 l, Pumpenleistung 80 l/min, Spritzleistung auf dem Felde 3,4 ha/h, im Garten 1,8 ha/h. W.Balkin. 11115.

B e l j a k o v, V. (Beljakow, W.) Konsko-vozima samopompešta se prŭskŭčka. (Gespann-Spritze mit Pumpenselbstantrieb.) - Rastitelna zaštita, Sofija 10 (1962) Nr. 3. S. 77-78. - 2 Abb.

Es wird eine Beschreibung der Gespann-Spritze mit Pumpenselbstantrieb gegeben, die vom VEB "Metalurgija" in Gorna-Orechowiza gebaut und in der Maschinenprüfstat. in Plowdiw im Jahre 1961 erprobt wurde. Angabe der techn. Daten. Beschreibung von Rahmen, Fahrwerk, Pumpen, Zerstäubungssystem zur Flächenspritzung und Arbeitsverfahren zur Krankheits- und Schädlingsbekämpfung in schmalzeiligen Rebpflanzungen mit einem Zeilenabstand über 160 cm. Es werden die Ergebnisse der Labor- und Feldprüfungen mitgeteilt. Die Maschine hat gute techn. und betriebliche Eigenschaften gezeigt. Die leichte Konstruktion vermindert den durchschnittlichen Zugwiderstand auf 55 kp. Die Lösungszerstäubung bezüglich der Tropfengröße ist befriedigend. Die durchschnittliche Tropfengröße bleibt in den Grenzen bis 500 µm mit der überwiegenden Tropfenanzahl in der Größe von 250 µm. Im Vergleich mit der Handspritze ist die Arbeitsleistung der Gespannspritze 8 mal größer. Die Maschine ist vom Technisch-Wissenschaftlichen Rat beim Min. für Landwirtsch. anerkannt und für Serienherstellung freigegeben. N.Stanischew. 11115.

B u r g h a u s e n, R.; Jena, Friedrich-Schiller-Univ., Inst. für Acker- und Pflanzenbau. Einfluß der chemischen Unkrautbekämpfung auf die Agrotechnik im Kartoffelbau. - Dtsch. Agrartechn. 13 (1963) Nr. 4. S. 185-188. - 3 Abb., 6 Lit.

Mit der Entwicklung einer industrieartigen Kartoffelproduktion mit max. Mechanisierung kommt dem Herbizideinsatz eine große Bedeutung zu. Bei genauer Dosierungsmöglichkeit ist bereits jetzt ein Herbizideinsatz möglich. Techn. sind noch zu lösen: die einwandfreie Dosierung, der billigere Wassertransport und die Durchführbarkeit zur rechten Zeit ohne Struktur- und Pflanzenschäden. Die Bodenbearbeitung und die Saatbettvorbereitung verdienen dabei bes. Beachtung. Die Ergebnisse bei der Anwendung der einzelnen Mengen und Konzentrate werden eingehend erläutert und die Änderung der Agrotechnik im Kartoffelbau diskutiert. E.Nowatzky. 11115.

H e i n r i c h. Bandspritzverfahren und Bandspritzgeräte zur Unkrautbekämpfung im Rübenbau. - Landmaschinen-Markt 42 (1963) Nr. 7. S. 347-348. 350. - 3 Abb. Aus: Dok.-Dienst II/T 1963 Nr. 4.

1) Die Rationalisierung der Pflegearbeiten im Rübenbau; 2) chem. Unkrautbekämpfung und das Bandspritzverfahren; 3) Bandspritzgeräte und deren Aufbaumöglichkeiten; 4) Entwicklungsmöglichkeiten der chem. Unkrautbekämpfung. 11115.

S i e p m a n, A.H.J.; Wageningen, Inst. voor Landbouwtechn. en Rationalisatie. Rijenspuiten bij de bietenteelt. (Reihenspritzung bei der Rübenbestellung.) - Landbouwmechanisatie 14 (1963) Nr. 3. S. 169-175. - 3 Abb., 7 Diagr., 3 Tab.

Für das Ausbringen von chem. Unkrautbekämpfungsmitteln bei der Aussaat von Rüben können Wirbel- oder Spaltdüsen verwendet werden. Bei Einsatz der Wirbeldüse Typ "X" ist ein Arbeitsdruck von 1,5 at (Ausbringungsmenge 457 cm^3/min) notwendig, wenn eine regelmäßige Verteilung erreicht werden soll, bei der Wirbeldüse Typ "Y" genügt ein Arbeitsdruck von 1 at (Ausbringungsmenge 222 m^3/min). Der Tank für die Spritzflüssigkeit (200 - 300 l) kann auf dem Schlepper oder auf der Sämaschine montiert werden. Als Pumpe genügt eine einfache Verdrängerpumpe mit einer Leistung von ca. 60 l/min, die von der Schlepperzapfwelle angetrieben wird. - Die Verlustzeiten, die bei der Aussaat durch die Tankfüllung auftreten, sind nicht größer als 15 %, so daß es nicht gerechtfertigt erscheint, die Reihenspritzung von der Aussaat getrennt in einem 2. Arbeitsgang durchzuführen. - Die Arbeit schließt mit Hinweisen für den praktischen Einsatz. L.Machler. 11115.

P a p u š e v, E. (Papuschew, E.) Opredeljane osnovnite parametri na praskački za prŭskane na carevicata s cherbicidi. (Bestimmung der Grundabmessung der Maisherbizidspritze.) - Izvestija na Instituta po mechanizacija i elektrifikacija na selskoto stopanstvo, Sofija 2 (1962) S. 81-103. - 17 Abb., 8 Tab., 6 Lit. Zus. in Russ., Engl.

Nach den agrotechn. Anforderungen zur Herbizidspritzung werden bes. Vorrichtungen zur Quadratnest-Drillmaschine "SKGK - 6V" und zum Grubber "KRN - 4,2" angefertigt. Im Labor sind die Spritzgleichmäßigkeit, der Einfluß der Lösungsdichte u.a. auf den Betrieb von 4 verschiedenen Spritz- und Wirbeldüsenbauarten untersucht worden. Danach sind Spritzdüsen mit einem Öffnungsdurchmesser von 1,85 mm, mit Sparwirbelkammer und einem Spritzdruck von 8 bis 10 at am besten geeignet. Angaben über den Behälterinhalt, die Art der Rührvorrichtung der Spritzung für Herbizidspritzung werden gemacht.

N.Stanischew. 11115.

G ö h l i c h, Horst und C o u t s o m i t o p o u l o s, Georg P.: Göttingen. Eigenschaften von Pflanzenschutzdüsen. - Landtechnik 18 (1963) Nr. 5. S. 123-124. 126. 128-130. - 10 Abb., 12 lit. Aus: Dok.-Dienst ILT 1963 Nr. 4.

Untersuchung von 60 verschiedenen in- und ausländischen Pflanzenschutzdüsen über die Unterschiede bei der Strahlzerstäubung der Düsen und über ihre Eignung. Die Strahlzerteilung in einzelne Tröpfchen mit Hilfe einer Düse beruht auf verschiedenartige Zerstäubungsverfahren. Die bekanntesteh Düsensysteme sind: Drallkörperdüsen, Pralldüsen und Schlitzdüsen. In Abb. wird zur Charakterisierung der Düsen aufgezeigt, wie unterschiedlich die Strahlzerstäubung und dementsprechend das Niederschlagsbild aussehen kann. 11115.

B o n d i n e, M. Experiments in using aircraft for combating the Colorado beetle. (Versuche mit Flugzeugen zur Bekämpfung des Kartoffelkäfers.) - Agric. Aviation /The Hague/ 5 (1963) Nr. 1. S. 9-11. - Zus. in Franz., Dtsch.

1962 wurden in der Sowjetunion Feldversuche zur Bekämpfung des Kartoffelkäfers mit Flugzeugen vom Typ "AN-2" und "Yak-12" und mit Hubschraubern vom Typ "Mi-1" durchgeführt. Es sollte ermittelt werden, ob die bisher verwendeten Aufwandmengen (100-200 l/ha) verringert werden können. Durch Verkleinerung der Düsenöffnungen von 25 auf 5 mm^2 sank der mittl. Tropfendurchmesser von 290 auf 145 um. Eine weitere Verringerung der Tropfengröße ist wegen der Verdunstungsverluste bei wässrigen Mitteln nicht möglich. Die Aufwandmenge wurde deshalb über die Verminderung der Düsenzahl gesenkt. Bei 25 l/ha wurden 51 Tropfen/cm^2, bei 15 l/ha 33 Tropfen/cm^2 aufgefangen. Ölsprühmittel wurden mit Sprühdüsen oder Rotationszerstäubern angewendet. Der mittl. Tropfendurchmesser betrug 75-100 µm, bei 6 l/ha kamen 75-90 Tropfen auf 1 cm^2. Die Bekämpfungserfolge mit DDT-, DDT/Lindan- und Polychlorpinen-Mitteln in den genannten Aufwandmengen waren befriedigend. Wässrige Mittel wirkten länger als Öllösungen. Die Verringerung der Aufwandmenge von 200 auf 25 l/ha steigerte die Produktivität der "AN2" um 120 %, bei 5-6 l/ha war sie um weitere 60 % höher. Der Hubschrauber kommt vor allem in schwierigem Gelände zum Einsatz. Bei annähernd gleicher Leistung liegen seine Kosten um 30 % höher als bei der "AN2".

R.Angermann. 11120.

S m i t h, N.McD. Aerial spraying investigation at Bundaberg. (Untersuchungen über das Spritzen vom Flugzeug aus in Bundaberg.) - Cane Growers' quart. Bull. 26 (1963) Nr. 3. S. 81-83. - 3 Abb.

Die Untersuchungen befaßten sich mit der Ausbringung von Herbiziden in Zuckerrohr. Im einzelnen wurden untersucht: Ausbringungstechnik, Beziehung zwischen Tropfengröße und Tiefe des Eindringens der Tropfen in den Zuckerrohrbestand, Mittelverluste durch Abdrift und Verdunstung, Arbeitsbreite bei offenen und dichten Zuckerrohrbeständen. Zum Auffangen der Tropfen erwiesen sich berußte Glasplatten auch bei Farbzusatz zum Mittel als ungeeignet, da sich die Tropfenspuren nicht von den Spuren von Tautropfen unterschieden. Man mischte deshalb der Spritzflüssigkeit Fluoreszenzfarben bei und fing die Tropfen auf Papierkarten auf. Die Auswertung erfolgte unter

UV-Licht. Zum Messen der Tropfengrößen wurden die Tropfen in Öl aufgefangen und fotografiert. Die Untersuchungen ergaben, daß nicht zu tief geflogen werden soll, da damit, neben der Gefährlichkeit des Tiefstfluges, eine ungleichmäßige Verteilung verbunden ist. Ebenso ist eine Flughöhe von über 3 m nicht günstig, da die Gefahr der Abdrift und die Verdunstungsverluste zunehmen. An beiden Enden des Feldes ist ein Vorgewende zu fliegen.

R.Angermann. 11120.

A n o n y m. L'impiego dei mezzi aerei in agricoltura. (Flugzeugeinsatz zur Schädlingsbekämpfung in der Landwirtschaft.) - Inform. fitopatol. /Bologna/ 12 (1962) Nr. 19. S. 334-337. - 3 Abb.

Zur vorbeugenden Bekämpfung von Peronospora in Wein- und Tabakkulturen, Gloeosporium in Olivenanlagen und Cercospora bei Rüben wurden mit gutem Erfolg Flugzeuge vom Typ "Piper" eingesetzt. Im allg. wurde je Flug ein 20 m breites Band bestäubt oder besprüht. Die hierbei benötigte Flüssigkeitsmenge lag bei 30 l/ha. In den Wein- und Tabakkulturen erfolgte eine 2malige Bekämpfung mit je 40 l/ha. Die Tagesleistung betrug beim Stäuben 400 ha und beim Sprühen 120 ha.

G.Müller/Leipzig. 11120.

Z u c k e r, A., A l p e r, Y., S w i r s k i, E., G o t h i l f, S. und K e h a t, M. Trials of mist sprayers in mature citrus plantations. (Versuche mit Sprühgeräten in tragfähigen Citrus-Plantagen.) - J. agric. Engng. Res. 7 (1962) Nr. 3. S. 192-198. - 3 Abb., 2 Tab., 8 Lit.

3 Traktor-Sprühmaschinen und 1 rückentragbares Sprühgerät wurden zu Bekämpfungsversuchen gegen Phyllocoptruta oleivora Ashm. in Citrus-Anlagen im Vergleich zur Hochdruck-Handspritzung eingesetzt. Maschinen und Einsatz werden wie folgt gekennzeichnet: Luftgeschwindigkeit 58-116 m/s; Luftmenge 210-5870 ft/min; 1-4 Düsen einseitig bzw. 8 Düsen zweiseitig arbeitend; Fahrgeschwindigkeit 2,2 - 3,0 km/h; Aufwandmengen 140-280 l/ha beim Sprühen und 1840 - 2880 l/ha beim Spritzen; Baumhöhe 4-5 m. Nach der Behandlung wurde der Bekämpfungserfolg ermittelt und gleichzeitig der Bedeckungsgrad in verschiedenen Pflanzenregionen quantitativ und qualitativ bestimmt. Das Sprühen hat sich als brauchbar erwiesen. Es ist zwar von geringerer Dauerwirkung als das Spritzen, in seiner Anwendung jedoch wesentlich ökonomischer. Es ermöglichte sogar eine Einsparung von 50 % des Acarizid-Präparates.

A.Jeske. 11120.

W a t t, M.J. Grain protection with malathion. (Vorratsschutz mit Malathion.) - Agric. Gaz. New South Wales 73 (1962) Nr. 10. S. 529-534. - 4 Abb., 8 Lit.

Malathion ist gegen alle Hauptschädlinge der Getreidevorräte wirksam, dagegen aber weniger toxisch gegenüber Säugetieren. In Versuchen wurde es bei der Ernte dem Weizen als Staub zugesetzt und damit ein ausreichender Schutz für 7 Monate Lagerzeit erreicht. Ein fast ebenso langer Schutz wurde durch Einsprühen des Getreides erreicht. Als Aufwandmenge für einen 1 %igen Malathion-Staub wurden z.B. 450 g auf 450 kg Getreide angegeben. Folg. Applikationsmethoden wurden erprobt: 1. Einstäuben des Getreides bei der Ernte durch Aufbau einer Spezialeinrichtung zu den Erntemaschinen oder beim Entladen der Transportfahrzeuge durch Zuführung vor der Förderschnecke. - 2. Besprühen des Getreides auf dem Speicher mit Hilfe einer automatisch arbeitenden Sprüheinrichtung innerhalb des Elevatoren-Fördersystems oder Besprühen der Sackstapel mit einem rückentragbaren Motor-Sprühgerät. Selbst bei Überdosierung wurde die Vermahlungs- und Backqualität nicht beeinträchtigt.

A. Jeske. 11120.

K o r o t k i c h, G.I. Perspektivy razvitija aėrozol'noj apparatury. (Entwicklungsperspektiven der Aerosolapparaturen.) - Zaščita rastenij ot vreditelej i boleznej, Moskva 7 (1962) Nr. 10. S. 16-17. - 1 Tab.

Seit dem Jahre 1949 wurden in der UdSSR 27 Muster von Aerosolgeneratoren entwickelt und geprüft sowie 6 weitere Gerätetypen eingeführt. Die Leistung der Geräte reichte von 0,2 - 100 l/min. Die Generatorentypen lassen sich in 3 Gruppen einteilen: a) geringe Leistungsfähigkeit (3 l/min); b) mittlere L. (3-12 l/min) und c) hohe L. (12 l/min). Einige neue Entwicklungen werden beschrieben, z.B. "AG-UD-2", "Raketa", "Mikron", "AG-D" und "VAG-25".

H. Decker. 11125.

L a p a n, A.A. Nomogramma dlja aėrozol'noj obrabotki. (Nomogramme für die Aerosolbehandlungen.) - Zaščita rastenij ot vreditelej i boleznej, Moskva 7 (1962) Nr. 8. S. 43-44. - 3 Diagr.

Nach dem gegebenen Nomogr. ist es möglich, die notwendige Schnelligkeit (km/h) zur Ausnutzung der max. Leistungsfähigkeit des Gerätes abzulesen, wenn die Ausbringungsmenge (l/min), Aufwandnorm (l/ha) und Arbeitsbreite (m) bekannt sind. Andererseits kann die Leistungsfähigkeit des Generators (l/min) abgelesen werden, wenn die Geschwindigkeit bekannt ist. 2 weitere Nomogr. gestatten die Bestimmung der Behandlungsdauer in geschlossenen Räumen.

H. Decker. 11125.

S c h m i d t, E. und W e n n i n g e r, H. Über neue Verfahren zur Bekämpfung der Flugbrandarten von Gerste und Weizen in der Deutschen Demokratischen Republik. - Nachrichtenbl. dtsch. Pflanzenschutzdienst /Berlin/ /N.F./ 17(43) Nr.3. (1963) S. 48-55. - 9 Abb., 45 Lit.

Bis zum Jahre 1952 erfolgte die Bekämpfung der genannten Krankheiten als Heißwasserbeizung im Tauchverfahren, als Warmwasserdauerbad oder als Warmbenetzungsbeize. Zur Behandlung einer größeren Saatgutmenge wurden danach 6 Großgeräte aufgestellt. Diese arbeiten nach dem Verfahren Lehmann, Friedrichswert, bei dem es sich um eine Anwendungs-Kombination von feuchter und trockener Hitze einschl. Trocknung handelt. Ein besserer Beizeffekt und eine einfachere Handhabung wurden bei dem Verfahren Schmidt/Zschinzsch angestrebt. Das Gerät besteht aus einer evakuierbaren Benetzungstrommel, einer mit Infrarot-Strahlern heizbaren Beiztrommel und einer Trocknungstrommel, die von klimatisierter Luft durchströmt wird. Eine Weiterentwicklung dieses Verfahrens stellt die Methode Schmidt/Ende dar. Das Saatgut wird einem Unterdruck bis 200 mm HgS ausgesetzt und dabei mit der Erwärmung begonnen. Nach etwa 10 Min. erfolgt die Benetzung mit bis zu 10 % Wasser, dem chem. Beizmittel zugesetzt wurde. Es folgt der Aufheizungsvorgang (vorzugsweise 55-60 °C), dem sich der Beizvorgang anschließt, bei dem die Temp. über 60 Min. konst. gehalten wird. Abschließend wird das Saatgut zurückgetrocknet und gekühlt. Das Eintrommelgerät kann stationär und fahrbar gebaut werden. Es verfügt über eine max. Leistung von 10 dt/h Saatgut.

A. Jeske. 11140.

C. MECHANISCHE SCHÄDLINGSBEKÄMPFUNG

S c h w a r z, R. Ein neues Lebendfanggerät für bodenbewohnende Säugetiere. - Nachrichtenbl. dtsch. Pflanzenschutzdienst /Berlin/ /N.F./ 17(43) Nr. 2. (1963) S. 41-42. - 4 Abb.

Das Gerät besteht aus einem 25 cm langen Blechrohr mit 6 cm Durchmesser. Am hinteren Ende wird es durch ein Drahgitter verschlossen; vorn befindet sich ein Verschlußdeckel, der sich nur nach innen öffnen läßt. Dieser wird beim Ansetzen der Falle durch einen Haken hochgestellt. Stößt die einlaufende Wühlmaus gegen eine dahinter liegende Drahtgabel, so wird die Verschlußklappe freigegeben, und die Falle ist jetzt auch am Einlauf geschlossen. Sie ist so in den bewohnten Gang einzuführen, daß sie dicht an das Erdreich anschließt. Zur Verbesserung der Fängigkeit kann die Falle mit Fraßködern belegt werden. Das aus dem Gang herausragende Ende der Fallenröhre wird abgedeckt, um einen Lichteinfall zu verhindern. Bei der praktischen Erprobung wurden eine größere Anzahl Wühlmäuse (Arvicola terrestris) und auch Maulwürfe gefangen. A.Jeske. 11220.

A n o n y m. Macchina per la cattura di insetti volanti. (Insekten-Fanggerät.) - Macchine & Motori agric. 21 (1963) Nr. 1. S. 81-82. - 1 Abb. Aus: Dok.-Dienst ILT 1963 Nr. 5.

Das Gerät besteht aus Elektromotor, "Black-Light"-Lampe und Saugvorrichtung, mit welcher durch Zyklonwirkung die vom Licht angezogenen Insekten angesaugt werden. Die Insekten gelangen in einen Plastik- oder Stoffbeutel unter dem Sauggebläse. Betätigung leicht und praktisch, äußerst geringer Stromverbrauch, kann leicht an Wänden, Zäunen, Pfosten usw. angehängt werden. Verwendung in der Landwirtschaft, in Lagern, Ställen, Wohnungen usw. Abmessung: 27 cm hoch, 23 cm breit, 20 cm tief, 3 kg Masse. 11225.

S c h r e i e r, O. Gerät zum Fang von Coleopteren an Raps. - Pflanzenschutzberichte /Wien/ 29 (1963) Nr. 5/6. S. 73-78. - 1 Abb., 3 Tab., 4 Lit.

Zur Ermittlung des Schädlingsbesatzes am Raps (Ceutorrhynchus sp., Meligethes sp., Phyllotreta sp.) wurden für einen methodischen Vergleich Gelbschalen, Fangnetz und ein neuentwickelter Fangschlitten verwendet. Von den 3 Methoden ist zum Rüßlerfang der Fangschlitten bes. geeignet. Das Gerät besteht aus einer mit Kufen versehenen Zinkblechwanne (Länge 70 cm, Breite 36 cm, Höhe 6 cm), die vorn bugförmig gestaltet ist. Ein am hinteren Ende der Wanne befestigtes Gestänge dient zum Schieben und hat über der Wanne eine Halterung für 2 Kunststoffolien, die das Abstreifen der Tiere von den Pflanzen besorgen. Die Höhe der Folien am Gerät ist einstellbar, der Winkel von 45 ° in Richtung nach vorn auf die Pflanzenreihe hingegen feststehend. Esfahrungen zur Verbesserung dieses Modells werden z. Zt. noch gesammelt. 11225.

Sbornik trudov Moldavskoj stancii Vsesojuznogo instituta zaščity rastenij (1959-1960 gg.). -(Sammlung von Arbeiten der Moldauischen Station des Unions-Instituts für Pflanzenschutz in den Jahren 1959-1960. Nr. 4.) Hrsg.: Minist. sel'skogo chozjajstva SSR; Vsesojuznaja ordena Lenina Akademija

s.-c.. nauk im. V.I. Lenina. Kišinev. 1960. (323 S. m. 1 Abb., 4 Diagr., 141 Tab. u. 195 Lit.) 8°. Rbl. 9,50.
Vorliegender Sammelband behandelt die in den letzten 2 Jahren durchgeführten Forschungsarbeiten der o.g. Station. Er enthält 36 Arbeiten verschiedener Vff. und gliedert sich in 5 Hauptteile: 1) Schutz der Obstkulturen vor Schädlingen und Krankheiten, 2) Schutz der Weinrebe vor Schädlingen und Krankheiten, 3) Schutz der Getreidekulturen vor Schädlingen, Krankheiten und Unkrautbekämpfung, 4) Warndienst, Berechnung und Prognosen über das Auftreten von Schädlingen, Krankheiten, Erarbeitung von Organisationsformen des Pflanzenschutzes mit bestimmter ökon. Wirksamkeit, 5) Mechanisierung der Pflanzenschutzmaßnahmen. In den einzelnen Kapiteln werden behandelt: Mittel und Methoden zur Bekämpfung von Obst- und Beerenschädlingen, Wirksamkeit von Insektiziden und Herbiziden, biochem. Prozesse in den Pflanzen bei Einsatz dieser Mittel, Rentabilität des staatlichen Warndienstes, Organisationsformen des Pflanzenschutzes. Im letzten Hauptteil behandeln Vff. den Einsatz von Gebläsesprühgeräten in Gärten, Prüfungsergebnisse von Groß- und Kleinsprühgeräten, Untersuchung am Rührwerk von Sprühgeräten, das Anbau-Bodenbegasungsgerät "FPTN-2,25", die Ausrüstung für Tank- und Wartungsstellen für Sprühgeräte, die Modernisierung des Anhänge-Köderwurfgerätes und die Verwendung des Weinbergpfluges "PRVN-2,5" für die Einbringung flüssiger Giftstoffe in den Boden.

K á c s ó, András. Növényvédelmi üzemtan. (Pflanzenschutzbetriebslehre.) Budapest: Mezögazdasági kiadó. 1962. (143 S.) 8°. (1962 A 1646)

XII. AUSSTELLUNGEN, TAGUNGEN, VORFÜHRUNGEN, REISEN, ÜBERSICHTEN

A. AUSSTELLUNGEN

A n o n y m. De Landbouwtentoonstelling in Brüssel. (Der Landmaschinensalon in Brüssel.) - Landbouwmechanisatie 13 (1962) Nr. 11. S. 942-944. - 5 Abb.
Bericht über Neuheiten auf der Ausstellung im Sept. 1962 in Brüssel. 1) Mähdrescher "Armada" von Claeys mit 3,6, 4,2 oder 5 m Arbeitsbreite und einem Getreidetank mit 2500 l Inhalt. Als Arbeitsleistung werden 11000 kg/h Getreide angegeben. Der Antrieb des Mähdreschers erfolgt durch einen 106-PS-6-Zylinder-Dieselmotor von Ford. 2) Bei 2 Schleppern von Hanomag wurde die Motorleistung durch Steigerung der Drehzahl und Änderung des Einspritzens erhöht und zwar beim "Granit" (3-Zylindermotor) von 32 auf 38 und beim "Brillant" (4-Zylindermotor) von 42 auf 50 PS. - Ehrenurkunden wurden auf der Ausstellung für folg. Maschinen und Geräte vergeben: Claeys Mähdrescher "Armada", Pflüge von Mèlotte, Mähdrescher "M-F 500", Sämaschine "Europlex" von Saint-Hubert, Trockenanlage von Lister, Schnellheuer von Fahr und Gerät für die Registrierung der Melkgeschwindigkeit "Melk-O-Graft" von Alfa-Laval.

M.Lüpnitz. 12005.

H o r v a t h, L.; Budapest. Landwirtschaftliche Ausstellung Budapest 1962. - Dtsch. Agrartechn. 13 (1963) Nr. 5. S. 229-231. - 3 Abb.
Unter den Traktoren fand der "RS 09" hohe Anerkennung, er wurde mit seinen vielen Variationen gezeigt. Ungarn war mit dem Allrad-Traktor "D 4 K" und dem Weinbau-Traktor "UH-28" vertreten, die im einzelnen beschrieben werden. Von den Bodenbearbeitungsgeräten ist die Anbau-Scheibenegge zum Traktor "D 4 K" bes. zu erwähnen (Arbeitsbreite von 2,4 m, Masse 700 kg). Von den Erntemaschinen verdient der polnische Mähdrescher "Vistula" und der neue

ungarische Mähdrescher "ZMV" Beachtung. Der "ZMV" hat eine Arbeitsbreite von 3300 mm, die Geschwindigkeit ist zwischen 1,3 und 17,5 km/h stufenlos regelbar; Motorleistung 60 PS, die Masse beträgt 4700 kg. Die Ausstellung der Neuerer und Erfinder zeigte einige Neuerungen wie: Gemüse-Pflanzmaschine, Rübensamenputzmaschine, Milchwärme- und Tränkautomat für Kälber und Pflaumenschüttelmaschine. E.Nowatzky. 12005.

A n o n y m. 2. DLG-Berichtsheft. - Landtechnik 17 (1962) Nr. 15. S. 541 bis 566.
In dem 2. DLG-Berichtsheft werden folg. Gebiete behandelt: Friedrich Kühn, Frankfurt am Main: DLG-Ausstellungen - Vorschläge der Landmaschinen- und Ackerschlepper-Industrie. - Karl Ebertz, Frankfurt am Main: Getreideerntemaschinen auf der 47. Wanderausstellung der DLG. - Helwig Heidt, Bonn: Körnertrocknungsanlagen für jeden Betrieb.- Anton Specht, Dethlingen: Alles für die Kartoffelsammelernte. - Peter-Nils Evers, Bonn: Was zeigte die DLG-Ausstellung für die Mechanisierung des Zuckerrübenanbaus?
J.Güssefeldt. 12005.

A n o n y m. Internasjonal landbruksmaskinmesse i Odense. (Internationale Landmaschinenmesse in Odense/Dänemark.) - Norsk Landbruk 1963 Nr. 13. S. 18-19. - 7 Abb. 12005.

A n o n y m. 14e Landbouwbeurs Zuidlaardermarkt. (14. Landwirtschaftsmesse Zuidlaardermarkt.) - Loonbedrijf Land- en Tuinbouw 15 (1962) Nr. 11. S. 625. 627. 629. - 8 Abb.
Von den auf der 14. Landwirtschaftsmesse im Okt. 1962 ausgestellten Maschinen und Geräten werden u.a. folg. Neuheiten beschrieben: 1) Schlepper von Hürlimann mit wassergekühltem 4-Zylinder-Viertakt-Dieselmotor, "D 90" mit 44 PS und "D 120" mit 65 PS. Beide Schlepper sind mit 10 Vorwärts-, 2 Rückwärtsgängen und Hydraulik ausgerüstet. 2) Einachskipper "Heflok" der Gebr. Lok; das Kippen erfolgt durch die Schlepperhydraulik. 3) Stallmiststreuer "Fristein Turbo" der Fa. Vlogtman, Holten, mit "Streuturbine" an der Vorderseite des Wagens. Das Streuen geschieht nach der Seite. Durch einfachen Umbau erhält man einen Erntewagen mit großer Ladefläche. 4) Bunkerroder "Bully", entwickelt und gebaut von De Lignie, Herkingen, mit neuartiger Reinigung: Die Rüben werden zwischen 2 Luftreifen erfaßt und gegen ein Plastiktuch geschleudert. Die Rüben sollen bei geringen Verlusten gut gereinigt werden. Es wird bes. auf die geringe Störanfälligkeit der Maschine hingewiesen. 5) Schlepperkabine "Polyka" aus Kunststoff mit aufklappbarer Vorderfront. 6)"Fram"-Filter für Dieselkraftstoff. Diese Filter können in 2stufiger Ausführung mit Wasserseparator geliefert werden. Die Durchströmkapazität beträgt 25-40 l/h. M.Lüpnitz. 12005.

A n o n y m. Landbouwbeurs Zuidlaren 1962. (Landwirtschaftliche Börse Zuidlaren 1962.) - Landbouwmechanisatie 13 (1962) Nr. 12. S. 1087-1089. - 9 Abb.
Bericht über neue Maschinen und Geräte, die auf der Landwirtsch. Börse im Okt. 1962 in Zuidlaren ausgestellt waren: 1) Italienische Ballenpresse "S. A.I.M.M." mit einer Leistung von 400 Ballen bzw. 12,5 t/h. 2) Rübenvollerntemaschine "Bully" mit neuartigem Reinigungssystem. 3) Kombination von Böschungsmäher und -harke von der Fa. Schukken, Bolsward, für Schlepperanbau;

die Arbeitsbreite des Mähbalkens beträgt 4 ft. (122 cm). 4) Stallmiststreuer "Gigant M4" von Gebr. De Haan, Oosterzee, mit Tandemachse, Tragfähigkeit 3,5 Mp. 5) Kippbarer Wagenkasten der Fa. P. Dubbelboer für normale, 2achsige Schlepperanhänger. M.Lüpnitz. 12005.

A n o n ymm. De landbouwtentoonstelling te Parijs. (Landmaschinensalon in Paris.) - Loonbedrijf Land- en Tuinbouw 16 (1963) Nr. 3. S. 141. 143. 145. Bericht über die Ausstellung im März 1963 in Paris. - Neu- bzw. Weiterentwicklungen: 1) Rotierender Stallmiststreuer "Rotamixer" von Lecomte für Anbau an die Dreipunktaufhängung des Schleppers. Er verteilt den im Schwad liegenden Mist durch die um eine vertikale Achse drehende Trommel. 2) 6reihiges Rübenköpf-Gerät mit Blattablage im Querschwad. 3) Amphibienfahrzeug mit 2 Mähbalken von Liédrot für die Unterhaltung von Wasserläufen. 4) Gerät von Bauffe für die Bodendesinfektion bis zu 30 cm Tiefe. 5) Schlepper "385" von Renault mit einer Motorleistung von 55 PS, einem 12-Gang-Getriebe und 2 Zapfwellengeschwindigkeiten. 6) Einachsanhänger mit 700 kp Tragfähigkeit für Anbau an die Dreipunktaufhängung des Schleppers, einsetzbar als Seitenkipper, Grünfutterwagen u.a. L.Machler. 12005.

C. ÜBERSICHTEN

A n o n y m. Le notità presentate da Macchine & Motori Agricoli. (Die von Macchine & Motori Agricoli vorgestellten Neuheiten.) - Macchine & Motori agric. 21 (1963) Nr. 3. S. 139-232. - 200 Abb. Aus: Dok.-Dienst ILT 1963 Nr. 5.
Überblick über die von 200 italienischen und bekannten ausländischen Firmen gebrachten Neuheiten in der Landtechnik, unterteilt in Maschinen für die Bodenbearbeitung, für die Kulturenpflege, Erntemaschinen, Transportmaschinen, Verarbeitungsmaschinen usw. 12205.

XIII. LÄNDLICHES BAUWESEN

A. ALLGEMEINES

T r i e b e l, Wolfgang; Hannover. Rationelles Bauen in der Landwirtschaft. Bauen auf d. Lande 14 (1963) Nr.3. S.74-80.
Eine Rationalisierung im landwirtsch. Bauen kann durch ökonomische Planung der Bauten, sorgfältige Vorbereitung der Bauarbeiten, rationelle Durchführung der Arbeiten, wirtschaftliche Bauarten und Arbeitsverfahren erzielt werden. Vf. weist bes. auf das Bauen mit Fertigteilen hin. Für die Vorfertigung der Bauelemente werden stationäre Betriebsanlagen gebraucht, die voll zu nutzen sind. Auch die Teile des Ausbaues sind vorzufertigen. Hier bringt die Vorfertigung mehr Vorteile als beim Herstellen der einfachen Bauteile des Ausbaues. Als Baustoff ist Holz gut geeignet. Fertigteile aus mineralischen Stoffen wiegen 4-7 t. Die Transportentfernung wird auf 50 km begrenzt. W.Heinig. 13005.

B a l t z e r, Klaus. Der Einfluß von Ernteverfahren verschiedener Mechanisierungsstufen auf die bauliche Gestaltung von Wirtschaftsgebäuden. - Ber. Landtechn. 1962 Nr.70. S.1-82. - 26 Tab., 18 Zeichn., Lit. Zus. in Engl., Franz.
Vf. untersucht den Einfluß der Mech. auf die Gebäudegestaltung. Die Abstimmung von Gebäude und Maschine ist Gegenstand des ersten Teiles der Abhandlung. Eingehend erläutert werden die Wechselwirkungen zwischen Lagerraum und Verbrauchsort, Transport der Stallprodukte und die arbeitswirtschaftliche Gesamtzuordnung. Im 2. Teil wird die Wirtschaftlichkeit verschiedener Arbeitsverfahren gegenübergestellt. Die Kosten werden an einem Modellbetrieb kalkuliert. Unter den angenommenen Bedingungen wird das optimale Verfahren ermittelt. Bes. Gewicht legt die Untersuchung auf das Zusammenwirken von Handarbeit, Maschinen- und Gebäudeeinsatz. W.Heinig. 13005.

T r i e b e l, Wolfgang; Hannover, Inst. für Bauforsch. e.V. Wohnungs- und Landwirtschaftsbau (Jahresübersicht). - VDI-Z. 105 (1963) Nr.16. S.688-690. - 6 Lit. 13005.

Z a c h a r o v i c, Michail; Berlin. Ėkonomika sel'skochozjajstvennogo stroitel'stva. (Die Ökonomik des landwirtschaftlichen Bauwesens.) Moskva: Sel'chozizdat. 1962. (246 S.) 8°. (1962 A 1544)

Landwirtschaftliches Bauen in Skandinavien. Berichte über Studienreisen. Wolfratshausen b. München: Neureuter 1962. 90 S. 4° = ALB-Schriftenreihe H. 17. (SR 359, 17)

Spravočnik sovchoznogo stroitelja. (Handbuch für den Baumeister auf dem Sowjetgut.) Moskva: Sel'chozizdat. 1962. (598 S.) 8°. (1962 A 1469)

B a r l e y, Maurice Willmore. The English farmhouse and cottage. London: Routledge and Paul. 1961. XXI, 297 S. 4°. (1963 B 66)

A bibliography of farm buildings research. Part III. Buildings for poultry. 1st supplement 1958-1961. London: Agric. Research Council. 1963. (296 S.) 4 s.

B. BAUTECHNISCHE GRUNDLAGEN

M i s r a, R.D. und E s m a y, M.L. Box-beam typ, one-hinged, rigid frame for farm buildings. (Starrer Eingelenk-Rahmen aus Kantholz für landwirtschaftliche Bauten.) - Agric. Engng. 43 (1962) Nr.12. S.710-713. - 4 Abb., 2 Diagr., 2 Tab., 4 Zeich., 3 Lit.

Ausgangspunkt der statisch-theoretischen Darlegungen und der Erläuterung der experimentellen Untersuchungen ist die Feststellung der Vff., daß ein Eingelenk-Rahmen gegenüber Dreigelenk-Rahmen bes. ökonomische Vorteile mit sich bringt. Es werden folgende Einzelheiten untersucht: Analyse der Wirksamkeit und der Ökonomie als bestimmende Faktoren für die Konstruktion des Rahmens, Entwicklung eines Giebelrahmens für Spannweiten von 8 bis 12 ft. (2,50-3,65 m) vom Mittelpunkt aus, Verringerung der Anzahl der Konstruktionsglieder und Herabsetzung der Bauzeit und -kosten. Für die experimentellen Untersuchungen wurde ein Rahmen mit einer Spannweite von 32 ft. (10 m) und einer Höhe von 16 ft. (5 m) ausgesucht. Die Belastung erfolgte durch hydraulische Pressen. Die verschiedenen Belastungsstufen und die maximalen theoretischen Momente sind in einer Tab. angegeben. Eine fototechn. Analyse zeigt den Kräfteverlauf bei entspr. Belastung in den Gelenkpunkten. In der Zusammenfassung werden die Ergebnisse der Untersuchungen aufgezählt.

G.Klink. 13110d.

N e l s o n, G.L., M a h o n e y, George W.A., F r y r e a r, J.I., C o o k, George E. und M c C r a c k i n, Donald R. Evaluating single-cover stressed skin panels. (Berechnung einfacher Druckschalenplatten für Dächer.) - Agric. Engng. 44 (1963) Nr.1. S.24-25.

Druckschalenplatten für Dächer landwirtsch. Gebäude besitzen Vorzüge gegenüber konventionellen Dachsystemen. Vorfertigung und schnelles Verlegen erübrigen viele Arbeiten, die sonst auf dem Bau auszuführen waren. Ein Versuch bestimmte die erforderl. Dicke und die Steifigkeit von Druckschalenplatten. Acht Typen von Endausbildungen und Randverstärkungen wurden auf ihr statisches Verhalten untersucht. Die Prototypen von 4 x 12 ft. großen Platten können in annähernd 0,05 AKh/sq.ft. (0,54 AKh/m^2) fabriziert und in 0,01 AKh/ sq.ft. (0,0108 AKh/m^2) auf dem Dach verlegt werden. Vorgefertigte Druckschalenplatten erleichtern das Richten der Dachkonstruktion, wenn die Plattenränder Verstärkungen aufweisen und die Plattenlängen als Aussteifung der Dachkonstruktion dienen. G.Hutschenreuter. 13110d.

G o t t h a r d, Franz; Karlsruhe, VDI. Betonfertigteile (Jahresübersicht). - VDI-Z. 105 (1963) Nr.16. S.679-682. - 59 Lit. 13110d.

S c h a l o w, P. Die Anwendung von Stahlbetonfertigteilen beim industriellen Bauen im ländlichen Bauwesen der DDR. - Int. Z. Landwirtsch. /Sofia/ Berlin/ 1963 Nr.1. S.88-90.

Die Bauten und Anlagen müssen mit industriell vorgefertigten Bauelementen in einer kontinuierlichen Serienfertigung montiert werden. Voraussetzung dazu ist die Vereinheitlichung und Beschränkung der Elemente auf wenige Teile; unkomplizierte Verbindungen; mech. bzw. automatisierte Fertigung; Austauschmöglichkeit; Einhaltung bestimmter Montagelaststufen; Transportsicherheit, Lager- und Montagefähigkeit. Es wird die Entwicklung seit dem ersten Großversuch 1956 geschildert. Inzwischen wurden Typenprojekte mit einheitlichen Baukörpern entwickelt, die eine Massenfertigung von Bauelementen zulassen. Es bilden sich die Typenreihen "Kaltbauten" und "Warmbauten" heraus. Für die Typenreihe "Kaltbauten" wurde die Mastenbauweise entwickelt. Durch Mechanisierung der Erdarbeiten und Anwendung einer industriellen Produktionsform konnte eine Steigerung der Arbeitsproduktivität von annähernd 300 % erreicht werden. Diese Vorteile sind auch auf die Typenreihe "Warmbauten" übertragen worden. Beide Typenreihen wurden weitgehend koordiniert, so daß z.B. gleiche Stützen und Binder verwendet werden können. Der Stützen- und Binderabstand beträgt bei Kaltbauten 450 und bei Warmbauten 300 cm. Die Stützen werden in fünf Querschnitten mit den Systemhöhen von 210 bis 600 cm hergestellt. Die Montage der Gebäude ist nach dem Prinzip der Serienfertigung festgelegt, sie erfolgt durch spezialisierte Brigaden nach Takten. W.Gratz. 13110f.

A n o n y m. Proizvodstvennye zdanija i sooruženija sel'skochozjajstvennych predprijatij. Osnovnye položenija proektirovanija. (Produktionsgebäude und -anlagen für landwirtschaftliche Betriebe. Grundlagen der Projektierung.) - Bjulleten stroitel'noj techniki, Moskva 20 (1963) Nr.1. S.19-21. - 1 Tab.
Am 31.10.1962 wurde das Kapitel der Baunormen und -regeln (SNiP) "Produktionsgebäude und -anlagen für landwirtsch. Betriebe" (II-N.2-62) bestätigt. Es gilt für Neu- und Umbauten und enthält folgende Klassifizierung der Bauten: Bauten zur Futterbereitung, Bauten zur Verarbeitung von Obst und Gemüse (Mostereien, Trockenanlagen, Sauerkrautherstellung usw.), Bauten zur Verarbeitung von Getreide (Mühlen, Ölmühlen, Trocknungsanlagen usw.), Bauten zur Milchverarbeitung (Molkereien, Käsereien usw.), Bauten zur Verarbeitung von Vieh und Geflügel (Schlachtereien usw.), Bauten zur Verarbeitung von Wolle und Pflanzenfasern. Diese Gebäude werden nach Nutzungsdauer und Feuerwiderstandsfähigkeit in drei Gruppen eingeteilt. Die konstruktiven Lösungen müssen die Unifizierung und Typisierung der Bauelemente ermöglichen.
G.Hutschenreuther. 13110g.

C u n n i n g h a m, M.M.J. und R o w e l l, J.G.; Edinburgh, School of Agric.; Cambridge, Univ. Is insulation over-rated? (Wurde die Isolierung überschätzt?) - Pig Farming 11 (1963) Nr.3. S.41-43.
Die Meinungen über die Zweckmäßigkeit gut isolierter Gebäude mit Lüftungskontrolle sind unterschiedlich. Zum Studium dieser Fragen wurden von der Edinburgher Schule für Landwirtschaft 3 engl.-dän. Mastställe mit unterschiedlicher Isolation gebaut. Das eine Gebäude wurde mit 4 1/2 in. (11,4 cm) starken Ziegelwänden und einem einfachen Asbestdach versehen. Die beiden anderen Gebäude haben 11 in. (28 cm) starke Hohlziegelwände und ein isoliertes Dach. Das eine Dach wurde zusätzlich mit Glaswolle isoliert. Von Einfluß auf die Stalltemp. waren die täglichen Temperaturschwankungen bes. im Sommer, wobei die Temp. bis auf 83 °F (28 °C) anstiegen; im Winter fielen die Temp. bis auf 26 °F (-3 °C) ab. Der Einfluß der Temp. auf die Wachstumsrate und auf den Futterverbrauch war nicht signifikant. Der Versuch läßt darauf schließen, daß es zweckmäßig erscheint, für die Schweinemast einfache Gebäude zu errichten. W.Heinig. 13120a.

S t i e t e n r o t h, Karl; Stuttgart-Hohenheim. Gutes Stallklima im Winter. Bauen auf d. Lande 14 (1963) Nr.2. S.56-58. - 2 Tab., 1 Zeichn., 1 Lit.
Der Wärmehaushalt eines Stalles im Winter muß so ausgeglichen sein, daß eine ausreichende Lüftung des Stalles gewährleistet ist. Der Wärmeabgabe der Tiere stehen der Wärmeverlust durch die raumumschließenden Bauteile und der Wärmebedarf für die erforderliche Lüftung gegenüber. Nach Abzug des Wärmebedarfes für die Lüftung von der Wärmeabgabe der Tiere verbleibt der höchstzulässige Wärmeverlust durch die raumumschließenden Bauteile. Durch diese Beziehung ist es möglich, für jede beliebige Temperaturdifferenz der Stall- zur Außenluft den höchstzulässigen Fk-Wert, das ist der Wärmeverlust durch die raumumschließenden Bauteile bei einer Temperaturdifferenz von 1 grd, festzulegen. Die Einhaltung dieses Wertes gewährleistet die erforderliche Lüftung bei der entsprechenden Temperaturdifferenz. In einer Tab. sind die höchstzulässigen Fk-Werte für verschiedene Tierarten zusammengestellt. An einem Rinderstall wird die praktische Anwendung dargestellt.
Chr.Schmidt. 13120a.

A n o n y m. Billig og effektiv ventilasjon i grisehus. (Billige und effektive Entlüftung des Schweinestalles.) - Norsk Landbruk 1962 Nr.24. S.805.
Vf. beschreibt anhand von Zeichnungen einen auf einem Bauernhof in Romedal/Norwegen erbauten Schweinestall, der 9 Liegeplätze für Jungsauen, 3 Buchten für Sauen mit Ferkeln und 4 Buchten für Läuferschweine enthält, unter bes. Berücksichtigung der Entlüftungsanlage. In einer Ecke des Stalles ist an der Längswand unter der Decke ein horizontaler Abzugskanal angeordnet, in dem ein Lüfter mit Motor eingebaut ist; der Kanal ist mit Öffnungen zum Eintritt der Außenluft und zum Austritt der verbrauchten Stalluft versehen. Mit ihm verbunden ist ein senkrecht zu ihm an der Querwand verlaufender Luftkanal mit Schlitzen, durch welche die frische Luft in den Stall geblasen wird. Vor dem Lüfter befindet sich eine verstellbare Klappe, die so reguliert werden kann, daß entweder nur Außenluft angesaugt wird, oder daß sie im Winter bei niedriger Außentemp. mit der Stalluft vermischt und dadurch erwärmt wird, ehe sie in den Stall gelangt. Diese Anlage ist billig und hat sich gut bewährt. A.Grönholm. 13120b.

S c h l ü t e r, G.; Berlin-Dahlem, Bundesgesundheitsamt, Inst. für Wasser-, Boden- und Lufthyg. Schlierenoptisches Sichtbarmachen feinster Luftströmungen in der wärmephysiologischen und raumklimatischen Forschung. - Gesundheits-Ing. 84 (1963) Nr.2. S.48-49.
Lichtstrahlen erfahren beim Wechsel zwischen zwei Medien verschiedener optischer Dichte eine Ablenkung. Bei einem Strahlengang genügen Temperaturunterschiede von nur einigen Zehntel grd, um als optische Dichteunterschiede in Form von Schlieren sichtbar zu werden. Voraussetzung dazu ist das Vorhandensein einer mgl. punktförmigen Lichtquelle. Vf. hat einen sphärischen Hohlspiegel von 500 mm Dmr. und 4,5 mm Krümmungsradius hergestellt, um konvektive Wärmeübergänge direkt sichtbar zu machen und photographisch zu registrieren. Es bieten sich zahlreiche Anwendungsmöglichkeiten, wie z.B. Feststellung des Strömungsverlaufes der Luft bei raumklimatischen, heiz- und lüftungstechn. Untersuchungen. W.Gratz. 13120b.

A n o n y m. Kein Durchzug mit dem verstellbaren Dachlukenventilator. - Geflügelhof /Zollikofen-Bern/ 26 (1963) Nr.7. S.100-101.
Es handelt sich um eine Firstentlüftung, die je nach Bedarf ganz oder teilweise geöffnet aber auch ganz geschlossen werden kann. Zwei derartige Lüftungsöffnungen von je 61 cm Breite und 12,2 m Länge, wurden in einem 9,75 x 61 m großen Geflügelstall eingebaut. Der in Firsthöhe endende Kanal ist mit einer 91 cm breiten isolierten Holzplatte abgedeckt. Diese Abdeckung ruht auf Eisenstäben. Über eine Stellstange kann sie auf 5 verschiedene Abstände in der Art eines Parallelogrammes verstellt werden. Der größte Abstand beträgt etwa 30 cm. Der Schacht ist oberhalb mit einem 2,5 cm Drahtgeflecht gegen Vogeleinflug gesichert. Dieses System hat sich auf einer Farm in North Caroline, USA, für Sommer- und Winteraufzucht bewährt.
W.Gratz. 13120b.

K a s t e n, Armin; Halle/S. Ein Beispiel für Wechselnutzungsgebäude. - Bauen auf d. Lande 14 (1963) Nr.2. S.60-62. - 3 Abb., 1 Zeichn., 3 Lit.
In vielseitig bewirtschafteten Betrieben bietet sich durch sinnvolle Kombination von Betriebszweigen, die sich in ihrem zeitlichen Anspruch auf ein Gebäude ergänzen, oftmals die saisonbedingte Wechselnutzung eines entspr. eingerichteten Gebäudes an. Ein sehr interessantes Wechselnutzungsgebäude ist das Kartoffelvorkeimhaus des Lehr- und Versuchsgutes Stichelsdorf der Martin-Luther-Universität Halle-Wittenberg. Ausgehend von dem volkswirtschaftlichen Bedarf und der Betriebsorganisation wurde das Vorkeimhaus für Frühkartoffeln zur Aufzucht von Junghennen in Wechselnutzung genommen. Eine dritte Nutzung wird durch die betriebseigene Gärtnerei ermöglicht, die die im Sommer im Freiland angezogenen Chrysanthemen bei Eintritt der Frostgefahr in das Vorkeimhaus stellt, wo die Chrysanthemen aufblühen.
Chr.Schmidt. 13150.

M i š a k i n, V. (Mischakin, W.) Die zwischenkollektivwirtschaftliche Bauorganisation bei der Arbeit. (Übers. aus d. Russ., Maschinenschr.) 4°. - TO 557.

R e c h n a g e l und S p r e n g e r. Taschenbuch für Heizung, Lüftung und Klimatechnik 1962. München: R. Oldenbourg. 1962. (1055 S. mit 1069 Abb. und 320 Taf.) DM 54,--.

C. DORF- UND GRÜNPLANUNG

G a n s k e, Walter; Stade, Elbe. Das Luftbild, ein Hilfsmittel für den Planer. - Bauen auf d. Lande 14 (1963) Nr.2. S.66-67. - 6 Abb.
Die Betrachtung der Landschaft aus der Vogelperspektive eröffnet dem Landesplaner, der auch "Landschaftsplaner" sein sollte, neue Möglichkeiten. Die Beobachtung der lebendigen Natur führt zu Gedanken, die der notwendigen und anzustrebenden Planung eher entsprechen als bei der Arbeit nur mit Meßtischblättern und Teilbebauungsplänen. Chr.Schmidt. 13205.

K o l'č e n k o, N. (Koltschenko, N.) Raboty studentov po planirovke sel'skich naselennych mest. (Studentenarbeiten zur Planung ländlicher Siedlungen.) - Architektura SSSR, Moskva 1963 Nr.1. S.48-50. - 8 Zeichn.
Die Themen der Diplomarbeiten an der Fak. zur Planung ländlicher Siedlungen am Moskauer Ingenieurinst. beschäftigen sich mit dem Problem der Umwandlung ländlicher Siedlungen in Orte mit städtischem Charakter. Die Arbeiten berücksichtigen die gegenwärtigen Forderungen zur Entwicklung aller Zweige der Volkswirtschaft und zur Verbesserung des Lebens der Bevölkerung. An Ort und Stelle sammelten die Studenten das Material, hielten Verbindung zu Projektanten und Forschungsinstituten, so daß die Diplomarbeiten als Planungsgrundlage dienen konnten. Die Projekte enthalten eine Analyse der Geländegestaltung, geben Auskunft über das Versorgungsnetz, die Erdarbeiten und die Baukosten der verschiedenen Gebäudetypen. Es werden Angaben zu einigen Diplomarbeiten gemacht, von denen auch Lagepläne abgedruckt wurden.
G. Hutschenreuther. 13210.

S c h m i d t, Joh. Neuzeitlicher Wegebau in Marsch und Moor. - Wasser u. Boden 15 (1963) Nr.2. S.37-41. - 8 Abb.
In den Marsch- und Moorgebieten Norddeutschlands ist der Wegebau bisher vernachlässigt worden, obwohl die Befestigung der Wege auf dem Lande dort bes. notwendig ist. 4 Bauverfahren werden an Hand von Erfahrungen, die in Oldenburg gemacht wurden, besprochen. 1. Auskofferung. Beseitigung des weichen Bodens und Einbringung von grobem Sand oder Kies. Das Verfahren ist sehr teuer und nur dort anwendbar, wo der weiche Untergrund nicht tiefer als 1 m ist. 2. Schlitzverfahren mit dem Untergrundförderer. Auf Moorboden mit einer Mächtigkeit bis zu 2,5 m wird mit dem Untergrundförderer Sand heraufgebohrt und auf der Oberfläche verteilt. Das Verfahren ist billig, die in den Untergrund reichenden Bohrschlitze tragen zur Ordnung der Wasserverhältnisse bei. 3. Übersandung. Beträgt die Moormächtigkeit mehr als 2,5 m, so muß Sand aufgetragen werden. Eine Unterlage aus Buschfaschinen zwischen Moor und Sand ist empfehlenswert. Auf Moorböden bringt man im allg. 60 cm Sand auf, auf Marschböden genügen 30-40 cm. 4. Bodenverfestigung. Diese Methode ist die modernste. Hierbei wird der Boden mit einem Bindemittel (Kalkhydrat, Feinkalk, Pectacrete-Zement) vermischt und unter Berücksichtigung des optimalen Wassergehaltes verdichtet. Bei den kombinierten Befestigungsarten wird außerdem eine feste Tragschicht aufgebracht.
E. M. Ardelt. 13215c.

L a n g e n m a y r, H. Die zementvermörtelte Schotterdecke im Wirtschaftswegebau. - Wasser u. Boden 15 (1963) Nr.2. S.41-43. - 2 Abb.
Die zementvermörtelte Schotterdecke wird im Straßenbau kaum noch angewendet, weil sie den Beanspruchungen durch den modernen Verkehr nicht genügt. Im Wirtschaftswegebau dagegen wird sie seit ca. 5 Jahren häufiger als früher hergestellt. Die mit ihr gemachten Erfahrungen rechtfertigen eine Ausweitung ihrer Anwendung durchaus. Die Baukosten sind gering, die Haltbarkeit entspricht den Erwartungen, so daß Unterhaltungsarbeiten kaum anfallen werden. Praktische Hinweise auf geeignete Baumaterialien und -verfahren werden gegeben.
E. M. Ardelt. 13215c.

S c h u b e n z, D. Hinweise zur Planung und rationellen Ausführung von Wirtschaftswegen. - Wasser u. Boden 15 (1963) Nr.2. S.44-47. - 5 Abb., 1 Tab., 4 Lit.

Im Zuge der ständig steigenden Mechanisierung kommt dem Ausbau und der Befestigung der Wirtschaftswege große Bedeutung zu. Erfahrungen zeigen, daß die Betondecke eine der dauerhaftesten und rentabelsten Deckenbauweisen ist. Sie ist für den Ausbau von Hauptwegen genau wie für befestigte Nebenwege zu empfehlen und kann als Voll- oder Spurbahn gebaut werden. Einige rationelle Ausführungsmethoden werden besprochen. E.M.Ardelt. 13215c.

S i m o n, P. Wirtschaftswegebau auf der Nordseeinsel Föhr. - Wasser u. Boden 15 (1963) Nr.2. S.48-50. - 4 Abb.

Im Gefolge der Flurbereinigung (ca. 8000 ha) auf der Insel Föhr ergab sich die Notwendigkeit des Ausbaus von fast 200 km Wirtschaftswegen, die bisher unbefestigt waren. Es ist geplant worden, jährlich 30 km Wege schlepperfest auszubauen. Hierzu wurde ein eigenes Verfahren entwickelt: Der Untergrund (Klei) wird zunächst verdichtet, dann durch Zugabe von Kalk oder Zement verfestigt, wobei der optimale Wassergehalt berücksichtigt wird. Die Tragschicht wird aus heißeingebautem Asphaltmischgut mit Kiessand hergestellt. Es wird hierbei Kies verwendet, der vor der Insel Föhr aus dem Meerwasser gewonnen wird. E.M.Ardelt 13215c.

K a i s e r; Wiesbaden. Die Verwendung von Pectacrete-Zement bei Bodenverfestigungen im landwirtschaftlichen Wegebau. - Wasser u. Boden 15 (1963) Nr. 2. S.52-53. - 2 Abb.

Das Verfahren der Bodenverfestigung beim Bau landwirtsch. Wirtschaftswege ist bisher noch wenig verbreitet. Im Kreis Dierburg/Hessen wurde im Sommer 1961 ein 1000 m langer Wirtschaftsweg als Versuchsstrecke mit Pectacrete-Zement verfestigt. Die schwierigen Witterungsverhältnisse (häufiger Wechsel zwischen Frost- und Tauwetter; starke Niederschläge) des Winters 1961/62 erzeugten keine Schäden, so daß die Strecke in tadellosem Zustand ist.
E.M.Ardelt. 13215c.

R a s c h i g, K. Ausführung von Wirtschafts- und Forstwegen mit bituminösen Allwetterbindemitteln. - Wasser u. Boden 15 (1963) Nr.2. S.53-55. - 1 Abb.

Seit 1949 wurden in Westdeutschland bituminöse Allwetterbindemittel (b.A.) im Straßenbau verwendet. Sie haben eine lange Lagerfähigkeit, können kalt eingebaut werden und sind bei jedem Wetter verwendbar. Die Mittel garantieren ein schnelles Arbeiten. Die mit ihnen gebauten Straßendecken sind flexibel. Diese Eigenschaft verhindert das Brechen der Straßenoberfläche. Wegen der einfachen Handhabung, der Unabhängigkeit vom Wetter und der Dauerhaftigkeit wird der Gebrauch von b.A. im land- und forstwirtsch. Wegebau sehr empfohlen. E.M.Ardelt. 13215c.

D i e s t, Nordewin von; Hannover. Einfache Bodenstabilisierung mit hygroskopischen Salzen. - Bauen auf d. Lande 14 (1963) Nr.2. S.62-65. - 11 Abb., 1 Diagr., 4 Tab.

Die Anwendung von hygroskopischen Salzen in Verbindung mit mech. Verbesserungsarbeiten ergibt auf Böden mit ausreichendem Gehalt an feinsten Bodenteilchen eine gute Stabilisierung der Wegedecke. Diese Wegeverbesserung läßt sich vorwiegend mit landwirtschaftlichen Maschinen und Geräten herstellen und ist für mehrere Jahre den stärksten landwirtsch. Beanspruchungen gewachsen. Die Kosten liegen unter 5000 DM/km bei 3 m Breite und die Reparaturkosten betragen nicht mehr als 500 DM/km. Chr.Schmidt. 13215c.

F r e u d e n b e r g, G. Die Bodenstabilisierung - bestimmende Bauweise für Wirtschaftswege. - Wiss.-techn.Fortschr. Landwirtsch. 4 (1963) Nr.3.S.121 bis 122.
Ohne die einzelnen Verfahren der Bodenstabilisierung näher zu erläutern, gibt Vf. eine Übersicht über die bei derartigen Vorhaben zu beachtenden Punkte. Der Bericht gliedert sich in die Notwendigkeit der Befestigung der Wirtschaftswege und Prinzipien und Begriff der Bodenstabilisierung, wobei körnige und bindige Böden unterschieden und die danach anzuwendenden Maßnahmen dargelegt werden. Der Bericht schließt mit den vor Inangriffnahme der Arbeiten durchzuführenden Untersuchungsrichtungen und einem Überblick über den Umfang der zur Ausführung notwendigen techn. Einrichtungen und Geräte.
R.Paetel. 13215c.

Z a u n m ü l l e r, G.; Potsdam-Bornim, Inst. für Landtechn. der Dtsch. Akad. der Landwirtsch.-Wiss. zu Berlin. Versuche zur Befestigung bzw. Neuanlage von landwirtschaftlichen Wegen. - Dtsch. Agrartechn. 13 (1963) Nr.4. S.162-163. - 7 Abb., 2 Lit.
Analyse über den derzeitig schlechten Zustand der Feld- und Wirtschaftswege in der Landwirtschaft. Ausbau des Wegenetzes von 150 000 km bis 1980. Als Beispiele einer großen Produktionsreserve werden genannt: 1. Durch höhere Fahrgeschwindigkeiten Senkung des Zugarbeitsaufwandes und des Transportmittelbedarfs. 2. Senkung der Instandsetzungskosten. 3. Bessere Wegeverhältnisse erlauben eine Steigerung der mittleren Transportgeschwindigkeit von 10 km/h auf 25 km/h. 4. Jährliche Einsparungen von ca. 260 Mill. DM. Beschreibung und Einsatz von Maschinen für den Wegebau und über Erfahrungen, die vom IfL-Bornim über eine seit 1961 ständig befahrene Versuchsstrecke gesammelt wurden. H.Nowatzky. 13215c.

D r e i s s i g, M. Instandsetzung der Wirtschaftswege in der LPG "Einheit" Elster. - Dtsch. Agrartechn. 13 (1963) Nr.4. S.164. - 4 Abb.
Zusammenstellung eines Maschinensystems, Pflug, Mietenzudeckgerät, Walze, Scheibenegge und Wegehobel mit dessen Hilfe das Straßenprofil vollmech. hergerichtet werden kann. Der verfestigte Untergrund in Fahrbahnmitte bleibt unverändert, die Randzonen des Weges werden losgepflügt, die Erde wird mittels Mietenzudeckgerät auf die Mitte des Weges gebracht, mit einer Scheibenegge zerteilt und mit Wegehobel und Planierschild planiert. Nach Fertigstellung des Wegeprofils wird mit der Wiesenwalze die Erdmasse festgewalzt. Die von der LPG bisher nach dieser Methode hergerichteten Wegeabschnitte haben wesentlich zur Rentabilität beigetragen. H.Nowatzky. 13215c.

S t r ü m p f e l, Karl; Düsseldorf. Wasserversorgung und Abwasserbeseitigung (Jahresübersicht). - VDI-Z. 105 (1963) Nr.14. S.607-610. - 30 Lit.
13220b+c.

P a p p r i t z, Carl-Ludwig von; Hiltrup/Westf. Die Wirtschaftlichkeit der Elektrizitätsanwendung in der Landwirtschaft. - Bauen auf d. Lande 14 (1963) Nr.1. S.48.
13220d.

R e d e l, E. Die Kosten im Elektro-Installateurhandwerk. - Bauen auf d. Lande 14 (1963) Nr.1.S.48. 13220d.

R e i n s c h, Hans H.; Berlin. Beheizung des Landhaushalts mit Öl, Strom oder Kohle. - Haustechn. Rdsch. 62 (1963) Nr.2. S.34-36.
Vf. betrachtet die Heizverfahren in ökonomischer und arbeitswirtschaftlicher Hinsicht. Die Kachelofenheizung ist sehr aufwendig und darum nicht zweckmäßig. Günstiger ist die Warmwasser-Umlaufheizung mit Koks, weil hier nur eine Brennstelle zu bedienen ist. Erfolgreich sind Systeme, bei denen die Brennstoffzufuhr, die Schlackeabführung und die Temperaturregelung automatisch durchgeführt werden. Die zentrale Öl-Beheizung ist wirtschaftlicher als die Warmwasserheizung mit Koks. Die elektrische Dauer-Raumbeheizung hat sich in größerem Umfang noch nicht durchgesetzt, sondern nur die elektrische Zusatzheizung durch Strahler und die Nachtstromspeicherheizung. Diese ist jedoch in den Gesamtkosten wesentlich höher als die Warmwasserheizung. Ein Bedienungsaufwand entfällt so gut wie ganz. G.Klink. 13220f.

D. WOHN-, KULTUR-, GEMEINSCHAFTS- UND VERWALTUNGSBAUTEN

K i n d i n g e r, Margarete. Neue Gesichtspunkte und Mittel für das Planen und Bauen landwirtschaftlicher Wohn- und Arbeitsstätten. - Förderungsdienst /Wien/ 10 (1962) Nr.12. S.408.
Es wird von einem bemerkenswerten Versuch berichtet, der im hauswirtsch. Inst. der landwirtsch. Hochschule in Wageningen in Zusammenarbeit mit dem "Bauzentrum für Bauen und Wohnen" in Rotterdam durchgeführt wurde. Ein Raum ist so eingerichtet worden, daß er von erhöhter Stelle zu überblicken ist. Hier können Wände und Innenräume eines geplanten Wohnhauses in natürlicher Größe aufgestellt und wieder auseinandergenommen werden. Diese Art von Planung in Naturgröße ist von der Idee getragen, das Haus von innen heraus, der wahren Größe entsprechend planen zu können. Damit soll den Bauern die Möglichkeit gegeben werden, an der Gestaltung ihres Hauses mitzuwirken, weil ihnen oft das für die Bauplanung notwendige Vorstellungsvermögen fehlt. Als Baumaterial werden leichte Bausteine aus Hartfaserplatten in verschiedenen Ausmaßen verwendet. W.Gratz. 13310a.

L e h m a n n, Gunther; Dortmund. Technische und bauliche Gestaltung des Hauses in ihrer Bedeutung für die Arbeitsbelastung. - Bauen auf d. Lande 14 (1963) Nr.1.S.8-11. - 3 Diagr.
Die zeitliche und energetische Belastung der Landfrau liegt mit 1500 kcal/d an der Grenze des physisch Möglichen. In der Industrie liegt die körperliche Belastung der Frauen mit 400-800 kcal/d niedriger, jedoch ist die psychisch-nervöse Belastung höher. Die geistig-nervöse Beanspruchung der Landfrau ist durch die Mechanisierung wesentlich gestiegen. Die gleiche Leistung wird mit verminderter Personenzahl ausgeführt. Eine Minderung der Belastung wird durch sinnvolle Anordnung des Hauses und seiner Einrichtungen, insbes. durch verkürzte Transportwege, erzielt. Die körperliche Belastung setzt sich aus Energieverbrauch und Ermüdung zusammen. Der Energieverbrauch kann durch Verkürzungen der Transportwege und horizontale Anordnung herabgesetzt werden Ungünstige Körperstellungen verursachen Ermüdungserscheinungen. Her-

abgesetzt werden sie durch zweckmäßige Gestaltung des Hauses.
H. Finsterbusch. 13310a.

B a a s e n, Enno; Kassel. Rationelle Bauverfahren und ihr Einfluß auf funktionelle Gestaltung, Bauausführung und Kapitalbedarf. - Bauen auf d. Lande 14 (1963) Nr.1. S.30-37. - 2 Abb., 16 Zeichn.
Der Aufwand beim Wohnhausbau kann durch wirtschaftliche Raumnutzung und zweckmäßige Raumgröße verringert werden. Einsparen kann man dort, wo der Wohnwert nicht beeinflußt wird. Überlegte Raumplanung führt zur Baukostenersparnis. Eine Kosteneinsparung um 25 % ist zu erzielen, wenn anstelle eines 38°-Daches ein 15°-Dach vorgesehen wird. Für die Nutzung des Dachraumes beim 38°-Dach ist eine Mindestgebäudetiefe von 9 m erforderlich. Der Ausbau eines Vollgeschosses mit 15°-Dach bringt 17 % Kosteneinsparung gegenüber einem 46°-Dach. Zur Vereinfachung der Entwurfsbearbeitung und Baudurchführung dienen Typenbauten und vorgefertigte Bauelemente. Die Vorteile bestehen bei der Vorfertigung des Rohbaues, des Ausbaues und der Installationszellen in der kurzen Bauzeit, der sauberen Ausführung und den feststehenden Baukosten. H. Finsterbusch. 13310a.

L a n d z e t t e l, Wilhelm; Hannover. Der Wohnbereich der bäuerlichen Familie. - Bauen auf d. Lande 14 (1963) Nr.1. S.2-8. - 2 Abb., 12 Zeichn.
13310c.

S t ü b l e r, Elfriede; Stuttgart-Hohenheim. Technik und bauliche Gestaltung des Wohnhauses im landwirtschaftlichen Betrieb in ihrer Bedeutung für den Arbeitszeitbedarf. - Bauen auf d. Lande 14 (1963) Nr.1. S.12-21. - 14 Diagr., 3 Tab. 13310c.

B l o s s e r - R e i s e n, Lore; Frankfurt/M. Die wirtschaftliche Einordnung von Bau und Technik in den finanziellen Rahmen des Landhaushaltes. - Bauen auf d. Lande 14 (1963) Nr.1. S.39-47. - 11 Diagr., 23 Lit. 13310c.

S t o l l, Ursel. Umbauen mit Verstand. - Mitt. dtsch. Landwirtsch.-Ges. 78 (1963) Nr.7. Reich der Landfrau S.51-52. - 4 Schemata.
Bei Umbauten muß die Dringlichkeit und die Folge der geplanten Verbesserungen im Hinblick auf den Betriebs- und Arbeitsablauf erfaßt werden und nach einem Gesamtplan erfolgen. Während zu große Räume Leerlauf bei der Arbeit verursachen, verhindern zu klein gewählte Räume eine zweckmäßige Einrichtung und erschweren ein flottes Arbeiten. In Küche und Wirtschaftsräumen ist eine Fensterbankhöhe von 90 cm erforderlich, um Anbaumöbel stellen zu können. Die Küche soll möglichst Ostlage erhalten, für Schlafräume wird die Ost- oder Südlage bevorzugt. Vorrats- und Nebenräume sollen an der sonnenlosen Hausseite liegen. Bes. Augenmerk ist auf gute Entlüftung der Räume zu legen. M. Lüpnitz. 13310d.

M u s e h o l d, H. Geruchfreie Küche. - Mitt. dtsch. Landwirtsch.-Ges. 78 (1963) Nr.7. Reich der Landfrau S.53.
Es ist ein 6-8facher Luftwechsel je Std. erforderlich, um die Kochgerüche innerhalb der geforderten Zeit von 1-1 1/2 Std. zu beseitigen. Obwohl auch die Fenster- bzw. die natürliche Schachtlüftung unter Umständen für den Luftwechsel ausreichen, so sind diese Lüftungsmöglichkeiten doch stark von den Witterungsbedingungen abhängig. Als günstig haben sich Wandlüfter erwiesen, die in der Außenwand dicht unter der Decke eingebaut sind und die

nach oben steigenden Kochdünste nach außen befördern. Dunstabzugshauben über dem Herd haben den Nachteil, daß sie die Kochdünste in der Regel nicht vollständig auffangen, außerdem erfordern die Filter einen beträchtlichen Reinigungsaufwand. M.Lüpnitz. 13310d.

B e t z, Ursula; Mainz. Entwicklungsstand und Einsatz der technischen Hilfsmittel und ihre Einplanung in das bäuerliche Wohnhaus. - Bauen auf d. Lande 14 (1963) Nr.1. S.21-30. - 12 Diagr., 38 Lit. 13310d.

P l a t o n o v a, N. (Platonowa, N.) Tipy sel'skich ukrupnennych zdanij kul'turno-bytovogo obslužívanija. (Typen größerer ländlicher Gebäude für kulturelle und gesellschaftliche Zwecke.) - Architektura SSSR, Moskva 1962 Nr.11. S.27-32. - 1 Tab., 8 Zeichn.

Die Staatsgüter und größeren Kolchoswirtschaften der SU besitzen meist mehrere Wohnsiedlungen; Gebäude für gesellschaftliche und kulturelle Zwecke in einer zentralen Siedlung, die als Verwaltungszentrum dient, müssen entsprechend der Gesamteinwohnerzahl des ganzen Wirtschaftsbetriebes dimensioniert sein, während in den kleineren Siedlungen Kindergärten, Grundschulen, Verkaufsstellen, Speisewirtschaften, Klubräume und Bibliotheken nach der Zahl der örtlichen Einwohner zu berechnen sind. Vorteilhaft ist es, mehrere Einrichtungen unter einem Dach zu vereinigen, entsprechend ihren funktionellen Aufgaben; hierbei unterscheidet man folgende Gruppen: 1. Krippen, Kindergärten, Schulen; 2. Geschäftsräume und Gaststätten; 3. Dienstleistungskombinate; 4. Krankenhäuser, Ambulatorien; 5. Klubräume und Bibliotheken; 6. Verwaltungsgebäude und Postamt. Vf. bringt eine Reihe von Beispielen der Vereinigung von Unternehmungen einer oder mehrerer Gruppen in einem Gebäude, wobei einzelne Räume gemeinsam gleichzeitig oder getrennt zu verschiedenen Zeiten benutzt werden können und bringt in einer Tab. Angaben zur Ermittlung der erforderlichen Größe verschiedener Gebäude entsprechend ihrem Verwendungszweck und der Zahl der Einwohner, von denen sie genutzt werden.

A.Grönholm. 13315.

B a l c h, C.C., J o h n s o n, V.W. und M a c h i n, C.; Shinfield, Reading, Nat. Inst. for Res. in Dairying. Housing and equipment for balance studies with cows. (Stall und Ausrüstung für Stoffwechseluntersuchungen mit Kühen.) - J. agric. Sci. 59 (1962) Nr.3. S.355-358.

Vff. beschreiben den Stall für Stoffwechseluntersuchungen, der sich in 3 Abteile gliedert: Raum mit 9 Versuchsständen (52 x 25 ft.= 16 x 7,6 m), Lagerräume für Futter (46 x 24 ft.= 14 x 7,30 m) und Nebenräume für Lagerung von Proben sowie Reinigung von Gerätschaften einschließlich Sozialräume. Die Versuchsstände sind durch geschlossene Wände voneinander getrennt. Das Sammeln des Kotes erfolgt mit Beuteln. Die Harnsammelflaschen befinden sich in einer Vertiefung hinter den Ständen. Der Arbeitsablauf wird beschrieben. B.Piatkowski. 13330.

F. GEHÖFTPLANUNG

S o m m e r k a m p, G. Hofanlagen und Baukörper - arbeitswirtschaftlich gesehen. - Techn. u. Landwirtsch. 15 (1963) Nr.8. S.188-190.

Neben Größe, Bauart und Geländeform spielt die Anordnung der Baukörper zueinander eine große Rolle. Es ist zu untersuchen, ob die einzelnen Baukörper als Viehställe, Speicher oder Scheunen genutzt werden sollen. Es geht bei der Zuordnung auch um futterwirtschaftliche Einlagerungs- und Transportprobleme, die es gilt, betriebswirtschaftlich zu überprüfen. Bei der Fütterung geht es darum, soll das Futter zum Vieh gebracht werden oder holen sich die Tiere selbiges auf dem Wege der Selbstfütterung, danach ist auch die Aufstallung zu wählen. Dies gilt für Anbinde-sowie auch für Laufhöfe und Laufställe. Der z.Zt. modernste Einraumstall ist für alle Nutzvieharten für den Dungbereich gänzlich mit Spaltboden versehen. Der Freßplatz für das Grundfutter für alle Vieharten ist unmittelbar über dem Spaltboden. Arbeitswirtschaftlich gesehen wird für das Füttern und Melken sowie für das Dungausbringen der geringste Zeitaufwand erreicht. H.Nowatzky. 13505.

S c h ü e r h o l z, Hermann; Braunschweig-Völkenrode. Über die Bewertung der Gebrauchsfähigkeit von Wirtschaftsgebäuden landwirtschaftlicher Aussiedlungshöfe. - Bauen auf d. Lande 14 (1963) Nr.3. S.82-87. - 5 Abb., 2 Diagr., 2 Zeichn., 4 Lit.

Zur Beurteilung der Preiswürdigkeit eines Gebäudes ist der Preis dem Funktionswert gegenüber zu stellen. Ein hoher Gebäudepreis soll durch verminderte Aufwendungen anderer Art oder durch bessere Produktionsbedingungen ausgeglichen werden. An Hand von 2 Aussiedlungen wird die Gebrauchsfähigkeit von Wirtschaftsgebäuden aufgezeigt. In dem einen Betrieb wurde der betriebsnotwendige Raumbedarf um fast das Doppelte überschritten und dadurch 40 % zu viel investiert. Weiterhin wurde der Arbeitsbedarf überprüft. In dem Betrieb mit deckenlastigem Bergeraum lagen die Arbeitskosten höher als in dem Betrieb mit erdlastigem Bergeraum. W.Heinig. 13510.

K u l k e, Erich; Hannover, Landwirtschaftskammer, Bauabt. Bautradition und neuzeitliche Planung. - Dtsch. landwirtsch. Presse 85 (1962) Nr.48. S.492-494.; Nr. 49. S.505-506.; Nr.50. S.512-513. - 6 Abb.

Vf. geht auf die Gründe ein, die im niederdeutschen Raum zur Abkehr der mit dem Landschaftsbild eng verbundenen traditionellen landwirtsch. Hofbauweise führten und unterbreitet Vorschläge, wie sich die traditionsgebundene Bauweise zweckmäßig mit den neuzeitlichen Anforderungen an die Wirtschaftshöfe vereinigen läßt. J.Strecke. 13510.

V l a d i m i r o v, A. und M i c h a j l o v, L. (Wladimirow,A. und Michailow, L.) Ėksperimental'noe stroitel'stvo v sovchoze "Pobeda". (Experimentalbau im Sowchos "Pobeda".) - Sel'skoe stroitel'stvo, Moskva 1963 Nr.1. S. 10-12. - 1 Abb., 1 Zeichn.

Der Kolchos Pobeda, in dem der Experimentalbau durchgeführt wird, liegt 50km von Moskau entfernt. Die Gesamteinwohnerzahl des Sowchosbereichs beträgt 2180 Menschen. Entsprechend dem Wirtschaftsplan werden drei Produktionsabt. projektiert. Da in der zweiten und dritten Abteilung nur wenige AK benötigt werden und die Verbindung günstig ist (4 bis 5 km Asphaltstraße), werden alle Bewohner im landwirtsch. Zentrum untergebracht. Dabei wurde auf die Trennung von Wohn- und Wirtschaftsbereich geachtet. Über die Anordnung der gesellschaftlichen Bauten wird berichtet. Für den Sowchos wurden drei Rindviehfarmen projektiert: für 1200 Kühe beim Zentrum und für je 800 in den übrigen Produktionsabt. Beim Zentrum werden weiterhin eine Geflügelfarm für 60 000 Hennen mit Nachzucht, Lagerbauten, Maschinenschuppen, Garagen und andere Produktionsbauten errichtet. Die Orientierungskosten für den Bau des Zentrums des Sowchos Pobeda betragen 7,5 Millionen Rubel.

G.Hutschenreuther. 13520.

G. BAUTEN FÜR DIE TIERHALTUNG

H e i r, Ola. Fabrikkproduksjon - vertikal integrasjon - kontraktdyrking. (Fabrikmäßige Produktion, vertikale Integration. Kontraktproduktion.) - Norsk Landbruk 1962 Nr. 24. S. 788-789, 808-809.

Vf. definiert einige sprachliche Begriffe, die in der Landwirtschaft Norwegens in letzter Zeit Bedeutung erlangt haben. Unter fabrikmäßiger Produktion tierischer Erzeugnisse versteht man ihre Herstellung in größeren Mengen ohne Futtergrundlage in der eignen Landwirtschaft. Vertikale Integration ist eine Produktionsform, bei der die Kontrolle über zwei oder mehrere Glieder der Kette Produktion-Veredlung-Absatz in einer Hand vereinigt ist. Eine Abart der Kontrolle oder Integration ist die Kontraktproduktion, bei der sich der Integrator durch Verträge mit den Landwirten die Rohware sichert. Die genannten Produktionsformen, die zuerst in den USA auftauchten, aber sich jetzt auch in vielen westeuropäischen Ländern stark entwickelt haben, haben den größten Umfang in der Erzeugung der auf Kraftfutter angewiesenen tierischen Produkte Geflügelfleisch, Speck und Eier erlangt. Vf. zeigt an versch. Beispielen die hierbei möglichen Kombinationen und weist auf die Gefahren hin, die für die Landwirte durch eine Integration entstehen, die durch außerhalb der Landwirtschaft stehende Interessen gelenkt wird. Hierdurch wird die Kleinwirtschaft gefährdet, falls sie sich nicht auf Spezialisierung und Vereinfachung des Betriebes umstellt, der Bauer kann durch Kreditgewährung versch. Form in große Abhängigkeit vom Integrator geraten, und die Möglichkeit der Stabilisierung der Marktpreise durch genossenschaftliche Organisationen wird verringert.

A.Grönholm. 13605.

A n o n y m. Životnovodčeskie i pticevodčeskie zdanija i sooruženija. Osnovnye položenija proektirovanija. (Großvieh- und Geflügelställe und Anlagen. Grundlagen der Projektierung.) - Bjulleten stroitel'noj techniki, Moskva 20 (1963) Nr.1. S.21.

Am 31.10.1962 wurde das Kapteil der Baunormen und -regeln (SNiP) "Großvieh- und Geflügelställe und -anlagen" (II-N.3-62) bestätigt. Die Norm gilt sowohl für Neubauten als auch für die Nutzung von Altgebäuden. Folgende Klassifizierung der Bauten wurde festgelegt: Bauten für Rindvieh (Kühe, Kälber, Jungvieh usw.), Bauten für Schweine (Mast- und Zuchtställe usw.), Bauten für Schafe, Bauten für Pferde, Bauten für Geflügel. Zu den Viehanlagen gehören auch Heizhäuser, Besamungsstationen, Geburtsställe, Melkhäuser, Lagerbauten für Futter und Einstreu u.a. Die Norm gliedert sich in die Punkte "Technologische Forderungen", "Sanitäre und Feuerschutzforderungen", "Ingenieurtechnische Einrichtung der Gebäude". G.Hutschenreuther. 13605.

D o m i n y, J.N. Building improvement. Simple and inexpensive conversions for economy and efficiency. (Stall - Modernisierung durch Umbau.) - Pract. Power Farming 30 (1963) Nr.1. S.20-21. - 1 Abb., 5 Zeichn.

An Hand eines Entwurfes werden die Vorteile erläutert, die durch den Umbau eines Althofes mit Anbindehaltung der Kühe in ein Laufhofsystem mit Durchtreibemelkstand entstehen. Für den Melkstand werden vertiefte Arbeitsplätze und ein deckenlastiges Kraftfutterlager empfohlen. Für einstreuarme Betriebe wird auf die Haltung im Liegeboxenstall orientiert. Wenn Altbauten als Abferkelställe genutzt werden sollen, ist Wert auf den Einbau von Wärmedämmung und Lüftung zu legen. Schließlich werden die Betriebsgebäude einer Farm in 3 Gruppen eingeteilt und allgemeine Hinweise für die Hofplanung gegeben. H.Wanka. 13605.

Č a j k i n a, T. (Tschaikina, T.) Ferma krupnogo rogatogo skota na 600-1200 korov. (Rinderfarm für 600-1200 Kühe.) - Sel'skoe stroitel'stvo, Moskva 1963 Nr.1. S.13-14. - 1 Abb., 1 Zeichn.

Milchviehfarmen baut man zweckmäßigerweise nur für Kühe, für Kälber im Alter bis zu 6 Monaten und für tragende Färsen (2 Monate vor dem Abkalben). Ältere Kälber und Jungvieh bringt man in getrennten Anlagen unter. Die Farm ist zur Durchführung von Versuchen über die Haltung von Milchvieh im mittleren Teil der UdSSR und zur Erprobung neuer Mechanisierungssysteme für die Innenwirtschaft bestimmt. Sie nimmt 3,3 ha Fläche ein. Als neuartige Lösung ist die Schaffung weiter, durchfahrbarer Räume anzusehen, die den Einsatz von Futterverteilungswagen, Traktoren und Bulldozern gestatten. Alle Stallgebäude sind 18 m tief, das Milchhaus besitzt 12 m Tiefe. Der Stallkomplex weist zwei Gebäudetypen auf: Kaltbauten für die Laufstallhaltung der Kühe (je 400 Kühe) und Warmbauten (Kälberstall, Abkalbestall, Melkstand). Diese werden aus unifizierten Stahlbetonfertigteilen in Verbindung mit örtlichen Materialien hergestellt. G.Hutschenreuther. 13615a.

L i l l e n g, Harald; Vollebekk, Norges Landbrukshøgskole, Inst. for Bygningstekn. Verbesserung des Stallklimas in einem Rinderstall durch Verstärkung der Wärmedämmung und Einbau eines Lüfters. - Landbauforsch.Völkenrode 12 (1962) Nr.3. S.57-60. - 5 Abb., 1 Tab., 13 Lit.

Vf. führte in einem Rinderstall (Grenzgebiet der Klimazonen II und III) ohne bes. Lüftungsanlage eine Wärmehaushaltsberechnung bei Zugrundelegung folgender Werte durch: Innentemp. +10 °C; rel. Luftfeuchtigkeit im Stall 85 %; Außentemp. -12 °C; rel. Feuchte außen 85 %. Die von den 15 GV erzeugte Wärmemenge reichte nicht aus, um eine Lüftung zu gewährleisten, die zu einer rel. Luftfeuchtigkeit im Stall von 85 % führt. Im untersuchten Stall konnte durch 20 cm Strohschüttung (Häcksel) auf der Decke und Lüftung durch thermostatgesteuerten Ventilator die Luftfeuchtigkeit um ca. 10 % reduziert werden. Auch der Feuchtigkeitsgehalt der stallumschließenden Bauteile wurde günstig beeinflußt; so sank der Wassergehalt der Holzwolle-Leichtbauplatten der Stalldecke von 29,4 % auf 14,1 %. B.Schenk. 13615b.

K o l l, Franz. Das Rind auf dem Kurzstand. - Prakt. Landtechn. 15 (1962) Nr.18. S.326-328.

Der Kurzstand, eine Aufstallungsform für Weidegebiete, ermöglicht die Sauberhaltung der Tiere bei geringem Einstreuverbrauch (1-2 kg). Vf. behandelt die Anpassung der Standlänge und Standbreite an den Tierrumpf sowie der Krippenausbildung und Anhängevorrichtung an die genannte Haltungsform. Der gut eingerichtete Kurzstand bietet den Rindern die gleiche Bewegungsfreiheit wie der abgesperrte Mittellangstand und ist diesem arbeitswirtschaftlich überlegen. Die Anhängevorrichtungen sind ein wesentlicher Bestandteil des Kurzstandes. Die wichtigsten einer großen Zahl von Systemen sind Halsrahmen und Spann- oder Hängeketten mit Halsbügel.

H.Finsterbusch. 13615b.

B a c h m e t, K. Ėffektivnaja sistema ventiljacii korovnikov. (Wirkungsvolles Entlüftungssystem in Kuhställen.) - Moločnoe i mjasnoe skotovodstvo, Moskva 8 (1963) Nr.1. S.42. - 1 Abb.
In einem geschlossenen Stall mit 100 Kühen wird etwa 10 kg Wasserdampf je Tier und Tag ausgeschieden. Darin sind Ammoniak, Schwefelwasserstoff u.a. schädliche Gase enthalten, die sich nachteilig auf die Gesundheit und Leistungen der Tiere auswirken. Bei dem für Anbindeställe neu entwickelten Entlüftungssystem werden über dem Mistgang vertikale Schächte angebracht. Am unteren Ende der Schächte befinden sich Drosselklappen zur Regulierung des Durchzuges. 10 cm über dem Erdboden befinden sich in der Stallwand mehrere runde und rechteckige Öffnungen, die gegenüber der Krippe in den Stall münden. Die durch sie hindurchtretende Luft trifft auf die Krippenwand, wird herumgewirbelt und streicht über die Tiere hinweg zu den Abzugsschächten.

R.Ihssen. 13615b.

Z i h l m a n n, F. Normung des Anbindestalles. - Grüne /Zürich/ 91 (1963) Nr.17. S.485-496.
Das Ziel der Normung ist die Rationalisierung und Vereinfachung des Bauens sowie die Senkung der Baukosten. Das Grundraster baut auf eine mittlere Standbreite von 110 cm auf. Somit ergibt sich ein Stützenraster von 4,40 m, 550 m, 660 m usw. Die Krippe soll so genormt sein, daß sie möglichst für alle Aufstallungssysteme, Anbindevorrichtungen sowie für Kurz- und Mittellangstände paßt. Die Normkrippe ist 110 cm lang und 119 cm breit. Zur Herabsetzung der Verkotung muß die Standlänge der Tierlänge angepaßt sein. Bei Kurzständen sind die Rumpflängen, bei Mittellangständen die Körperlängen für die Ermittlung der Standlängen maßgebend. Die mittlere Kurzstandlänge mit Horizontalanbindevorrichtung beträgt für Braunvieh 170 cm und für Fleckvieh 180 cm; mit Halsrahmen für Braunvieh 165 cm und für Fleckvieh 175 cm. Mittellangstände mit Horizontalanbindevorrichtung und beweglichen Freßplatten sind für Braunvieh 185 cm und für Fleckvieh 195 cm lang; mit Absperrgitter entspricht die Standlänge der Körperlänge bei Braunvieh 215 cm und bei Fleckvieh 225 cm. Die Anwendung des Rastersystems und von Normelementen in der Praxis wird an einem Beispiel erläutert. W.Gratz. 13615b.

N y s t r ö m, Birger und L i l l i e h ö ö k, Bertill. Neue schwedische Baulösungen für Rinderställe. - Landmaschinen-Markt 41 (1962) Nr.26. S.1542 bis 1544.
Seit 1945 haben sich in der schwed. Landwirtschaft die Arbeitskosten um etwa 200 %, die Baukosten um etwa 130 % erhöht. Zur Senkung der Kosten ist in der Rindviehhaltung der Übergang vom Anbinde- zum Freilaufstall, der Übergang zu größeren Herden, eine Spezialisierung auf Milch- oder Fleischerzeugung, der Übergang zur Selbstfütterung oder zur mech. Fütterung erforderlich. Von drei Formen an Freilaufställen, geschlossener Laufstall, Spaltenboden-Laufstall und offener Laufstall, hat die letztere die größte Bedeutung. Im Mittelpunkt der Anlage ist ein zentral gelegener befestigter

Tierhof. Daran schließen sich die Liegeställe, der Platz für Halmfutter, die Kälber- und Jungviehabteilungen, Melkstände, Silos und Dungablagen an. Jeder Teil ist zu erreichen, ohne daß ein anderer betreten werden muß. Die Ställe sind in Mastenbauweise (Holz) mit Aluminiumdach errichtet. Es sind zu beachten: Hartflächige Laufhöfe mit Gefälle (10 m^2 je Milchkuh, 6 m^2 je Masttier); nach Süden offene Liegehallen (4 bis 5 m^2 je Milchkuh, etwa 3 m^2 je Masttier); windgeschützte Lage; getrennte Wartehöfe vor den Melkständen; freie Verfütterung von Wirtschaftsfutter. Silagefütterung gehört zur Freilaufstallhaltung. Bei 150 t bis 500 t sind Fahrsilos mit Selbstfütterung, bei 500 t bis 2000 t sind Hochsilos mit vollmech. Entnahme und Fütterung und über 2000 t sind große Flachsilos ratsam. Mit dem Fischgrätenmelkstand melkt und versorgt ein Pfleger stündlich 40 Kühe. Bei Übergang zu Kühltanks, die nur alle 3 Tage abzuholen sind, bei pumpfähiger Lagerung von Jauche, Sickersaft und Mist kann eine AK 60 bis 80 Milchkühe einschl. Nachwuchs betreuen.

W. Gratz. 13615c.

C h a j r u l l i n, Š. (Chairullin, Sch.); Orenburg, Forsch.-Inst. für Milchvieh- und Fleischviehzucht. Novoe v stroitel'stve životnovodčeskich pomeščenij. (Neues für den Bau von Viehställen.) - Sel'skoe stroitel'stvo, Moskva 16 (1962) Nr.7. S.14-15. - 2 Abb., 2 Zeichn.

Das o.g. Orenburger Forsch.-Inst. hat ein Projekt eines neuartigen Laufstalles für 400 Milchkühe und 100 Kälber ausgearbeitet, der sich vor allem dadurch auszeichnet, daß die fehlenden Seitenwände des Stalles durch oberirdische Silobehälter ersetzt werden, die mit dem Stall ein gemeinsames Dach haben. Die Dachkonstruktion ruht auf mehreren Reihen Säulen aus Stahlbeton oder Holz; die Länge des Stalles beträgt 84 m, die Breite 24 m, die Breite des Silobehälters an beiden Seiten je 8 m. Letztere haben eine betonierte Sohle; als seitliche Begrenzung dienen 2 übereinander liegende Reihen Brettafeln zwischen den Pfosten der Dachkonstruktion; die obere Reihe wird später entfernt. Es ist eine Selbstfütterung der Tiere vorgesehen; die Tränktröge sind im Winter im Stall aufgestellt, im Sommer draußen. Der Stall hat natürliche Oberlichtbeleuchtung, ergänzt durch elektrische Beleuchtung. An beiden Giebelenden des Stalles sind Anbauten mit festen Wänden errichtet; in einem befinden sich Melkraum, Milchkammer, Labor, Dienstzimmer, Kesselraum, Raum für Körnerfutter; im anderen Abkalberaum, Krankenstand, Besamungsraum, Labor und Apotheke. - Diese Bauweise hat sich in den rauhen sibirischen Verhältnissen bewährt: Bei einer Außentemp. von -30 °C betrug die Stalltemp. +3 °C. Bau- und Betriebskosten sind geringer als bei den sonst üblichen Stalltypen.

A. Grönholm. 13615c.

K o v l e r, B. (Kowler, B.); Staatl. Bauverwalt. der RSFSR, Abt. Ländl. Bauwes. Konvejerno-kol'cevaja doil'naja ustanovka. (Karussell-Melkanlage.) - Sel'skoe stroitel'stvo, Moskva 16 (1962) Nr.7. S.10-12. - 1 Abb., 2 Zeichn.

Das Staatsgut "Uiski" im Gebiet Tscheljabinsk der SU, das 3000 Milchkühe besitzt, hat auf der Farm "Kirow" eine Karussell-Melkanlage errichtet, die es infolge ihrer großen Kapazität ermöglicht, bis zu 500 Kühe auf einer Farm zu halten. Auf einem mit 15,8 m Dmr. kreisförmig gebogenen und zusammengeschweißten Doppel-T-Träger, der als Unterlage dient, läuft auf 12 Lagerrollen eine ringförmige 80 cm breite Plattform, auf der sich 20 Kuhplätze von 2,5 m Länge befinden. An der inneren Seite der Plattform ist etwas tiefer eine ringförmige Stufe angebracht, auf der die Melker stehen, sowie an Ständern Vakuum-, Milch- u. Wasser- Rohrleitungen in 3 Reihen übereinander, die zugleich als Umzäunung der Plattform dienen. Die Melkapparate sind an die Vakuum- und Milchleitungen angeschlossen, die sich zusammen mit der Plattform drehen. Die zu dem mit Kühlvorrichtung versehenen Milchbehälter in der Mitte des Raumes führenden, in Scharnieren beweglichen radialen Rohre befinden sich 2,5 m über dem Fußboden. In Bewegung gesetzt wird die Plattform durch einen Motor von 2,8 kW. Am Kopfende jedes Kuhplatzes ist ein Kraftfuttertrog angebracht; in 6 Min. haben 19 Kühe hintereinander ihre Plätze auf der drehenden Plattform eingenommen. Ein Kuhplatz bleibt leer. Wenn die Anlage von 7 Melkern bedient wird, dauert das Melken von 500 Kühen kaum 2 Stunden. Die Selbstkosten der Milch konnten durch diese Anlage um fast 30 % gesenkt werden. A.Grönholm. 13620.

C h i y s t o v, I. (Chlystow, I.) Doil'nye konvejernye ustanovki. (Karussellmelkstände.)- Sel'skoe chozjajstvo Sibiri, Omsk 7 (1962) Nr.8. S.64-71. - 1 Abb., 4 Schemata, 1 Tab.
Vf. berichtet ausführlich über die Karussellmelkstände im Gebiet Omsk. Er beschreibt eine Reihe von Karussellmelkständen und geht auf Einzelheiten ihrer Ausführung und der Räume, in denen sie aufgestellt sind, ein, behandelt die Raumbeheizung, die Wasser- und Elektrizitätsversorgung, den Bau von Karussellmelkständen und Melkräumen sowie die Technologie des Melkens im Karussellmelkstand. In einer Taf. gibt er u.a. folgende Zahlen für verschiedene Anlagen an: Durchlaßfähigkeit 160 - 240 Kühe/h, Anzahl der Melkmaschinen 16 - 24, Bedienungspersonal 3 Personen, Dauer einer Umdrehung 6 - 8 Min., mittlere Melkdauer je Kuh 15 - 22 s. Zum Vergleich bringt Vf. die gleichen Daten für einen Fischgrätenmelkstand für 32 Kühe, aus denen die Überlegenheit der Karussellmelkstände zu ersehen ist.
W.Balkin. 13620.

W a g n e r, Franz. Pferdestall wurde Schweinestall. - Prakt. Landtechn. /Wien/ 15 (1962) Nr.18. S.332.
Ein Pferdestall von 10 m x 5,50 m wurde zum Schweinestall durch Änderung des Innenausbaues umgebaut. Der Stall wurde in einen seitlichen Gang und der verbleibende Raum in vier Buchten eingeteilt. Je zwei Buchten liegen an einem Quer-Futtergang mit durchlaufenden Futtertrögen. Parallel zu dem seitlichen Gang liegt der Kotgang. Der Umbau ist billig und kann schnell wieder zu einem anderen Zweck verändert werden. Der Stall wird ohne Einstreu bewirtschaftet. Die notwendige Wärmedämmung der Liegefläche wird durch eine "Steinitschicht" erreicht. Die Entmistung erfolgt mit kräftigem Wasserstrahl. H.Finsterbusch. 13625a.

T h i e m e, F.; Ruhlsdorf. Kritische Betrachtungen zum Abferkelstallproblem. - Tierzucht 17 (1963) Nr.3. S.123-126. - 4 Abb., 3 Lit.
Die Ferkelaufzucht in einreihigen Abferkelställen ist bes. arbeitsaufwendig. Deshalb wird die Errichtung mehrreihiger Abferkelställe vorgeschlagen, die folgende Besonderheiten aufweisen: Für die Ferkel von je 12 Sauen, denen bei

der Mutter weder Fütterungseinrichtungen, Ferkelnest noch Infrarotstrahler zur Verfügung stehen, sind ein gemeinsamer Tränk- und Futterplatz von der Größe einer Abferkelbucht und ein gemeinsamer Sammelauslauf vorgesehen, die durch Schlupflöcher in den Buchtentüren erreichbar sind. Die Sauenbucht selbst, die keine Vorrichtungen gegen das Erdrücken von Ferkeln hat, kann in Liege- und Kotplatz unterteilt werden, deren Entmistung durch die Buchtentür auf den Stallgang erfolgt. Auch für die Sauen wird ein gemeinsamer Freßplatz erwogen. Ein zweireihiger Aufzuchtstall dieser Art, der im VEG Keuern Krs. Döbeln (Sa.) in Nutzung ist, wird näher erläutert. Neben der Erhöhung der Arbeitsproduktivität verspricht man sich von der neuen Stallart beim Bau erhebliche Material- und Kosteneinsparung, im Stall bessere Arbeitsbedingungen und Stallhygiene sowie eine höhere Produktionsleistung der Tiere. J.Strecke. 13625b.

H a n k e, B.; Altgeringswalde, Kreis Rochlitz. Heizungssystem verbessert Stallklima in Ferkelställen. - Tierzucht 17 (1963) Nr.3. S.126-128. - 3 Abb., 3 Tab., 11 Lit.

Durch ungünstige Stallverhältnisse, insbes. feuchtkaltes Stallklima, entstehen bei der Ferkelaufzucht immer noch hohe aber vermeidbare Verluste. Zur Schaffung eines optimalen Stallklimas wurden deshalb in den letzten Jahren Infrarotstrahler, Elektroheizmatten und Heizlüfter eingesetzt. Die Vorteile dieser 3 Systeme sind in dem geschildertem Heizungssystem für einen Zuchtstall mit 48 Abferkelbuchten vereinigt, das im Betriebszeitraum vom 1.11.1962 - 1.1.1963 zu Ferkelverlusten von nur 2,2 % führte. Die in einem Heißluftofen erzeugte Warmluft wird durch einen 3,5 kW Ventilator in Rohren unter die bes. hergerichteten Ferkelnester geführt, ohne daß die Tiere im Luftstrom stehen, und entweicht in 40 cm Höhe über dem Fußboden über einen Ableitschacht zur Erwärmung der Stalluft. Somit wird eine Erwärmung von unten (Heizmatte) als auch von oben (Infrarotstrahler) und durch die Warmluft (Heizlüfter) gewährleistet. J.Strecke. 13625b.

H o g l e y, B.T. Pig housing in Norfolk. (Kapazitätserhöhung durch Umbau eines Schweinemaststalles.) - Pig Farming 10 (1962) Nr.4. S.54. - 2 Abb., 1 Zeichn.

Im alten Stall wurden in einer 4reihigen, dänischen Aufstallung 480 Schweine gehalten. Durch das Einziehen einer Trennwand entstanden zwei Abteile für 350 Mastläufer und 240 Mastschweine. Die einzelnen Buchten wurden mittels beweglicher mit Drahtgewebe bespannter Stahlrahmen und Stahltoren eingerichtet, die Fütterung auf Trockenfutterautomaten umgestellt. Bei der Entmistung mit Traktoren werden die Rahmen ausgehängt, so daß das Mastläuferabteil in Längsrichtung durchfahren werden kann. Im Mastschweineabteil wurden zwei durchfahrbare Kotgänge eingebaut. Vor jedem Futterautomat wurde eine erhöhte Betonplattform errichtet, die von den Tieren über eine Rampe betreten wird. Die Sauen des Betriebes sind in Buchten mit Zwangsabferkelständen untergebracht. H.Wanka. 13625c.

G u k i n, V., K u z n e c o v a, M., C h l e b n i k o v, I. und A c h a p k i n, A. (Gukin, W., Kusnezowa, M., Chlebnikow, I. und Achapkin, A.); Westsibir. Zweigstelle der Akad. für Bauwes. und Architektur der UdSSR. Mechanizirovannaja svinootkormočnaja ferma. (Mechanisierte Schweinemastfarm.) - Sel'skoe stroitel'stvo, Moskva 16 (1962) Nr.7. S.12-13. - 3 Zeichn.

Auf dem Staatsgut "Moschkowski" im Gebiet Nowosibirsk der UdSSR ist die erste Baustufe einer für 10 000 Schweine projektierten mech. Mastfarm fertiggestellt worden. Den zentralen Teil der Anlage bilden 2 hintereinander liegende 6 m breite Fütterungsräume, zwischen denen in der Mitte die 6x20 m große Futterküche eingebaut ist. Mit der Stirnseite stoßen an diese Räume schachbrettartig angeordnete 10x40 m große Liegeräume für je 1000-1500 Schweine mit dazwischenliegenden Ausläufen mit betonierter Decke; an der einen freien Seite der Futterküche wird ein 3000 t fassender Getreidespeicher angebaut. Die Liegeräume haben 1,4 m hohe Ziegelwände und Sandfußboden, die Futterküche und die Fütterungsräume Wände aus Ziegelmauerwerk und Betonfußboden. Auf dem mittleren Teil des Fußbodens im Fütterungsraum, der einen um 20 cm erhöhten durchlaufenden Futtertisch bildet, sind Vakuum-Futterautomaten aufgestellt und an den Wänden Tränkautomaten. Alle Räume haben eine Dachdecke aus Stahlbetonplatten, einer wärmedämmenden Schicht und Dachpappe. Die Tiere werden mit einer Paste aus Silofutter, Hackfrüchten, Kombifutter und heißem Wasser gefüttert, die mittels einer Pumpe durch eine mit Entleerungsklappen versehene 150 mm-Rohrleitung in die Futterautomaten geleitet wird. Der Fütterungsraum wird mit einer 175 cm breiten Schrappervorrichtung entmistet.

A.Grönholm. 13625c.

T i m o f e e v, Ja. (Timofejew, Ja.); Staatl. Entwurfsbüro für Landwirtsch. Bauten der RSFSR. Truboprovody kormopodači iz rulonnych lent. (Rohrleitungen für die Futterverteilung aus gerolltem Material.) - Sel'skoe stroitel'stvo, Moskva 16 (1962) Nr.7. S.17. - 1 Abb., 1 Zeichn.

Um die Herstellung und den kostspieligen Transport teurer Stahlrohre zu vermeiden, sind in einigen Gebieten der Ukrain. SSR bei der Errichtung großer Schweinemastfarmen gelungene Versuche mit geschweißten Rohren aus Stahlblech gemacht worden. Zwei Streifen Stahlblech, deren Breite und Stärke dem erforderlichen Rohrdmr. entspricht, werden aufeinander gelegt und an beiden Kanten sowie an den Enden mittels einer Spezialvorrichtung gut zusammengeschweißt und an einem Ende ein Ventil mit Gasrohrgewinde angebracht. Diese flachen Rohre, deren Länge mehrere 100 m betragen kann, können zusammengerollt und in dieser Form leicht transportiert werden. Auf der Baustelle wird das Rohr durch einen Schlepper auseinandergerollt, das mit Ventil versehene Ende fest am Erdboden verankert, an das Ventil des flachen Rohres ein Gasrohr angeschraubt und mittels Kompressor Druckluft bis zu 7 atü hineingepreßt, wodurch das Rohr einen runden Querschnitt erhält und zur Montage fertig ist.

A.Grönholm. 13625c.

V o g i n o v, S. (Woginow, S.) Mechanizirovannaja svinootkormočnaja ferma na 2400 golov. (Eine mechanisierte Schweinemastfarm für 2400 Tiere.) - Sel'skoe stroitel'stvo, Moskva 1962 Nr.12. S.4-5. - 1 Zeichn.

Im Gebiet Brjansk werden Schweinemastställe mit Großgruppenhaltung und 1200 Tieren Besatz gebaut. Die Fermen bestehen aus zwei solcher Ställe mit einem zwischengeschalteten Futterhaus. Zwei Nebenräume des Futterhauses dienen als Freßplatz. Die Schweine werden zur Futteraufnahme dorthin getrieben. In zwei Reihen sind dort Gruppentröge und 8 Gruppentränken aufgestellt. Das

Entmisten der Ställe erfolgt mit Hilfe der Stallarbeitsmaschine. Der Prozeß der Futterbereitung und des Futtertransportes sind mech. Das Futterhaus enthält Bunker, Transportbänder, Wäsche, Hackfruchtschnitzler und zwei Dämpfer sowie Einrichtungen zur Gärfutterverarbeitung. Die Anlage kann in Bauabschnitten errichtet werden. G.Hutschenreuther. 13625c.

K r a g g e r u d, Hans. Hus for slaktegriser. (Schweinemastställe.) - Norsk Landbruk 1963 Nr.1. S.4-5. 20. - 2 Abb., 1 Tab., 1 Zeichn.
Untersuchungen des norwegischen Inst. für Bautechnik sowie des Inst. für Haustierernährung und Fütterungslehre über die wirtschaftlichste Form von Stalltypen für die Schweinemast. Grundlage bildeten folgende Kalkulationsposten: Bruttoeinnahme, Futterkosten, Baukosten, Arbeitskosten und sonstige Kosten. Geprüft wurden 4 Varianten: 1. Gedämmter Stall mit etwa halber Unterkellerung; herkömmliche Einrichtung; durchschn. Bodenfläche 1,04 m^2/Tier. 2. Gedämmter Stall mit Dunggrube unter der gesamten Stallfläche; Spaltfußboden; Durchschnittsfläche 0,72 m^2. 3. Ungedämmter Stall als Mastenbau; Durchschnittsfläche 1,15 m^2. 4. Gedämmter Stall mit Dungkeller unter dem halben Stall: mech. Entmistungsanlage: Durchschnittsfläche 0,96 m^2. Varianten 1, 2 und 4 für vierzigjährige, Variante 3 für zwanzigjährige Lebensdauer. Die laufende Instandhaltung erfordert 1 % der Anlagekosten. Eine vergleichende Übersicht zeigt, daß Stallungen aller Größenordnungen mit Spaltfußboden die beste ökonomische Lösung sind. R.Kahn. 13625c.

T o r p a k o v, F.G. (Torpakow, F.G.) Za racional'nuju planirovku otkormočnych ferm. (Die rationelle Grundrißgestaltung von Schweinefarmen.) - Svinovodstvo, Moskva 17 (1963) Nr.1. S.44-46. - 3 Schemata.
Für die Großgruppenhaltung eignen sich auf Grund der Luftverhältnisse und der Haltungsbedingungen am besten Hofanlagen, bei denen Liege- und Freßstall getrennt sind und die Tiere jederzeit freien Zugang zu den Ausläufen haben. Im Liegestall rechnet man mit 0,7 m^2 Liegefläche und 3 m^3 umbauten Raum je 100 kg Lebendmasse. In solchen Hofanlagen beträgt der Futterverbrauch nach sowjetischen Untersuchungen im Durchschnitt 5,3 FE/kg Zunahme gegenüber 7,4 FE bei Ställen mit Liege- und Freßplatz unter einem Dach; außerdem sind die Schweine widerstandsfähiger. F.Schenk. 13625c.

A n o n y m. Isolierung erspart Heizungskosten. - Dtsch. Geflügelwirtsch. 15 (1963) Nr.24. S.329-330. - 4 Tab. 13635a.

S c h o l t y s s e k, S.; Stuttgart-Hohenheim. Arbeitswirtschaftliche und hygienische Probleme beim Bau und bei der Einrichtung von Hühnerställen. - Dtsch. Geflügelwirtsch. 14 (1962) Nr.47. S.601-603. - 7 Abb., 7 Lit.
Bei den umfangreichen Planungsarbeiten, die der Bau einer Geflügelproduktionsstätte verlangt, muß versucht werden, optimale Lösungen auf dem Gebiete der Arbeitswirtschaft und Hygiene zu kombinieren. Vf. behandelt verschiedene Aufstallungsarten, die Bauausführung, Bauweise (Pavillon-, Flach- und Geschoßbau) und Erschließungsformen (Kamm- und Sternbau) für Stallbauten in arbeitswirtschaftlicher und hygienischer Sicht und zeigt deren Vor- und Nachteile auf. So ist z.B. der Pavillonbau - vom Standpunkt der Hygiene - auf Grund der Trennungsmöglichkeit der Bestände den Geschoßbauten vorzuziehen. Arbeitswirtschaftlich gesehen ist jedoch der Geschoßbau erstrebenswert,

da hier Arbeitswege und Arbeitsaufwand geringer sind. Bezüglich der Bauausführung sollen Baumaterialien verwendet werden, die wenig Unterhaltungskosten verursachen, leicht zu reinigen und zu desinfizieren sind sowie eine günstige Klimagestaltung im Stall ermöglichen. Es folgen Überlegungen zur Verbesserung der Stallarbeiten wie Fütterung der Tiere, Eierbergung, Tierpflege, Stallreinigung, Wartung und Pflege der Betriebsanlagen- in arbeitswirtschaftlicher und hygienischer Sicht. J.Strecke. 13635f.

K r a g g e r u d, Hans und G j e r d e, Ivar. Hus for høns. (Hühnerhäuser.) - Norsk Landbruk 1963 Nr.6. S.20-23. 29. - 1 Abb., 2 Planskizzen, 1 Tab.
Zur Feststellung der Bau- und Einrichtungskosten wurden vom norweg. Inst. für Bautechn. 6 Varianten für 125, 350, 700, 1400, 2800 und 5000 Legehennen projektiert. Die Baukosten je Legehenne betragen entspr. 71, 50, 70, 36, 32, 26 norw. Kr. Sämtliche Projekte sehen Flachbauten vor, die hinsichtlich Gründung, Fußboden, Wände und Bedachung die neuesten techn. Erkenntnisse verwerten. Die Inneneinrichtung sämtlicher Varianten sieht vor: Scharrraum, Kraftfutterautomat, Fütterungsmaschine, Tränkgefäße, Schlafraum, Spaltfußboden, Tiefstreu, Laufgang und je 1 Raum für Eier und Futter.
E.Kahn. 13635f.

S c h m i d t, L.: Breitbrunn/Chiemsee. Setzt sich im Ablegebetrieb das Mehrstallsystem durch? - Dtsch. Geflügelwirtsch. 15 (1963) Nr.24. S.326-329. - 6 Abb. 13635f.

G a n o p o l ' s k i m, I. (Ganopolskim, I.); Gebiet Moskau, Sowchos "Orechowski". Uproščennye postrojki dlja bezvodnogo soderžanija utok. (Einfache Bauten zur wasserlosen Haltung von Enten.) - Sel'skoe stroitel'stvo, Moskva 1962 Nr.12. S.3-4. - 2 Abb.
Die Entenhaltung wurde bisher nur als Saisonbetrieb an Wasserläufen durchgeführt. Sie ist jedoch ohne die Bindung an Wasser billiger und findet Sommer und Winter in den gleichen Gebäuden statt. Zusätzlich benötigt man leichte Schutzdächer gegen Sonne und Regen. Eine solche Entenfarm nimmt etwa 10 ha ein und besitzt 11 Gebäude, von denen nur das Kükenhaus massiv ausgeführt und heizbar ist. Bestimmung, Besatz, Ausführung und Ausstattung der einzelnen Stallgebäude werden angegeben.
G.Hutschenreuther. 13635g.

B e n e c k e, F.S.: Tamworth, New South Wales, Australia. Beehive design and maintenance. (Bienenbeuten, ihr Bauplan und ihre Erhaltung.) - Agric. Gaz. New South Wales 73 (1962) Nr.11. S.589-595. - 13 Abb.
Es ist üblich, daß die Bienenhalter die Bienenbeuten (Magazine) in Einzelteilen beziehen und auch manchmal Teile selbst nachbauen. Die Grundlage der Konstruktion sind die unbedingt einzuhaltenden richtigen Abstände zwischen den Waben, zwischen Waben und Wänden und über sowie unter den Waben. Die Montage der Magazine wird beschrieben und auf mögliche Fehler dabei hingewiesen. Wichtig ist richtige Anbringung der Auflageschienen für die Rahmen und richtiger Bau der Bodenbretter. Die Deckel sind mit Blech gedeckt und besitzen Ventilationslöcher für die Wanderung. Da bei Bienenbeuten überwiegend in Stirnholz genagelt werden muß, werden lange, dünne Spezialnägel empfohlen. Die Beuten sollen möglichst außen und innen gestrichen werden,

Dann wird noch speziell auf den Fäulnisschutz eingegangen. Bes. die dem Boden nahen Teile sind mit einem Mittel gegen Fäulnis zu behandeln.

M.Biedermann. 13640.

H. BAUTEN FÜR DIE VORRATSHALTUNG UND KONSERVIERUNG

V i l l e p i g u e, A. und G u i l l a u m a u d, J. Marché d'intérêt national d'Agen. (Die Markthalle der nationalen Interessengemeinschaft in Agen.) - Génie rural 56 (1963) Nr.4. S.224-227. - 4 Abb., 1 Zeichn.
Die Markthalle hat drei Funktionen zu erfüllen: 1. die Funktion einer Markthalle: Konfrontation von Produzent und Händler, Geschäftslokal und Informationsquelle für den Handel, 2. die Funktion des Bahnhofes: Verbindung von Eisenbahnlinie und Magazinierung, 3. die technische Funktion: Sortierung, Expedition, Kühlen, Kühllagerung, Verpackungszentrale, Umschlagplatz der Produkte. Die Raumzuordnung, -größe und -zweckbestimmung ist der Gebäudeskizze zu entnehmen. G.Hutschenreuther. 13705.

S k j e r v e, Peter. Høylager - sauehus. (Heulager - Schafstall.) - Norsk Landbruk 1963 Nr.11. S.10-11. 38-39. - 2 Tab., 2 Zeichn.
Vf. beschreibt einen einfachen Schafstall, der gleichzeitig als modernes Heulager dient. Der Bau ist nicht gedämmt und bietet die Möglichkeit, das Heu auf verschiedene Arten zu lagern. Je nach Abnahme des Heubestandes ergibt sich ein erhöhter Stellplatz während des Winters. Techn. Daten: Unbewehrter Betonfußboden, 8 cm dick, in Sektionen von 2,40x2,00 m 20 cm über der Außenfläche; Lagerplatz für 60 000 - 70 000 kg Heu; Raum für das Ablammen für 160 Tiere; Spaltfußboden in Sektionen von 2,00x2,50-3,00 m; Trocknungsanlage für 30 000 kg Heu. E.Kahn. 13710.

O s t e r m a i e r, R. und H a b e r l a n d, W.; Paretz, Inst. für Landwirtsch. Häckseleinstreu - Lagerung und Verteilung. - Dtsch. Agrartechn. 13 (1963) Nr.5. S.224-226. - 5 Abb.
Berichtet wird über die vielfältigen Vorteile des Häckselverfahrens in der Getreideernte, die damit verbundene Steigerung der Arbeitsproduktivität und die Erhöhung der Produktion. Es wird ökonomisch betrachtet und untersucht: Die deckenlastige Lagerung von Häcksel, die erdlastige Lagerung in Bergeräumen und Mieten und die Behandlung und Verarbeitung des Häckselmistes. Vorteile: Arbeitserleichterung beim Umgang mit gehäckseltem Stroh und Mist, bessere Aufsaugfähigkeit, höhere Wirksamkeit und Erhöhung des Stickstoffanteils im Mist, mech. Entmistung möglich, schnellere Reife durch feste Lagerung und geringere Rotteverluste, Einsparung von Einstreu bis zu 50 %, Verwendung des Mistes als Kopfdünger auch für Wiesen und Erreichung einer höheren Qualität in der Bodenbearbeitung. Die angeführten Vorteile wurden in der Praxis festgestellt. E.Nowatzky. 13710.

S c h w a n e c k, G.; Würzburg. Probleme des Komponenten-Silos. - Kraftfutter 43 (1960) Nr. 10. S.367-370. - 9 Schemata.
Zur Verbesserung der Lagerung von vielseitigen Rohstoffen für Mischfutterzwecke unterbreitet Vf. Vorschläge für die Ausbildung von Silozellen für Loselagerung. Für schwerfließende Güter wird gefordert: 1. einwandfreies Auslaufen des Lagergutes ohne Austragapparate, 2. kein Entmischen des Gutes

beim Ausleufen, 3. Verhinderung von Brückenbildung in der Zelle und am Auslauf, 4. Aufnahme des Kondensats durch die Zellenwände. Beim Komponentensilo sollen möglichst viel Zellen vorhanden sein, die eine Lagerkapazität von 150 t bei einer Masse von 350 bis 400 kg/m^3 nicht überschreiten. Etwa 80 bis 90 % der Komponenten werden in Zellen gelagert, der Rest in Säcken. Rechteckige Silos neigen leicht zur Brückenbildung an den Silokanten, bes. aber an pyramidenförmigen Auslauftrichtern; das Futter wird leicht entmischt, Auslauftrichter sind dem Bodendruck ausgesetzt. Besser sind flach auf dem Boden aufsitzende Zellen mit seitlicher Entnahme. Zur Entnahme sind ein Hublader und 1 AK erforderlich. Vf. empfiehlt Rundsilos mit unterer gewölbeähnlicher Bodenplatte mit Ablauföffnungen. Für Mehl und Mühlenprodukte eignen sich auch rechteckige Zellen mit einseitig eingebauter Ablaufschräge. Dabei sind je 2 Zellen zusammenzubauen, bei denen die Abläufe entgegengesetzt liegen. Jeder Ablauf hat dadurch die Breite von 2 Silos. Bei Extraktionsschroten besteht allerdings Entmischungsgefahr. Sehr günstig ist eine runde Silozelle auf rechteckigem Unterbau. In den Rundbehälter ragt eine Pyramide, die 4 Siloausläufe ermöglicht, die sich außerhalb des Bodendruckes befinden. Bei dieser Zelle wird das Futter weder entmischt noch bilden sich Brücken. Zusammenfassend gibt Vf. Rundzellen den Vorzug für die Lagerung schwerfließender Güter. 9 Formen von Silozellen werden bildlich erläutert.

F.K.Mann. 13715.

N o o r d z i j, I.P.; Wageningen. Bau und Einrichtung von Normallagerhäusern für Gemüse. - Bauen auf d. Lande 13 (1962) Nr.12. S.299-301. - 7 Zeichn.
Beim luftgekühlten Lager wird Umgebungsluft durch das Lager gedrückt. Maßgebend für eine Kühlung ist eine Wärmestandsdifferenz zwischen der Temp. im Lager und der Aussentemp. Bei Luftkühlung mit Ventilatoren erfolgt die Schaltung durch Differential-Thermostaten. Zur Haltung der Temp. und Luftfeuchtigkeit werden Decken und Wände wärmegedämmt und gesperrt gegen Feuchtigkeit ausgebildet. Zur Belüftung dienen Schwerkraftlüftungsanlagen bzw. Ventilatoren. Für eine ausreichende Kühlung der Erzeugnisse müssen große Luftmengen gefördert werden. Als Richtwert werden 100 m^3 Luft/Std. und 100 kg Einlagerungsgut angegeben. Es werden Lagertemp. erreicht, die den mittleren Minimum-Tagestemp. entsprechen. Kühlen und Befeuchten der Zuluft ist möglich durch Einsatz transportabler Kältemaschinen oder Einbau von Nebeldüsen unter dem Ventilator. H.Finsterbusch. 13721.

B o r o d j a n s k i j, N. (Borodjanski, N.) Ustrojstvo ventiliruemych kagatov dlja chranenija sacharnoj svekly. (Anlage belüfteter Rübenmieten.) Sel'skoe stroitel'stvo, Moskva 16 (1962) Nr.7. S.18-19. - 3 Zeichn.
Um in Mieten gelagerte Zuckerrüben vor zu starker Erwärmung und Fäulnis zu schützen, ist eine aktive Belüftung der Mieten erforderlich. Vf. bringt durch Untersuchungen gewonnene Angaben über die günstigste Anordnung der Belüftungskanäle. In großen Mieten sind Kanäle in der Querrichtung vorzuziehen. Der Abstand zwischen ihnen richtet sich nach der Höhe der Miete: bei H = bis zu 3 m ist der Abstand gleich H, bei H = 3-6 m wähle man den Abstand 1 - 1,5 H. In kleinen Mieten, deren Höhe bis zu 2,5 m, die Breite 6-7 m und die Länge bis zu 30 m beträgt, wird ein Längskanal in der Mitte

mit 0,7 x 0,8 m Querschnitt empfohlen. Am vorteilhaftesten sind im Erdboden verlegte Kanäle aus Stahlbeton oder Ziegelmauerwerk mit konstantem Querschnitt und Luftabgabe durch im Abstand von 50 mm angeordnete Schlitze in den Überdeckungsplatten; hierbei soll die Summe der Flächen aller Schlitze das 2-2,5fache des Kanalquerschnitts betragen. Gut geeignet für derartige Anlagen sind die Lüfter des Typs "MC 5-10"; sie sollen eingeschaltet werden, wenn die Temp. in der Miete höher ist als die Außentemp., nicht aber bei Frost. A.Grönholm. 13730.

B o n z e l, J.; Düsseldorf, Forsch.-Inst. der Zementind., Betontechn. Abt. Richtlinien für die Herstellung von Beton für Gärfuttersilos mit Erläuterungen. - Wirtschaftseigene Futter 9 (1963) Nr.1. S.59-73. - 1 Tab., 12 Lit.

Es werden Richtlinien und Hinweise für die Zusammensetzung, den Einbau und die Nachbehandlung von Beton für Gärfuttersilos gegeben und ausführlich erklärt. Die Bauteile von Silos müssen wasser- und möglichst gasdicht sein. Ihre Innenflächen sollen ausreichend widerstandsfähig gegenüber Säuren, Temperaturerhöhungen und mech. Beanspruchungen sein. Nach den gegebenen Richtlinien hergestellte monolithische Stahlbetonsilos erfüllen diese Forderungen am besten. Ein erster Schutzanstrich ist immer zu empfehlen, während sich weitere Anstriche bei entspr. ausgeführtem Beton erübrigen. F.Weißbach. 13735a.

A n o n y m. Ab 1962: Betonhochsilos mit Untenfräse. - Dtsch. landtechn. Z. 13 (1962) Nr.12. S.661-665. - 9 Abb., 2 Tab. 13735b.

Redaktionsschluß: 13. 9. 1963

Druckfehlerberichtigung für den Jahrgang 1963

Im Heft 8 wurden die Seiten 871 und 881 miteinander vertauscht. Außerdem muß es heißen: Seite 900 statt 901, Seite 901 statt 900.

Die Redaktion

Herausgeber: Deutsche Demokratische Republik · Deutsche Akademie der Landwirtschaftswissenschaften zu Berlin, Institut für Landwirtschaftliche Information und Dokumentation, Berlin W 8, Krausenstraße 38/39; Fernsprecher: 22 51 61. Chefredakteur: Dr. Ursula Wittbrodt, stellvertretender Chefredakteur: Dr. Werner Kleeberg, Berlin W 8, Krausenstraße 38/39; Fernsprecher: 22 51 61. Redaktion der Abteilung I — Landtechnik: Dr. Joachim Güssefeldt. Verlag: Akademie-Verlag GmbH, Berlin W 8, Leipziger Straße 3—4; Fernsprecher: 22 04 41, Telex-Nr. 011773, Postscheckkonto Berlin 350 21. Bestellnummer dieses Heftes: 1030 I—IX/9. Das Landwirtschaftliche Zentralblatt, Abt. Landtechnik, erscheint jährlich in 9 Heften. Einzelheft DM 20,—; einseitig bedruckte Ausgabe DM 24,—. Jahresbezugspreis DM 180,—; einseitig bedruckte Ausgabe DM 216,— einschließl. Autoren- und Sachregister, zuzüglich Porto- und Versandkosten. Gesamtherstellung: VEB Druckerei „Thomas Müntzer" Bad Langensalza. Veröffentlicht unter der Lizenznummer 1289 des Presseamtes beim Vorsitzenden des Ministerrates der Deutschen Demokratischen Republik

Umrechnung
von brit. und amerik. Maßen in metrische Maße

(Stand 1. 1. 1960)

Längenmaße

1 in.	25,4	mm
1 ft.	30,5	cm
1 yd.	91,44	cm
1 mile (stat.)	1609,34	m

Geschwindigkeitsmaße

1 ft.p.m.	0,0051	m/s
1 m.p.h.	0,447	m/s
	1,609	km/h

Flächenmaße

1 sq.in.	6,452	cm^2
1 sq.ft.	929,03	cm^2
1 sq.yd.	0,836	m^2
1 acre	0,405	ha
1 sq.mile	2,59	km^2

Raummaße

1 cu.in.	16,39	cm^3
1 cu.ft.	28,32	l
1 cu.yd.	0,7646	m^3
1 acrefoot	1233,48	m^3
1 reg.ton	2,8317	m^3
1 Imp.gal.	4,5460	l
1 USA gal.	3,7854	l
1 bu. (Brit.)	36,368	l
1 bu. (USA)	35,242	l
1 qt.	0,291	l
1 pt.	0,568	l
1 liquid oz.	35,5	cm^3
1 liquid gal. (Brit.)	4,546	l
1 liquid gal. (USA)	3,785	l
1 petr. barrel	1,588	hl

Gewichtsmaße

1 oz.	(Brit.)	28,35	g
	(USA)		
1 lb.	(Brit.)	0,4536	kg
	(USA)		
1 qt.	(Brit.)	12,7	kg
	(USA)	11,34	kg
1 cwt.	(Brit.)	50,80	kg
	(USA)	45,36	kg
1 long ton (Brit.)		1,016	t
1 short ton (USA)		0,907	t

Gewichte/Längeneinheit

1 oz./in.	11,161	g/cm
/ft.	9,301	g/dm
1 lb./in.	0,17858	kg/cm
/ft.	1,4882	kg/m
/yd.	0,4961	kg/m
1 long ton/in.	40,002	t/m
/ft.	3,3335	t/m
/yd.	1,1112	t/m
1 short ton/in.	35,716	t/m
/ft.	2,976	t/m
/yd.	0,992	t/m

Gewichte/Flächeneinheit

1 oz./sq.in.	4,394	g/cm^2
/sq.ft.	0,305	kg/m^2
1 lb./sq.in.	0,070	kg/cm^2
	51,715	mmQS
1 lb./sq.in.	4,882	kg/m^2
/sq.yd.	0,5425	kg/m^2
1 long ton/sq.in.	157,488	kg/cm^2
/sq.ft.	10,937	t/m^2
/sq.yd.	1,215	t/m^2
1 short ton/sq.in.	140,614	kg/cm^2
/sq.ft.	9,765	t/m^2
/sq.yd.	1,085	t/m^2

Gewichte/Raumeinheit

1 oz./cu.in.	1,730	g/cm^3
/cu.ft.	1,001	kg/m^3
1 lb./cu.in.	27,68	g/cm^3
/cu.ft.	16,019	kg/m^3
/cu.yd.	0,593	kg/m^3
/Imp.gal.	0,0998	kg/dm^3
/USA gal.	0,1198	kg/dm^3
/pt.	0,7982	kg/dm^3
1 cwt./Imp.gal.	0,1766	kg/dm^3
1 long ton/cu.ft.	35,8815	t/m^3
/cu.yd.	1,3289	t/m^3
1 short ton/cu.ft.	32,071	t/m^3
/cu.yd.	1,187	t/m^3

Temperatur

1 °F = 4/9° R = 5/9° C

Temp. °C = 5/9 × (Temp. °F − 32°)

Temp. °R = 4/9 × (Temp. °F − 32°)

Wärme

1 BTU	$1{,}076 \cdot 10^{2}$	kgm
	$7{,}783 \cdot 10^{2}$	ft.-lb.
	$2{,}9303 \cdot 10^{-4}$	int.kWh
	$2{,}5200 \cdot 10^{-1}$	ITkcal
	$3{,}9307 \cdot 10^{-4}$	HPh

Arbeit, Energie

1 ft.-lb.	0,1383	kgm
	$1{,}3826 \cdot 10^{-1}$	kgm
	$3{,}7650 \cdot 10^{-7}$	int.kWh
	$3{,}2379 \cdot 10^{-4}$	ITkcal
	$1{,}2849 \cdot 10^{-3}$	BTU
1 HPh	$1{,}980 \cdot 10^{5}$	ft.-lb.
	$2{,}7375 \cdot 10^{6}$	kgm
	1,0139	PSh
	$7{,}4548 \cdot 10^{-1}$	int.kWh
	$6{,}4110 \cdot 10^{2}$	ITkcal
	$2{,}5441 \cdot 10^{3}$	BTU

Leistung

1 ft.-lb./s	$1{,}3826 \cdot 10^{-1}$	kgm/s
	$3{,}2379 \cdot 10^{-4}$	ITkcal/s
	$1{,}8434 \cdot 10^{-3}$	PS
	$1{,}8182 \cdot 10^{-3}$	HP
	$1{,}3554 \cdot 10^{-3}$	int.kW
	$1{,}2849 \cdot 10^{-3}$	BTU/s
1 HP	76,04	kgm/s
	550,0	ft.-lb./s
	1,01387	PS
	$7{,}4548 \cdot 10^{-1}$	int.kW
	$1{,}7808 \cdot 10^{-1}$	ITkcal/s
	$1{,}0139 \cdot 1$	ITkcal/s
	$7{,}0670 \cdot 10^{-1}$	BTU/s
BTU/s	$1{,}076 \cdot 10^{2}$	kgm/s
	$7{,}783 \cdot 10^{3}$	ft.-lb./s
	1,0549	int.kW
	$2{,}520 \cdot 10^{-1}$	ITkcal/s
	1,435	PS
	1,415	HP

FSC
www.fsc.org
MIX
Papier | Fördert gute Waldnutzung
FSC® C083411

Zeitfracht Medien GmbH
Ferdinand-Jühlke-Straße 7
99095 Erfurt, Deutschland
produktsicherheit@kolibri360.de